爱因斯坦的广义相对论用"时空"的观念来描述宇宙，这个"时空"可以被巨大质量的物体扭曲而变形，导致我们对重力的体验。如图中所示，地球与月球间没有超越空间距离而起作用的万有引力，月球只是在地球造成的时空扭曲中运动，本图只能表示在二维空间中地球的质量如何造成"时空"的凹坑。实际上，在广义相对论中，地球造成的是四维时空的凹坑，它的样子只能靠我们的想象力来意会。

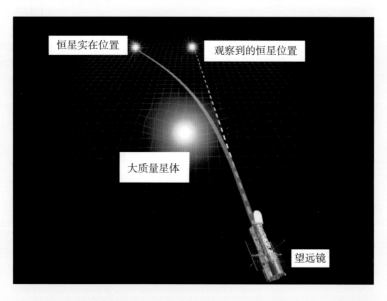

　　爱因斯坦以太阳的星光弯曲效应来证明他的广义相对论。地球和遥远（如太阳背后的）恒星之间的视线被大质量星体（如太阳）阻挡，但巨大星体的质量扭曲了时空，使星光偏转，沿着一条弯曲的路径奔向地球。但我们的直觉告诉我们光是以直线传播的，所以我们从地球（望远镜）看到的恒星实际上是在已经偏转的位置。测量位置变化的角度可以用来验证爱因斯坦的广义相对论引力理论的正确性。

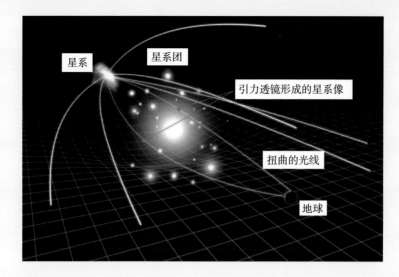

当光线穿过由高密度星系质量分布产生的强烈弯曲空间区域时，会出现引力透镜的现象。本图显示从地球观看远处星系发出的光，途经强烈弯曲的空间，以致光线被扭曲而产生类似透镜的效果。

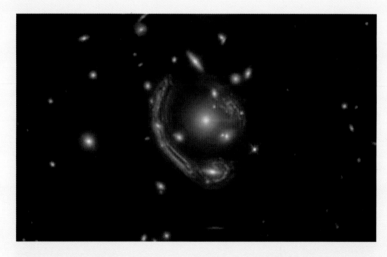

此图像是（美国国家航空航天局／欧空局）哈勃太空望远镜拍摄的，显示位于南半球的 Fornax（熔炉）星座的 GAL-CLUS-022058 天体，它是已知最大的，几乎完整的爱因斯坦环。由哈勃太空望远镜的宽场相机（WFC）在红外和可见光部分的观测组成。在照片中央，狭窄弯曲的星系优雅地拥抱着它的球形伴侣，这是一种奇特和非常罕见的现象，是由离地球 40 亿光年远的前景椭圆星系（正中央）产生引力透镜的结果。这个物体被研究爱因斯坦环的天文学家戏称为"熔环"，暗示着它的外观和宿主星座。

　　由欧洲航天局"盖亚"空间观测站测量的每颗恒星位置和颜色都被用来绘制这幅银河系恒星侧视图，估计银河系可见直径约为 10 万光年、厚 1 万光年。它的中心在本图中央，其中的黑暗区域由银河系中的不透光尘埃组成。假如我们能从银河系平面上往下看银河系，便可以看到它的确是一个扁平的圆型烧饼样子。银河系平面以下的两独立亮点是小麦哲伦云和大麦哲伦云，两个与银河系最接近的星系。

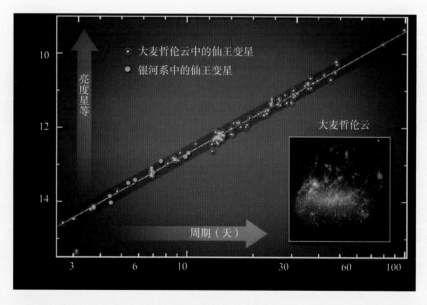

　　以美国国家航空航天局的最新数据绘制，地球附近（包括银河系和大麦哲伦云）的仙王变星亮度星等（纵轴）与周期（横轴）的关系，它们之间存在着一种明显而简单的关系。这种关系一直被用来确定恒星与地球的距离，因此仙王变星被称为"标准烛光"。

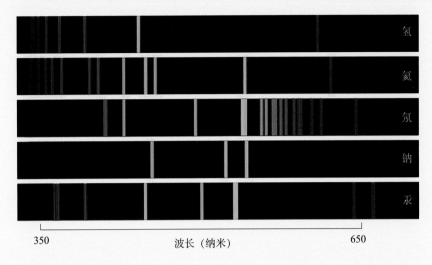

光谱图犹如元素的指纹，每种元素都有自己的独特指纹。钠发出的主要可见光显示在图中的第四个光谱图，主要由两条橙黄色光谱线组成，其波长约为589纳米。

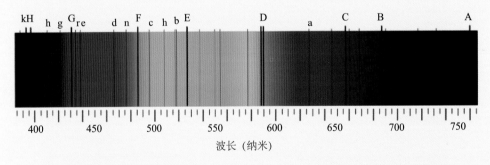

太阳光谱中的弗劳恩霍夫线。太阳光从太阳外层的光球中产生，它的光谱接近于温度约为5800K的黑体辐射，其中最强的辐射输出是在可见光范围内的500纳米附近。当太阳光经过温度较低的太阳大气层时，部分辐射被其中的原子吸收，产生弗劳恩霍夫线。图中的A和B是太阳光经过地球大气层被氧气吸收产生的暗线，C是当太阳光经过温度较低的太阳大气层时被氢原子吸收产生的光谱线，D是两条位于橙黄色波段钠的主要吸收光谱线。详细研究发现，太阳光中有数百条缺失的光谱线。这些波长的光波被太阳大气中的各种元素的原子吸收。通过测量这些暗吸收线的波长，可以识别构成太阳的化学元素。

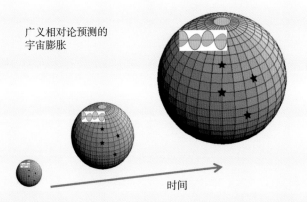

广义相对论预测的
宇宙膨胀

时间

广义相对论所预测的宇宙膨胀。从图中几何模型来看，如果球面代表宇宙在大爆炸后某一特定时刻的三维体积，你会发现空间的体积在随时间增加，分布在球体表面的星系并没有移动。它们的经纬度位置保持不变，但随着球体半径的增加，它们之间的距离在增加。从其中任何一个星系观察，其他星系似乎都正在从四面八方后退离去，就像哈勃观察到的，越远的星系移动得越快，这称为哈勃定律。星系光谱线的多普勒红移也是因为宇宙空间膨胀的直接结果，空间膨胀把光的波长拉长了。本图只能以三维的球和二维的球面来表达宇宙膨胀的观念，事实上，广义相对论的宇宙方程所描绘的膨胀是发生在一个具有三维表面的四维球体上。

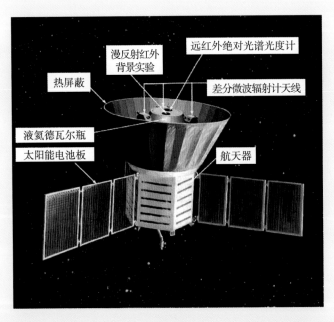

1989 年美国国家航空航天局发射的 COBE 卫星。为了保护携带的三个探测器免受太阳及地球的热量和微波的干扰，在图中它们部分被热屏蔽所遮盖。在屏蔽中心是含有液氦的德瓦尔瓶，用来冷却卫星组件以减少卫星本身发射的辐射污染。

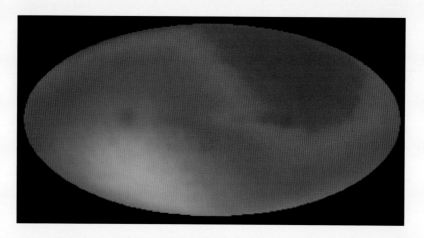

　　由 COBE 卫星的 DMR 探测器测量的宇宙微波背景温度分布图，包括偶极（dipole）和银河系的贡献，它的峰值变化只有 0.003K。为方便讨论，由于在太空中 COBE 看到 CMB 辐射从四面八方到达，我们把辐射的变化投影到一个球体的表面，仿佛 COBE 放置在球体的中心。再将整个球面投影到平面上，就像地球的地图一样。不同之处是：只需将其解释为仰望天空，而不是俯看地面。图的中线不是对应地球赤道的平面，而是我们银河系的平面。椭圆形状的图代表整个天空被重新格式化成为二维的地图。其中主要包含典型的偶极变化模式（在一个方向"更热"，在相反的方向"更冷"）告诉我们，相对于宇宙微波背景的静止参考系统，地球在宇宙中运动产生的多普勒红移与蓝移（彩色从红到蓝，代表温度从高到低）。

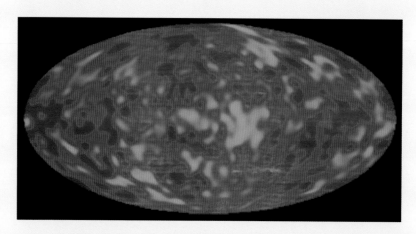

　　从 COBE 卫星的 DMR 探测器测量的宇宙微波背景辐射数据减去上图的偶极和银河系的贡献，来推算反映早期宇宙温度变化的结构。我们发现宇宙微波背景辐射温度变化的峰值下降为小得多的波动，与辐射的平均温度 2.73K 相比，只有10 万分之一。这些早期宇宙的结构发展成为我们今天在宇宙中看到的星系和星系团。虽然这些波动看起来只不过是噪声，实际上有大量的数据隐藏其中，有待科学家的解读（彩色从红到蓝，代表温度从高到低。本图的角度分辨率只有 7 度）。

　　2011 年 8 月，一颗明亮的 1a 型超新星（命名为 SN2011fe）在 M101 星系（左图，位于大熊座中壮观的风车星系，梅西耶目录中的 101 号，距离地球约 2100 万光年的星系）出现，产生一个新的、容易可见的光点（右图）。SN2011fe 的高亮度一直维持到 2012 年 4~5 月才慢慢消失。如何发现、识别和测量遥远的超新星的特性是对天文学家的严峻挑战。

　　2012 年以 WMAP 9 年累积数据绘制的 CMB 辐射温度波动的全天空图，本图的角度分辨率为 0.2 度，高于 COBE 的 7 度角度分辨率（彩色编码：从红到蓝，代表温度从高到低）。

　　欧洲航天局（ESA）的普朗克卫星于 2009 年 5 月发射升空，任务是以以前所未有的清晰度测量整个天空的宇宙微波背景，使我们能够比以往更精确地测量宇宙的组成和演化。本图 0.08 度的角度分辨率远远高于 COBE 的 7 度。最终结果再次证实 WMAP 的主要发现：我们的宇宙的大部分是由神秘而陌生的暗能量组成，宇宙年龄约为 138 亿年（彩色编码：从红到蓝，代表温度从高到低）。

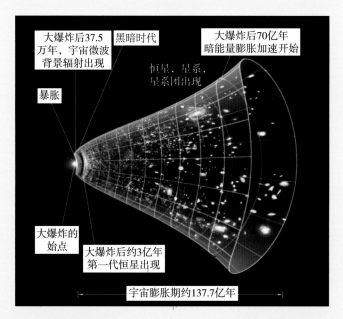

　　由于光需要时间才能从光源到达地球，因此我们遥望更远的深空，意味着看到更久远的过去。在最遥远的星系之外，我们看到一面不透明的"氢等离子体"墙壁，它的光芒大约需要 137 亿年才能到达我们身边。在此之前宇宙的温度高到足以使氢成为等离子体，当时宇宙的年龄大约只有 37.5 万年。从大爆炸开始到此时刻的宇宙是我们不能以光波观察到的，只能以理论推测它的可能情况。大爆炸后 4 亿年，宇宙才有第一颗恒星出现。换句话说，从大爆炸后 37.5 万年到 4 亿年间，宇宙没有一点星光，处于黑暗时代。以后星系和星系团慢慢出现，演变成为今天的宇宙。大爆炸后的 70 亿年到现在，宇宙扩张不断加速。

航天科技图书出版基金资助出版

宇宙是怎样炼成的？
——大爆炸的故事

曾镜涛　著

中国宇航出版社

·北京·

图书在版编目（CIP）数据

宇宙是怎样炼成的？：大爆炸的故事 / 曾镜涛著

. --北京：中国宇航出版社，2021.10

ISBN 978 - 7 - 5159 - 1943 - 0

Ⅰ.①宇…　Ⅱ.①曾…　Ⅲ.①"大爆炸"宇宙学
Ⅳ.①P159.3

中国版本图书馆 CIP 数据核字（2021）第 207652 号

责任编辑	黄　莘		
责任校对	王　妍	装帧设计	宇星文化

出 版
发 行　　**中国宇航出版社**

社　址	北京市阜成路 8 号　邮 编　100830	版　次	2021 年 10 月第 1 版
	(010)60286808　　(010)68768548		2021 年 10 月第 1 次印刷
网　址	www.caphbook.com	规　格	710×1000
经　销	新华书店	开　本	1/16
发行部	(010)60286888　　(010)68371900	印　张	18.5　**彩 插**　8 面
	(010)60286887　　(010)60286804(传真)	字　数	272 千字
零售店	读者服务部	书　号	ISBN 978-7-5159-1943-0
	(010)68371105	定　价	78.00 元
承　印	天津画中画印刷有限公司		

本书如有印装质量问题，可与发行部联系调换

"吾生也有涯，而知也无涯。以有涯随无涯，殆已！"

——《庄子·内篇·养生主第三》

"子又有子，子又有孙；子子孙孙无穷匮也，而山不加增，何苦而不平？"

——《列子·愚公移山》

"已知是有限的，未知是无限的。人类面对未知，犹如在无边的未知海洋中，站在一个知识小岛上。我们的目标是在每一世代中开拓出多一点知识的陆地。"

——赫胥黎（T.H. HUXLEY，1887）

自 序

宇宙是什么样的？宇宙有多大？宇宙有起源吗？它是不是亘古不变的？又或是如何演化到如今这般状态？未来又会怎样演变？这些问题是每个人脑海中的谜团，也是塑造青少年世界观的重要环节，并将影响他们的人生观和价值观。

"哀吾生之须臾，羡长江之无穷"，古往今来，多少骚人墨客都有过这种感叹。宇宙是否无穷无尽，古人不一定有答案，但人类的确很渺小。人生苦短，渺小而又短暂的人生，如何能认识庞大而又古老的宇宙？作为本书的一大特点，作者的重点不在于罗列大量的知识点，而是重点告诉青少年读者，这些知识是如何获得和积累下来的，其中蕴含着丰富的科学思维方式和科学方法。对科学思维方式和科学方法的介绍不足，是目前中国科学教育的短板。

西方科学发源于 16 世纪哥白尼的日心说，从此拉开了西方科学革命的帷幕，此后一连串的连锁反应，使西方文化产生一个大跃进。从 1642 年[①]牛顿诞生，到 1842 年《南京条约》的签订，不过短短的 200 年光景，欧

---

① 按照牛顿出生时的英国旧历法，牛顿生于 1642 年 12 月 25 日，但根据今天的历法来说，则是生于 1643 年 1 月 4 日。

为了弥补其前身朱利安历法（Julian calendar）的不准确之处，公历（Gregorian calendar），我们今天使用的日历系统，于 1582 年由天主教皇格雷戈里十三世颁布的教皇法令首次推出。经过三个多世纪，从 1582 年到 1927 年，公历才为所有国家采用。英国和它的殖民地花了将近 200 年的时间（1752 年）才从朱利安历法改变为公历，因此在牛顿去世时（1727 年），英国还没有改为我们今天使用的公历。

洲在这期间人才辈出，百花齐放，近代科学从此产生，西方列强开始称霸全球。同一时期，东方大清帝国的君臣上下，知识分子，还在做天朝大国的春秋大梦，盲目自大、闭关锁国，错过了大航海时代，错过了科技革命，东西方实力对比，此消彼长，发生了巨大的变化，以至曾经科技文化领先世界几千年的中国，不得不面对几近被西方列强瓜分的命运。这一段刻骨铭心的历史，是每一个中国人应该牢记的。写作本书的目的是对这一段历史做系统性的梳理，重点放在近代天文学的发展上，特别聚焦在基础科学的进步是如何提升人类对宇宙认识的。作为一个案例，近代天文学的演进，可以使我们明白点点滴滴的知识，经过数百年时间积累下来，开始时看来无关宏旨，但是经过世代的沉淀，产生了从量到质的变化，最后引起飞跃式的进步。

作者写作本书的意图有两方面：一方面是以这一段历史为鉴，使国人知道科技的发展没有急功近利的捷径可走。当前中国科技要更上一层楼，正需要踏踏实实地重走这个厚积的过程，才可以把科技的发展建立在一个牢固的基础上。另一方面希望本书也是一本高水平的宇宙天文学通俗科普读物。

本书介绍西方科学家如何从17世纪开始到21世纪初，通过天文观察及理论了解，一步一步地改变和深化我们对宇宙的认识，特别强调科学家们对光和万有引力的探索所起的作用。用历史故事的方式，以时为经，以科学人物的逸事和贡献为纬，浅入深出，梳理清楚，使读者通过趣味性的阅读，培养科学、理性的思维方式，增强对客观物理世界认识的力量，在轻松的氛围中吸收近代的硬核宇宙概念，如四维时空、宇宙大爆炸、暗物质、暗能量、引力波，等等。

本书的读者对象为中等或以上学历，对天文、航天有兴趣的年轻人。书中所描述的众多科学家虽然出身各异，但通过自身努力，都成为一代学者，可作为青少年的励志榜样。如爱因斯坦，他绝对不是传统教育下的好学生、尖子生、学霸，但他以创造性的思维，锲而不舍地攻克物理学中的难题，石破天惊地发展并完成相对论的理论研究，成为前无古人的物理与宇宙学大家。又如英国物理学家法拉第，尽管他出身卑微，13岁便辍学，到书籍装订店当学徒，但他努力自学，终于被尊为电磁学大师，电磁学中的很多定律都是在法拉第实验中被发现的，引发了发电机和电动机的发明，启动了第二次工业革命，使人类社会进入电气化时代。

宇宙是奇妙的，它最不可思议的地方是，人类居然可以用理性思维来理解它。贯穿本书的主题，是宇宙大爆炸理论如何从模糊的概念开始，一步步地成为今天有鼻子有眼的模样，成为一个被主流科学界接受的宇宙模型。作者在宇宙微波背景辐射被发现后不久即选择研习物理本科，正是被当时科学界的兴奋所感染。本科毕业后，作者赴美国普林斯顿大学攻读天文物理学博士，日后虽然因为种种原因没有进入宇宙学专业，但对宇宙大爆炸模型发展的关注，从来没有松懈下来。特别是在普林斯顿的一段日子，在师友交流讨论间，亲身感受大爆炸模型一线研究者的坚持与执着，他们的热情和毅力，给作者留下了深刻的印象。大爆炸模型有今天的成就，实在是来之不易。这一段历史，是人类以理性逻辑思维来破解宇宙奥秘的一个典型例子。介绍这一段历史中大师们建模时的心路历程和他们所使用的方法，具有巨大的教育意义，可以作为科研人员解决其他问题的参考。

作者留美30多年，是核聚变、空间等离子及微波物理的专家。回国后任北京师范大学香港浸会大学联合国际学院教授，从事大学教育工作长达15年。开设的宇宙天文学入门课 Space Time and Cosmos 也有十多年历史了，其内容生动活泼，以讲故事的形式为主，满足年轻学子对宇宙奥秘的好奇，深受欢迎。本书内容多基于此。所谓十年磨一剑，作者对有关的科学知识的介绍，是经过教室实践检验的，一些宇宙学中较艰辛的理论，如相对论的时空概念等，作者博采各种名家论述，以浅白的语言、生动的例证，浅入深出地剖析其中奥秘，使学子们闻之往往有如醍醐灌顶，恍然大悟。

本书的覆盖面很广，每一章都有它的独立性，可以做选择性阅读。章与章间有一定的连贯性，前后呼应，覆盖了差不多400年的科学史，所以，为了适应更广泛读者的阅读水平，不得不对素材和内容有所取舍，不免有沧海遗珠之叹。一些相关高难度的题材不能做太专业的讨论，但有兴趣进一步探讨的读者，可以依从每章后所附的参考材料，按个人爱好做更深度的钻研。另一方面，鉴于近年来科幻和科学之间的区别变得模糊不清，特别是在宇宙学领域，作为一本忠实的科普读物，我们坚持本书内容应该是基于严谨的科学知识。对一些目前还没有得到实验证明的纯理论性臆测的猜想，如四维时空中的虫洞、时间旅行、多重宇宙，甚至是宇宙大爆炸早期的暴胀、超弦理论等话题，都不予讨论，目的是不想用猜测混淆当前的事实。

本书承蒙中国科学院欧阳自远院士、澳门科技大学月球与行星科学实验室陈炯林教授鼎力推荐，在中国科学院国家天文台郑永春博士的建议和多方帮忙下，申请获得航天科技图书出版基金资助，对本书的出版，起了关键性作用，谨此衷心致谢。陈炯林教授是作者在普林斯顿大学的学长，也是宇宙学大师，2019年诺贝尔物理学奖得主皮布尔斯教授（Prof. James Peebles）的入室弟子，当年作者从陈教授处获知不少有关皮布尔斯教授的逸事，所以对这一段历史印象特别深刻，成为激发作者把这些故事汇编成书的动力。此外，作者启蒙老师、香港中文大学陈方正教授在百忙中抽空通读书稿，赐予许多宝贵意见，对此深深铭记。

最后，本书的出版，有赖于中国宇航出版社徐春梅、黄莘、赵宏颖等工作人员的热心支持，十分感谢。

2021 年 6 月 30 日于广东五桂山

前　言

　　科技兴则民族兴，科技强则国家强。中国要富强，人民要过美好生活，必须要有强大的科技作为支撑。科技事业的发展，离不开全民科学素质的提升作为基础。当今世界正面临百年未有之大变局，作为科技工作者，我们应该怎么做？早在 2016 年召开的"科技三会"上，习近平总书记指出："科技创新、科学普及是实现创新发展的两翼，要把科学普及放在与科技创新同等重要的位置。"2018 年的两院院士大会上，习总书记再次强调，"当科学家是无数中国孩子的梦想，我们要让科技工作成为富有吸引力的工作、成为孩子们尊崇向往的职业，给孩子们的梦想插上科技的翅膀，让未来祖国的科技天地群英荟萃，让未来科学的浩瀚星空群星闪耀。"

　　新时代呼唤科学家积极履行社会责任，努力促进科学与社会的深度融合。科技工作者是科技创新的主力军，同时也是拉动科普事业的火车头。在国外，不少优秀的科学家，往往也是科普事业的领头羊，因为他们对科学发展中遇到的关键难题，更具有深刻的体会和敏锐的洞察力，更能把复杂的问题做适当的简化，向普通人解释清楚，起到解惑的效果。科技工作者投身科普科教事业，既能为科技创新事业奠定大众基础，又可以为科研事业培养接班人，从而为中华民族的伟大复兴，尽绵薄之力。

目 录

第一章　光的本质与牛顿物理学 / 1

第 1 节　光能跑多快？伽利略，卡西尼，罗默 / 2

第 2 节　从光到万有引力——胡克和牛顿的瑜亮之争 / 13

第 3 节　光更像是波？惠更斯，菲涅尔 / 27

第 4 节　不可见的光、电磁波——赫歇尔、法拉第和麦克斯韦的贡献 / 36

第 5 节　本来无此物，何处寻"以太"？迈克尔逊与莫利的实验 / 46

参考文献 / 57

第二章　光、爱因斯坦与相对论 / 59

第 1 节　凯尔文勋爵的两朵"乌云"！ / 61

第 2 节　骑在光波上的男孩 / 68

第 3 节　1905 年——爱因斯坦的奇迹年 / 77

第 4 节　扭曲的"时空"——广义相对论 / 89

第 5 节　牛顿爵士，您的重力理论错了！ / 99

第 6 节　爱因斯坦：我一生中的最大失误 / 109

参考文献 / 119

第三章　于无声处听惊雷——天文史上的颠覆性发现 / 121

第 1 节　19 世纪的宇宙有多大？ / 122

第2节　星云是什么？/ 130

第3节　近代巨型望远镜的建造狂魔——黑尔 / 135

第4节　夜空中的魔眼——变星 / 139

第5节　天文学的摄影革命——哈佛天文台的妇女团队 / 144

第6节　巨人天文学家——哈勃 / 153

第7节　星光中的奥秘 / 162

第8节　哈勃定律——膨胀中的宇宙 / 172

参考文献 / 186

第四章　其小无内？——电子、质子、原子中的世界 / 187

第1节　葡萄干布丁，还是微型太阳系？——原子的结构 / 188

第2节　地狱之火——裂变核能的发现 / 200

第3节　聚变——天上的火焰 / 204

参考文献 / 210

第五章　"有物混成，先天地生"——宇宙大爆炸 / 211

第1节　最初的5分钟——氦是怎样炼成的？/ 212

第2节　大爆炸的余晖——宇宙微波背景辐射 / 217

第3节　贝尔实验室与普林斯顿——寻找宇宙微波背景的竞赛 / 224

第4节　宇宙的婴儿照片——霍金："本世纪最重要的发现"（宇宙
　　　　背景探索者卫星）/ 232

参考文献 / 240

第六章　暗物质，暗能量 / 241

第1节　没有大爆炸的《创世记》，可能吗？/ 242

第2节　暗物质——理论家的垃圾？还是上帝粒子？/ 247

第 3 节　暗能量——量子世界中的"空即是色"？／255

第 4 节　宇宙的旋律——微波背景辐射天空图中斑点的秘密／264

第 5 节　宇宙简史／270

参考文献／273

结语：宏观、微观宇宙的大统一——"万物理论"与弦理论／274

第一章
光的本质与牛顿物理学

　　人类对宇宙的认识，可以说是从光开始的。黑夜里繁星璀璨的亮光，引起我们对宇宙的无限遐想。在这方面，古代人比现代人更为幸运，因为他们所看到的星空没有受到人为光污染的影响而变成模糊不清。在晴朗的夜晚，以季节的变化更叠为序，天空中的星转云动犹如一幕一幕的幻灯表演，引领古代人建立历法，帮助人类进入农耕文明时代。天文学的历史源远流长，古代的希腊人与中国人，发挥他们无穷的想象力，不谋而合地将天上的星星分成不同的星座，发展成为一门学问。

　　近代科学对宇宙的认知是从了解光的基本性质开始的。

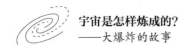
第1节　光能跑多快? 伽利略，卡西尼，罗默

古今中外的人类文化，无一例外地歌颂光明，对黑暗感到恐惧和厌恶，因为光使我们了解这个宇宙的一切，所以古代的哲学家和学者，对光都产生一种尊敬和好奇心。随着日常经验的累积，人们注意到在打雷时，总是先看到闪电，然后再听到雷声。这种自然现象后来被解释为声音跟光的传播都有一定的速度，而声音的速度比光的速度低，所以打雷时，人们总是先看到闪电，再听到雷声。接下来的问题是：光的速度究竟有多高? 光的速度是不是非常非常得快，甚至是无穷的速度? 还是光也有一个可以测量出来的有限速度，只是这个速度比声的速度更高而已。

在西方，对这个问题有两种不同意见。公元前 4 世纪，希腊哲学家、科学家亚里斯多德（Aristotle，384–322 BC）认为光速应该是无限大的，所以在闪电发生时，不管距离多远，我们马上能看到。但在公元 11 世纪，在阿拉伯伊斯兰文化全盛时代的科学家却有不同的意见，他们认为光速虽然很快，但毕竟还是有限的，所以当我们看到闪电的时候，其实闪电已经过去，成为历史。自此以后，科学家们对光速的辩论一直没有结论，以致真实的光速如何成为悬案。

公元 1589 年，被誉为现代科学之父的意大利人伽利略（Galileo Galilei，1564 –1642）走上比萨斜塔，以实验证明亚里斯多德的自由落体理论的错误，开创了以实验方法寻找科学真理的道路。在伽利略晚年，他曾提出了一个测量光速的方法，企图以实验方法来解决对光速的争论。他的方法是这样的：两位观察者各自带一盏可以开关的灯，站在有相当距离的两个山顶上。第一位观察者首先快速闪亮一下他的灯，当第二位观察者看到第一位观察者的灯光闪亮时，马上快速闪亮一下自己的灯。根据第一位观测者记录的自己发出信号与收到对方信号的时间差，以及两位观测者之间的距离，便可以计算出光的速度。但很不幸，伽利略此时因为鼓吹哥白尼（Nicolaus Copernicus，1473—1543）的日心说而惹怒了天主教廷，被软禁在家，不能实现他的实验计划。

伽利略去世25年之后，公元1667年，意大利有一位叫佛罗伦斯（Florence）的学者尝试用伽利略提出的实验方案来测量光速，但经过反复试验，实验者发现不管这两名观测者距离多远，时间差都无法测量出来，只是得到了一个"光来回传播的时间，远比观测者的反应时间短"的结论。

我们现在看来，即使光要传播与地球半径一样远的距离，也只需十几毫秒，比一般人的反应时间快得多。所以伽利略的方法是行不通的，尤其是当时的时间测量工具相当落后，达不到毫秒的精准度。

光速是有限或是无限这一悬案，在大约十年后，由丹麦天文学家奥勒·罗默（Ole Romer，1644 —1710），如图 1.1.1，以天文观测的方法解决了。

图 1.1.1　奥勒·罗默（Ole Romer，1644—1710），丹麦天文学家，1681 年，罗默从法国返回丹麦，成为丹麦的英雄，先后任哥本哈根大学天文学教授、哥本哈根市市长和警察局长，同时担任国家国务委员会主席

少年时代的罗默是一名小有名气的青年天文学家，在法国科学院属下的巴黎皇家天文台工作。法王路易十四（Louis XTV）执政时期的法国科学院是

一所学术气氛浓厚的研究机关,科学家有很大的学术自由。在巴黎天文台,罗默的领导是以发现土星光环结构而出名的天文学家乔瓦尼·多梅尼科·卡西尼(Giovanni Domenico Cassini,1625 –1712),如图 1.1.2。卡西尼是当时巴黎天文台的主管,他建议罗默研究木星的一号卫星(简称木卫 1,是与木星最接近的卫星,英文名为 Io)的一种奇特现象。

图 1.1.2　乔瓦尼·多梅尼科·卡西尼(Giovanni Domenico Cassini,1625—1712),该图的背景为巴黎皇家天文台与卡西尼使用的长折射望远镜

研究木星卫星的运行规律,是当时热门的科研项目,有它特殊的时代背景。

17 世纪的欧洲正处于航海大发现年代。远洋航行的船只,为了确定它们所在位置的经度,要知道本地时间跟**标准时**①的时差。本地时间可以从观察日月星辰出没的时间而得到,但是,由于当时还没有现代通信技术,也没有现代精准的计时工具,如何确定一个标准时对于漂泊在茫茫大洋中的船只来说,确是一个难题。在那个年代,经度测量对绘制地图和导航都很重要,是保证海洋航行安全的关键。16 世纪以来,天文学家、制图师和航海家共同致

---

① 标准时是 16 世纪以来解决经度问题的一种工具,自英国成为海上霸主后,英国的格林尼治(Greenwich)天文台时间,成为世界公认的标准时。格林尼治天文台的经度,成为经度的始点。

力于寻找准确定位经度的方法，并将这个问题称为**"经度问题"**。

解决经度问题的转机出现在 17 世纪初，当时伽利略从荷兰人处学会了制造望远镜。1610 年，他用自制的天文望远镜瞄向木星，一口气发现木星众多卫星中的四颗，这些卫星被后人称为伽利略卫星。在接下来的一年里，他耐心地观察木星的卫星，计算这些卫星的轨道周期，以及这些小天体消失在木星阴影后面（所谓的**卫星食**）的次数。伽利略从木星卫星的出没周期中，想出了一个解决经度问题的方案。

木星的卫星食每年发生一千多次，而且每次有一定的时间。用伽利略的观察来计算每颗卫星预期消失的时间，列成表格，可以作为一种标准时，供航海家参考，以确定他们的经度。伽利略梦想有一天，每一个国家的船只都依赖他的天文时间表在海上活动。

西班牙是当时欧洲的海上霸主，西班牙国王菲利普三世（Philip III）曾在 1598 年公开征求解决经度问题的方法，并愿意为成功者提供丰厚的酬金。伽利略提出了他的方案：以卫星围绕木星的运动作为标准时计。因为不管在地球上的任何角落，都可以观察到同样的木星和它的卫星群。然而，菲利普三世的幕僚们拒绝了伽利略的想法，理由是：在颠簸不定的远洋航行船只上，水手们不能经常轻易地从船上看到木星和它的卫星，更不用说依靠它们来进行导航。毕竟，每年约有半年时间，木星因与太阳同在一侧而从夜空中消失。

伽利略的方法在海上实行起来有一定困难，但在陆上却是一个很好的方案。1642 年伽利略去世后，人们对木星卫星依旧充满兴趣。在陆上，伽利略的计算经度方法在 1650 年之后终于被普遍接受。

在地图制作领域，确定经度的能力成为一种重要的工具。测量师和专业地图绘制者用伽利略的方法，重新绘制世界地图。早期的地图或低估了大陆间的距离，或夸大了个别国家的疆界。现在，全球各地的距离都可以公正、公平和权威地由天体现象决定。据说，法国的太阳王路易十四在面对一张基于精确经度测量修订的地图时，感叹道："我从天文望远镜失去的领土，比被

敌人掠夺去的更多！"①

伽利略方法的成功引起地图绘制业界的关注，他们大声疾呼，要求对预测木星的卫星食时间做进一步改进。这些卫星食事件的计时精度越高，则地图越精确。事关王国的疆界问题，为了避免被邻国取巧诈骗领土，各国纷纷聘请天文学家重复测量，观察行星和月亮，提高星历表的准确性。这样一来，为天文学家造就不少高报酬的工作岗位。1668年，意大利博洛那（Bologna）大学天文学教授乔瓦尼·多梅尼科·卡西尼出版了一套当代最好、基于最多和最仔细的天文观察的星历表。

卡西尼的研究工作聚焦在木卫1上。在众多的卫星中，木卫1因为距离木星最近，所以它围绕木星运动的周期也最短，大概是42小时。测量木卫1运动周期的方法也特别容易，因为每隔大概42小时，从地球上的观察者看来，木卫1便会进入木星的阴影区域，突然消失（卫星食），如图1.1.3中的C点所示。这种情况有如我们在地球上所看到的月食一样（月食是地球唯一的卫星进入地球的阴影区）。可是因为月球与我们距离太近，所以不是地球上每一个角落都可以同时看到月食，而且因为月球跟地球的大小相差不太远，所以月食发生的频率也很低。但是木卫1进入木星阴影区突然消失的现象，大概每42小时便发生一次，而且每一次处于黑夜的半个地球上的观察者都可以看见。相邻两次木卫1突然消失的现象发生的时间差，便是木卫1的运动周期。同样地，也可以利用相邻两次木卫1突然出现在木星阴影区以外现象的时间差，计算出木卫1的运动周期。从地球上观测，在任何一周，你可以看到数次的木卫1突然消失，或数次木卫1突然出现，但两者通常不是都可以看到，如图1.1.3中所示，假设木卫1的运动方向是逆时针方向，对在图右边的地球轨道上的观察者，他可以看到木卫1突然从C点消失，在地球轨道的另外一边，他可以看到木卫1突然从D点出现。这样，木卫1就像挂在天上的一个计时器，为地球上所有能看到木星的观测者提供方便而准确的标准时服务。

---

① 因为以天文望远镜观测厘定经度后的法国的精确地图，比以往的地图疆界看来减少了。

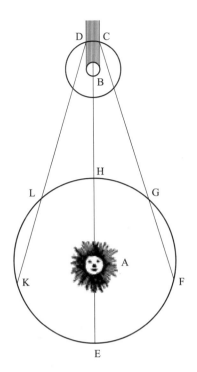

图 1.1.3　1676 年，罗默在 Journal des Sçavans 发表一篇有关测量光速文章中的插图，图中 A 代表太阳，B 代表木星，小圆圈代表木卫 1 的轨道，大圆圈代表地球的轨道。D 点与 C 点之间是木星的阴影区

这就是为什么卡西尼对准确测量木卫 1 轨道周期感兴趣，并且引导罗默的研究注意力集中到此问题上的原因。

卡西尼精心打造的星历为他赢得了巴黎太阳王（路易十四的称号）宫廷的青睐。1666 年，热心发展科学文化的法王路易十四成立法国皇家科学院，鼓励科学和数学的研究。1671 年，路易十四高薪礼聘卡西尼到巴黎担任新成立的皇家天文台台长。上任伊始，卡西尼便马上委派另一位天文学家皮卡德（Jean Picard，1620—1682）到丹麦的**乌拉尼堡**（Uraniborg）[①] 天文台工作。

---

① 乌拉尼堡（Uraniborg）是 16 世纪欧洲天文学家第谷·布拉赫（Tycho Brahe，1546—1601）的天文台所在的岛屿。第谷是望远镜发明以前欧洲最著名的天文学家，他穷一生精力获得的天文观测数据，为开普勒（Johannes Kepler，1571—1630）的三大行星运动定律奠定了基础。

卡西尼的想法是，他在巴黎与皮卡德在乌拉尼堡同时测量木卫1进入木星阴影区的时间，测量得到的时间差异使他们能够计算巴黎和乌拉尼堡的经度差。在乌拉尼堡，罗默从1668年便开始醉心于观测木卫1的周期运动。这种机缘巧合的关系，使罗默成为皮卡德的年轻助手，找到了展示他才能的舞台。罗默表现出色，深得皮卡德的赏识。此后，皮卡德便安排罗默到巴黎的皇家天文台工作。

经过多年的观测后，卡西尼发现利用观测木卫1进入或是离开木星的阴影区而决定的周期，不是一个不变的常数，它时长时短，误差达15分钟，这个现象困惑了卡西尼很久，他不能解释。

在科学史上，谁是最先发现光的传播速度是有限的人？这一问题的答案有点模糊。法国皇家科学院的传统中，一向有很好的官方记录，但是在1676年7月到11月之间，官方记录却留下了一段空白。

根据现藏在巴黎天文台图书馆内的一份手稿，据说是卡西尼写于1676年8月22日的，其中有以下一段内容：

> "根据5年以来观测的记录，科学院发现，所有木星的卫星运动都有不规则现象的出现，以致预测周期的误差多至15分钟。举例来说，下一次木卫1在11月16日出现于木星阴影区之外的时间，将会比以7月8月发生的时间推算出来的，延迟有十分钟之多。这种运动的不规则性，可能与我们所能见到木星的大小有关，或许跟木星与地球的距离有关。看来光从木卫1传到地球的时间可能延长了，说不定光需要10分钟到11分钟才能完成地球绕日轨道半径的旅程。"

为了解释木卫1的异常，卡西尼大胆假设木星的大小可以变化。这种假设现在看来是不可思议的，但当时科学家对行星的实际情况所知有限，概念不清，所以很多解释都变成有可能。正因为他处于天文学的启蒙时代，发现很多当时无从解释的新现象，譬如说，他曾经发现木星上有大小不断的变化斑点，北极星相对于地球北极的移动。这一切都是造成他过于谨慎的态度。但是可以肯定的是，他曾经考虑过光速有限的假设。上述有关 11 月 16 日的木卫 1 出现于木星阴影区之外的时间延误，当时是否观测到？我们现在无法从官方记录中得到证明。但是另一次在 11 月 9 日的木卫 1 星食，文献记录中确实记载有长达 10 分钟的延误。

罗默的灵感大概是从卡西尼处得到的。他什么时候在巴黎皇家天文台开始工作，我们已经无从得知。但现存的文献显示，他从 1672 年 3 月开始，到 1676 年终于得到足够的数据，证明光速是有限的。

地球每年（更准确一点说应该是大约每 13 个月）都有一次，刚好位于木星跟太阳连线中的一点上（图 1.1.3 中的 H 点）。这一天的午夜，木星刚好在观测者的天顶线上。这一天的前后，地球的运动方向垂直于木星与太阳的连线，地球与木星间的距离没有大变化，这一天前后测量出来的木卫 1 周期是最准确的，不受光速的影响，这一天以后测量出来的木卫 1 周期，因为地球与间木星的距离越来越远，会越来越长。1672 年 3 月 9 日，地球刚好处于木星跟太阳连线中的一点上，自此罗默开始观测，收集木卫 1 周期数据。连续多年的辛劳观测后，他信心满满地公开了他的结论。

法国皇家科学院的记录中在 1676 年 11 月 21 日有如下一段记录：

"罗默向科学院同仁宣读他的发现：光的传播不是瞬时的。他以木卫 1 出没于木星阴影区的时间数据，作为他的理论根据。他将与卡西尼先生、皮卡德先生磋商如何把他的报告发表在皇家科学院的杂志上。"

以上所提及的论文最终发表在 1676 年 12 月 7 日的《Journal des Sçavans》杂志上。

但是不久之后，卡西尼提出他不同的看法，企图以其他的方法解释木卫 1 的异常现象，他反对罗默的理由是：其他木星卫星的异常数据跟木卫 1 的不大一样，不能同时以光速有限的假设来解释。就这样，老成持重的卡西尼

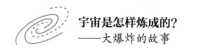

轻率地放弃了光速有限的假设，使他的名字失去了光速有限发现者的光环，同时也造就了罗默在科学史上的地位，使这位 32 岁的年轻天文学家成为发现光速有限的第一人。

当罗默的同事们几乎一致地表达对他理论的怀疑时，他平静地预测，1676 年 11 月 9 日的木卫 1 星食将会晚 10 分钟。当那天来临时，怀疑者目瞪口呆地站在那里，因为整个天体的运动证明罗默的结论可信。

同一时代有名的天文学家及物理学家，克里斯蒂安·惠更斯（Christiaan Huygens，1629–1695），热情地接受了罗默的发现。事实上，惠更斯需要有限的光速，使他的光波理论可以解释反射和折射现象。

罗默利用一系列涉及地球和木星轨道直径的巧妙计算，得出了这样的结论：光大约要花 22 分钟走完地球轨道直径的距离。不幸的是，他的计算记录在 1728 年的哥本哈根大火中丢失了。但我们根据当时新闻报道中有关他的发现，以及其他同年代科学家的论文中引用罗默的结论而可以了解一些情况。惠更斯后来将罗默的估计转换为：光以每秒 22 万公里的速度传播。这个数字比今天普遍接受的数字相差大约 27%。罗默估计的光速太慢的原因，与当时普遍接受的地球和木星轨道的直径有关。

对于卡西尼的质疑，罗默一直没有公开地答复，不过 1677 年惠更斯写信向他询问发现的详情时，罗默在 9 月 30 日给惠更斯的回信中列出数大理由，说明为什么有限光速的假设不能充分解释其他 3 颗木星卫星的周期异常现象：它们离开木星较远，速度较慢，轨道较大，周期较长，因此所得的数据量比较少。此外，不同的卫星轨道面的倾斜角度都不太一样，这些因素都增加了观测的困难，影响了数据的精准度。

后来的天文学者发觉，即使在纠正了上述理由产生的效果后，观测数据与理论仍然存在差异，现在我们当然了解这差异是由于其他卫星间的“轨道共振”引起的。但在罗默给惠更斯回信的时候，万有引力理论还没有出现，欧洲人要在 10 年后（1687 年）才能读到牛顿（Issac Newton，1642—1727，

图 1.1.4）出版的《自然哲学的数学原理》，这个深奥的解释要等到下一个世纪才出现。

图 1.1.4 《自然哲学的数学原理》出版后的 1689 年的牛顿（Godfrey Kneller 绘）

随着科技的日益进步，1975 年真空中的光速被精确地测定为每秒299792458 米，测量误差为 4/1000000000。今天，相对论成为认识宇宙真相的主流思想，获得物理学家的普遍接受。在相对论中，真空中光的传播速度是宇宙基本常数之一，不管你在哪里量，不管你的运动速度，测量出来的真空光速都是一样的，而且真空光速是宇宙所有物质速度的上限，就是说，没有任何具有质量的东西的运动速度可以比真空光速更快。1983 年，国际单位系统（SI）决定以光速重新定义我们的长度单位：米，即光在真空中1/299792458 秒内传播的距离。

不过，一些科学家为了出名，或种种技术上的问题，特别是在复杂的、高科技的实验中，不时地声称他们在实验中打破了宇宙速度的限制，但过程都经不起推敲。最近一次有名的例子发生在 2011 年 9 月，欧洲的 OPERA（Oscillation Project with Emulsion-tracking Apparatus）项目负责人意大利物理学家**安东尼奥·埃尔迪纳托**（Antonio Ereditato，1955 年生）宣布：在该项目的实验中，数据显示观测到的中微子（一种高能物理的粒子）速度比光速

更快。OPERA 是欧洲核子研究中心（CERN）的大型高能物理实验项目，由 160 名科学家组成的团队研究中微子的振荡现象。由于这是一个很有实力的团队，这消息曾一度引起科学界的轰动。最后，事实证明 OPERA 的结果是错误的，问题是由一条从 GPS 卫星传输信号电线的不良连接所造成。

在特殊情况下，比如说在水中，光的传播速度是它在真空中的 75%，因此在水中，由核子反应产生的高能电子的速度可以比光更快。又如在 2000 年一个具有里程碑意义的实验中，科学家称他们使一光脉冲以数倍于光速的速度传播，事实上，只是脉冲的相位速度比光速快。信息传播的速度，即脉冲的群速度，还是比光速低。重点是任何具有质量的物质都不可能超过光速极限，但光脉冲是一组无质量的光波，它的相位速度当然可以高于光速，只要信息传播速度低于光速，便与相对论没有矛盾。

一百多年来，爱因斯坦在狭义相对论中提出的"在真空中任何质量大于零的物体的速度都不能超过光速"的观点，已经成为我们理解宇宙的基石。

第 2 节　从光到万有引力——胡克和牛顿的瑜亮之争

1642 年 1 月，伽利略在软禁中走完他的生命历程。一位大师方才唱罢，另一位科学巨人又登场。这年的圣诞节，牛顿在一个英国小村庄的农舍中出生。从 1642 到 1842 年《南京条约》的签订，不过短短的 200 年光景，欧洲在这期间人才辈出，百花齐放，近代科学从此诞生。

艾萨克·牛顿（Issac Newton，1642—1727）出生在一个缺乏父母之爱的农家。出生前 3 个月，他的父亲去世；3 岁时，母亲改嫁，把他留给外祖母抚养。自懂人事以来，牛顿便跟他的继父关系搞不好，因此影响到他跟母亲的关系。根据牛顿留下来的私人笔记中的忏悔记录，少年时代的他，曾经动过纵火把继父跟母亲一起烧死在家里的歪主意。幼年的牛顿在孤单寂寞中长大，他天资聪颖，爱好阅读看书，特别是对宇宙和自然界的一切，产生了浓厚兴趣。不过心灵上的创伤，造成他成年后沉默寡言、孤芳自赏、不擅与人沟通的性格。他一生中没有爱人，也很少有朋友。孤独或许是他生为天才的代价。

在牛顿的青少年时代，英国政局一直动荡不安。因为自他出生那年，英国便开始了长达 10 年之久的大叛乱。国会党人与保皇党人内战，清教徒对他们在英国教会中看到的偶像崇拜感到反感。牛顿 7 岁时（1649 年），国王查理一世（Charles I）被斩首处决，奥利弗·克伦威尔（Oliver Cromwell）和他的儿子在接下来的 11 年里以坚定的清教徒纪律统治英国。

从 12 岁到 17 岁，牛顿在他家乡附近的一所著名中学就读，学习希腊文、拉丁文、数学等科目，为日后他的科学生涯打下了很好的基础。1661年，牛顿以优异的成绩进入剑桥大学的圣三一学院（Trinity College）深造。

开始的时候他以勤工俭学的方式，靠半工半读，维持生活，3 年后他以出众的学业成绩，得到全额奖学金，一直到他拿到硕士学位。

1665 年，漫延整个欧洲大陆的黑死病大瘟疫威胁到英伦，剑桥大学停课，牛顿回家乡躲避，此后的两年他在老家继续自学，并开始从事科学研究。他后来回忆这一段时光的时候指出，自己对微积分、万有引力、光学的贡献，都受益于这时期得到的灵感。家喻户晓有关牛顿因见苹果下坠而发现万有引力的故事，据说便是发生在这个时期。1667 年，瘟疫威胁解除，牛顿返回剑桥大学。不久他的研究工作能力，特别是他的数学天才，受到当时剑桥大学的**卢卡斯讲座教授**（Lucasian professor）[1]数学家巴尔罗（Isaac Barrow，1630—1677）的赏识，在他的推荐下，牛顿当选为圣三一学院院士。巴尔罗是牛顿的伯乐，他对数学的贡献主要是在微积分的基础定理上，1670 年，他被任命为国王查理二世的皇家牧师。牛顿便继承巴尔罗接任为卢卡斯讲座教授。此时的牛顿刚刚 27 岁，正值年轻有为，风华正茂。

1671 年底，巴尔罗骄傲地带着牛顿发明的第一台反射式望远镜来到伦敦，引起了轰动。这台反射式望远镜很快被带到查理二世面前，并演示了它的能力。于是，1672 年春，牛顿被选为皇家学会（Royal Society）的院士。

早在 1662 年，一群得风气之先的英国学者在伦敦成立皇家学会，比法王路易十四世的法国皇家科学院成立还早了 4 年。欧洲正从沉睡的中世纪醒来，特别是在远离罗马教廷的英伦，人们不再把新观念视为洪水猛兽，新一代的欧洲人拥抱科学观念，新的思维方式为新时代催生。

罗伯特·胡克（Robert Hooke，1635—1703）是 17 世纪一位极具影响力的科学家，他与克里斯托弗·雷恩（Christopher Wren，1632—1723）同是英国皇家学会早期最杰出的科学家、建筑师，两人是密友。在当时伦敦的咖啡馆，

---

[1] 卢卡斯讲座教授是剑桥大学的最高荣誉数学教席，当代物理大师霍金在他去世以前一直担任这个职位。

常常能看到他俩一起聊天的场景。很自然地，普通人第一次听到雷恩爵士[①]的名字是因为他留下来已经历三个多世纪的有名的伦敦地标：宫殿、医院和圣保罗大教堂，这使他成为英国历史上最有名的建筑家。在 1666 年伦敦大火灾之前他是天文学教授、数学家、物理学家和皇家学会创始人之一。胡克同样是大火后重建伦敦的好几栋重要建筑物的设计师，其中包括格林尼治皇家天文台、伦敦市内多间重建的教区教堂，以及最近修复的伦敦大火纪念碑。今天我们到伦敦旅游的时候，还可以欣赏到这两位科学家在建筑艺术上的成就。

与文艺复兴时代的达芬奇（Leonardo da Vinci，1452—1519）一样，胡克在一系列的领域都有非凡成就，涵盖了气动学、显微镜学、机械学、天文学，甚至土木工程学和建筑学。胡克的履历是金灿灿的，虽然他在科学史上的地位与声望，日后被牛顿所掩盖，但当时多才多艺的他，誉满英伦，一时有"天下谁人不识君"的美谈。他对科技的出色贡献包括：复合显微镜的改进，这使他能够比以往的学者更深入广泛地研究微生物，他最先提出生物学上"细胞"一词。此外还有许多重要的贡献，如：望远镜和空气泵的创新；皮肤移植、输血和人工呼吸的早期实验，以及每本中学物理教科书上都有介绍的胡克弹性定律，指出弹簧的延伸与施加到它的载荷成正比。

这种人才正是担任英国皇家学会实验馆馆长的最佳人选，当此重任的胡克为会员们统筹策划在学会的聚会中进行各种实验示范，讨论新科技和观念。

英国皇家学会最为惊世骇俗的作风，是它致力推行一种公开的质疑和答辩制度。每一位会员提出的新观念新发现，往往会受到别的会员的批判性的审核和质疑。为了捍卫自己的新观念新发现，前者要作出合理的、令人满意的答辩。胜利通过答辩的新观念或发现，才能被其他成员和整个社会接受。

牛顿与胡克两人的命运因为英国皇家学会而纠缠在一起，两人之间的瓜

---

① 1673 年他被英国国王查理二世封为爵士。

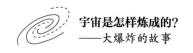

葛，有点像英国版的诸葛亮和周瑜，但结果让人类对宇宙的认识往前跨了大大的一步。

光学起源于古希腊时期，欧几里德（Euclid，公元前330—公元前275年）和托勒米（Ptolemy，90—168）等学者开始了这一领域的研究，但他们往往只关注**视觉科学**，例如分析光如何使眼睛能够感知遥远的物理物体（即视觉分析）。

踏入17世纪，光学的发展加速。因为航海的需要，荷兰人汉斯·利珀希（Hans Lippershey，1570—1619）于1608年发明了望远镜。意大利天文学家伽利略远在巴黎的朋友认识到该仪器在天文学中的重要性，向伽利略通风报信。聪睿过人的伽利略，迅速制造出自己的望远镜，并在原有的设计上加以改进。他在1610年首次用望远镜观测天体，发现木星的卫星和土星的环，轰动了欧洲。1611年，德国天文学家开普勒对望远镜中透镜的聚焦特性进行了近似的数学分析。1621年，荷兰天文学家威勒布罗德·斯内尔（Willebrord Snell，1580—1626）发现**斯内尔定律**：通过两种介质之间交界面的折射光线入射角度和透射角度之间的数学关系，从而取得了经验性的进展。1637年，法国哲学家、数学家笛卡尔（René Descartes，1596—1650）首先将光描述为一种压力波，通过一种无处不在的神秘弹性介质以无限速度传播。

其时最有趣的发现是光的"衍射"现象。弗朗切斯科·格里马尔迪（Francesco Grimaldi，1613—1663），意大利耶稣会牧师、数学家和物理学家，曾在博洛尼亚（Bologna）的耶稣会学院任教。通过实验，他观测到一些不能与传统"光以直线传播"想法相协调的现象。他把一束像铅笔般纤细的光线引进一个黑暗房间内，然后把一根细棒的阴影投射在白色的屏幕表面上。令他吃惊的是，细棒的阴影比他计算的几何阴影更宽，而且阴影外围出现1条、2条，有时甚至3条、4条的彩色边带。这个现象称为光的"衍射"，如图1.2.1，他是最早提出光以波浪形式传播的物理学家之一。在格里马尔迪死后出版的《光的物理数学》（Physico-mathesis de lumine，1665年）

一书，为光波理论打下了几何基础。正是这一论著吸引了牛顿对光学的研究。格里马尔迪的衍射著作出版后一年，牛顿购买了他的第一块棱镜。

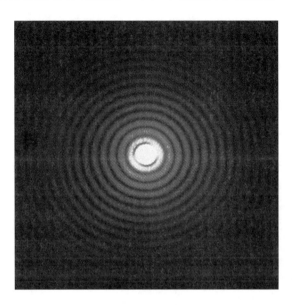

图 1.2.1　格里马尔迪"衍射"实验的现代模拟：红色（单频）激光束穿过小圆孔后在另一屏幕上的衍射图案，图中心的亮点正对小圆孔，大小与小圆孔差不多，外围的圆圈为其衍射波纹，一如小石块投入水面产生的水波纹

胡克在 17 世纪 60 年代初开始研究衍射和薄膜干扰效应，我们现在所称的**牛顿环**（Newton's ring，肥皂泡上反射的彩色环），其实是胡克首先发现的。在 1665 年出版的《微图》（《Micrographia》）一书中，他发表了与格里马尔迪类似的研究结果。

胡克是笛卡尔光波理论的支持者，光波理论是 17 世纪中叶的主流理论。他认为衍射和干扰等现象绝对不是粒子理论能够解释的，只能通过假设光是由波组成的理论来解释：光是在某一种介质中的快速振动。并首先建议光的振动可以垂直于传播的方向。胡克将光视为脉冲的周期性序列，但没有把频率看作为颜色的特征。更遗憾的是，他认为太阳光是由纯白色光波构成的。通过棱镜后可以看到的色谱是由于光在玻璃内部受损坏而形成的。然而，这意味着光线经过的玻璃越多，它的受损就应该越严重。

胡克在这些细节上所犯的错误，引起牛顿对光波理论的怀疑。为了证明这是错误的，年轻的牛顿让一束白光通过两个棱镜传递，当穿过第一棱镜时，每一种色光都以不同的角度折射，白光分解成不同颜色的光谱。牛顿指出，如果允许光线通过第二个棱镜，从第一棱镜中折射出来的彩色光可以重新组合为一束白光，这同样可以用折射解释，这证明色谱不是由玻璃损坏光引起的。一束单色光，无论它被反射或折射多少次，都保持不变的颜色，证明颜色是光的原始特性。如图1.2.2。

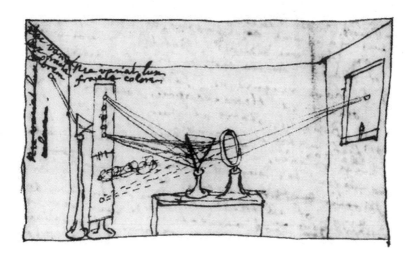

图1.2.2 牛顿手绘的太阳光通过棱镜实验图。一束太阳光通过窗帘上的一个小孔进入暗室，经过第一个棱镜的折射，在垂直屏幕上分成了从红到紫的色光。然后他通过屏幕上的小孔选择一种颜色，使之被另一个棱镜折射到墙上。第二个棱镜折射对光的颜色没有影响
【来源Bodleian　Library, Oxford】

牛顿的实验结果使光学研究的焦点转向光的本质。在1672年出版的皇家学会杂志《皇家学会哲学学报》(《Philosophical Transactions of the Royal Society》)上发表的"关于光和颜色的新理论"中，牛顿提出了多个实验，以阳光通过一个或两个棱镜，来探索光的基本特征。这是牛顿的成名作，我们现在很难想象，在这篇文章发表之前，牛顿的名字在剑桥以外几乎不为人所知。

这篇论文叙述了牛顿的白光穿过棱透镜实验,并因此结论:这些颜色(即彩色的光线)不是太阳光本身受到损坏产生的变异,而是它的"原始属性"。这些颜色系列一直存在于太阳光中,不是像胡克所说的"被棱镜损坏造成"。牛顿称他的新发现为光粒子理论,因为光必须是一种实在物质才能具有颜色的特征。这意味着,虽然普通的阳光看起来是白色(应该说是无色)的,但在我们的感知中,它实际上包含着许多不同的颜色,这些颜色可以通过实验揭示出来。颜色可以说是光的一种隐藏特征,在一般情况下无法被我们直接感知,只有在棱镜的物理影响下变得可以察觉。

牛顿论文的总结指出:光是由微小的带有颜色的物质粒子组成,在阳光中因为这些不同颜色的粒子混合在一起而呈现白(无)色。就是说,在最小的尺度上,一束光线是由一束微观的粒子组成。在空气中这种微观粒子没有受到外力的作用(亦即所有的外力达到平衡),所以它循着直线路径移动。在两种媒介的交界面(如空气与玻璃),两边的传播介质对它的吸引力不一样,所以产生折射。这样牛顿的理论也可以解释光线的折射现象。

牛顿虽然没有出席,但在学会秘书亨利·奥尔登堡(Henry Oldenburg,1619—1677)的安排下,他的论文在皇家学会聚会中公开宣读。在接下来的4年里,《哲学学报》月复一月地沸腾着争论:对牛顿的论文进行了10次批判,牛顿反击了11次。一向自视甚高的胡克对牛顿的挑战冒火了,他不能接受牛顿的新理论,声称牛顿的光色理论是从他7年前(1665年)提出的理论中窃取的。胡克攻击牛顿的方法和结论,其他科学家也在胡克的煽动影响下抨击牛顿的观点。年少气盛的牛顿无法容忍这些对他的批评,他愤怒地回应。牛顿和胡克之间的争执持续升温,以至1673年3月牛顿威胁要离开皇家学会,最终在奥尔登堡的斡旋劝说下才作罢。但是树欲静而风不息,争执还是余波荡漾。1676年1月,胡克再次指控牛顿剽窃,他声称牛顿从他的《微图》一书中抄袭了他的光理论。

终于,牛顿写信给奥尔登堡说:"我必须向你表明,我不打算再为哲学问

题费心了。"此后多年，牛顿销声匿迹，拒绝参与公开的科学讨论聚会。在他生命中这一段最富创造力的岁月里，他把越来越多的精力放在研究当时被认为是最秘密的科学：炼金术。但他惧怕曝光，对批评和争议退避三舍，而且很少发表他的作品。

今天研究牛顿的历史学者从他留下来的笔记手稿中发现，在这段日子，牛顿埋头在炼金术和圣经的研究上，他曾根据《圣经》[①]的记载预测世界将在2060 年终结。近年来，网络上一些西方基督教原教旨主义保守派的圈子中，对牛顿这一预测有很多关注。

一直到 1703 年胡克去世后，牛顿才对他的光学研究成果进行整理，发表在一本名为《光学》(《Opticks》)的著作中。但是牛顿与胡克在光学上的争执，只不过是另一场更大冲突的序幕。这场与万有引力理论有关的风暴，和我们对宇宙的认识有更直接的关系。

在 17 世纪中叶，重力是热门话题。当时的学者已经普遍接受行星围绕太阳旋转运动的理论（哥白尼的日心说），但没有人能合理地解释行星究竟是如何能围绕太阳运动的，或是月球如何能维持在环绕地球的轨道上。开普勒曾根据天文学家第谷的观测数据，归纳出行星的椭圆轨道，但他只知其然而不知其所以然，不能解释行星椭圆轨道的原因。天文学者们隐约中知道这是一种吸引力的作用，但他们不懂这引力的详细运作。胡克对此有一些想法。他最先提出了日后牛顿重力理论中的两个关键成分，终于导致他们间结下更大的恩怨。胡克认为引力是一种普遍存在于任何两物体之间的，而且与它们之间的距离平方成反比。万有引力的这两个重要元素将出现在牛顿于 1687 年出版的经典著作《自然哲学的数学原理》中。但事实上，胡克早在 1666 年便在

---

① 在耶路撒冷希伯来大学收藏的 1704 年一封牛顿的亲笔函中，他引用《圣经》中的**但以理书**（Daniel）来计算世界末日的日期。这张便条般的信件向世人揭示了通常被视为理性主义者的牛顿，同时具有的另一精神层面。他在信中自信地表示，《圣经》证明世界将在 2060年终结，并补充道："世界可能结束比我的预测更晚，但我不能否定它没有更早来临的理由。"

英国皇家学会的聚会中提出了一种新的重力 / 运动理论，他说："我将解释一个与迄今了解的任何系统截然不同的世界体系。它基于以下的假说：1）所有天体不仅本身各部分受到来自它中心的引力吸引，而且天体间也在影响所及的范围内相互吸引。2）所有具有简单运动的物体将继续以直线移动，除非通过一些外界力量不断使它偏离，导致它们的轨道变成一个圆、椭圆或其他曲线。3）物体间越是接近，这种相互吸引力越大。"

其中的第二点，简直便是我们现在熟悉的牛顿第一和第二运动定律。

此后，胡克一步一步地慢慢发展他的假说。从胡克的书信手稿和皇家学会的记录中可以证实，在 1672 年，胡克试图证明地球在围绕太阳的椭圆中运动，在 1679 年，他提出了平方反比的重力定律来解释行星运动。虽然胡克未能以数学证明他的猜想，历史学者都普遍承认胡克是发现万有引力的平方反比定律的第一人。但对胡克最致命的是：他不擅长利用数学工具来分析和证明他的想法。

接下来的故事发展带点戏剧性。差不多与此同时，一位名叫埃德蒙·哈雷（Edmond Halley，1656—1742）的年轻英国天文学家在 1682 年 9 月通过望远镜发现一颗神秘的彗星（日后被称为哈雷彗星）。此后他对这颗彗星进行了长期的仔细观察。这颗彗星使他开始思考当时困惑了许多科学家的问题。哈雷可能是听说过（也可能是基于他自己的猜想）支配着行星运动的平方反比定律，他认为这可以用来解释开普勒的行星运动定律和他的彗星观测数据。1684 年初，哈雷在伦敦一家咖啡馆，刚好碰上胡克与雷恩两人的咖啡聚会，在接下来的一场漫长而认真的讨论交流中，胡克不仅同意，而且声称他早已证明了哈雷的想法，并答应把他的证明公开。然而，几个月过去后，胡克依然未能拿出他的证明。哈雷急得不能再等待下去，于是他跳上马车，从伦敦赶到剑桥与牛顿会面。哈雷很可能是从胡克处得知牛顿也在进行万有引力的研究。

当哈雷与牛顿分享他的猜想时，牛顿也声称他早已把证明推导出来，但一时间忘记把论文放在了哪里。在他凌乱的书房中找不着后，牛顿答应重写证明，并发送给伦敦的哈雷。这次，哈雷又等待了好几个月，终于牛顿的证明到了。他一看之下，便立即知道他手上持有的证明将永垂不朽。家境富裕的哈雷鼓励牛顿把他的万有引力理论出版成书，甚至表示愿意出资支持。[①] 这个证明正是牛顿 1687 年出版的杰作《自然哲学的数学原理》的种子。

牛顿以约两年的时间发展出一套新数学工具（微积分）来进行分析，以证明具有这两种胡克最先提出的特征的万有引力，可以解释开普勒的三大行星运动定律。在牛顿之前，英文 gravity 只表示一种情绪，一种内在的品质：严肃、庄重。牛顿把这单词赋予新的含义：他的万有引力，即中文的重力。

但是胡克坚信，并到处宣扬，如果不是他最先提出这理论，就不会有牛顿的万有引力定律。在 1690 年皇家学会的公开演讲上，胡克大声疾呼："我多年前发现的重力理论，也曾在学会里公开跟诸位分享过，但最近牛顿先生把我的成果出版发表，变成他自己的发明，这真是对我最大的恭维。"牛顿对胡克的言论与行为自然感到极端愤怒，大为不满。

尽管如此，牛顿还是愿意在他的引力著作中给予胡克应得的感谢与赞扬，因为不可否认的是：胡克曾在 1680 年左右曾以皇家学会编辑秘书的身份给他写过几封信，鼓励牛顿把他的引力研究成果投稿到学会的杂志上。牛顿坚持说这些书信里没有任何有关万有引力的详细信息，只有胡克对引力的一

---

① 哈雷把牛顿的原理应用到彗星上。在分析了历史记载后，他确信历史记载中 1531 年和 1607 年天文学家看到的彗星与他在 1682 年看到的彗星是同一颗。它们遵循的似乎是同一轨道。此外，他还重新审视了 1680 年彗星的数据，确定它以椭圆轨道运行。哈雷意识到，同一颗彗星确实有可能多次重复出现。1705 年，哈雷首次发表了他的计算和预测："经过多方考虑后，我相信阿皮亚努斯（Apianus）观测到的 1531 年彗星，与开普勒、隆蒙塔努斯（Longomontanus）两人在 1607 年描述的彗星是相同的，我观察到的是它在 1682 年的重返。所有的参数都非常吻合。我满怀信心地预测它在 1758 年再次出现。"临终前，哈雷写下他的预言，他在 1682 年观测到的彗星将在 1758 年至 1759 年间返回。他知道，假如他的计算是正确的话，他不会活到那一天。但他表示，希望"后人不会拒绝承认这是一个英国人首次发现的"。这颗彗星，便是我们现在所称的哈雷彗星。

般看法而已。

不幸的是，胡克在 1703 年去世后，他的声名慢慢从世人的记忆中消失，变得默默无闻，而牛顿则声誉日隆。牛顿名著《自然哲学的数学原理》出版后，成为所有时期最畅销的科学书籍。1705 年 4 月 16 日，牛顿被英国安妮女王封为爵士。从此他被尊称为"艾萨克·牛顿爵士"。

《自然哲学的数学原理》第三版延迟好久才能问世，因为牛顿对胡克的余恨未消，他决定在再版这本书之前，把书中所有出现的胡克名字，通通删除。

胡克去世的那年，牛顿被选为英国皇家学会主席。在牛顿担任主席期间，唯一已知的胡克肖像神秘地失去踪影。根据传说，牛顿把胡克的画像从皇家学会墙上取下，扔到壁炉的火里。他坐在壁炉旁，嘴上挂着一丝微笑，边喝酒边欣赏画像在烈焰中灰飞烟灭。今天，参观皇家学会的游客可以看到除了胡克外其他 17 世纪创始成员的画像。这位曾被称为英格兰的达芬奇的一代英才，居然没有一幅个人画像留下来供后世缅怀，实在令人遗憾。

牛顿曾企图烧毁所有皇家学会收藏的胡克论文和记录，但他没有成功。讽刺的是，牛顿的被引用最多的名言："如果我看得更远，这是因为我站在巨人的肩膀上。"这话出现在 1676 年 2 月 5 日牛顿写给胡克的一封非常短的信中。

大约 200 年后，有关胡克内心世界的一些信息从他的私人日记中渐渐曝光。日记中透露，胡克有一种与其他科学家争拗的冲动。尽管胡克有他的缺点，他还是因为发现了细胞而在生物和医学领域获得了很崇高的荣耀。

成名后的牛顿日渐变得脾气暴躁，他频频与其他同年代的学者发生冲突，其中包括荷兰物理学家克里斯蒂亚安·惠更斯，他们争论光的本质。牛顿与德国数学家戈特弗里德·威廉·莱布尼茨（Gottfried Wilhelm Leibniz）争夺谁先发明微积分的荣光。

从 1696 年到去世前，牛顿一直在皇家铸币厂工作，先任厂总监，到 1699 年正式成为铸币厂的最高首长，在当时的重大经济和金融事件中发挥了重要作用。

晚年的牛顿不但有钱，而且成为英国的民族英雄，他在临终前说："我不知道世人如何看我，但是，就我自己而言，我似乎像一个在海边玩耍的男孩一样，时不时地找到一块比较光滑的鹅卵石或更漂亮的贝壳来打发时间，而伟大的真理海洋，就在我面前没有被发现。"这位出生在偏远乡村的不识字农民的儿子，虽然生活在一个岛国，并且是解释月亮和太阳如何以万有引力产生海洋潮汐的天才，可能从来没有亲眼看到过海洋，没有在海边玩耍过。不少历史学家认为：他对海的理解只是通过他的想象和计算。终其一生，他在地球表面的生活轨迹仅涵盖了约 150 英里，从老家林肯郡（Lincolnshire）的一个小村庄向南到剑桥大学城和伦敦而已。

牛顿活了 85 岁，1727 年在伦敦去世，死于肾结石，人们在西敏寺为他举行了最高荣誉（通常专由英国政治家和名将享受）的国葬。这是英国第一次为一个在学术及思想领域有成就的人举行的国葬。一直以来，特别是在英国维多利亚时代的许多历史学家看来，牛顿被认为是一位极其理性的科学家，有着无可挑剔的道德修养。如果他们读到近代一些有关牛顿的不务正业行为，如醉心于炼金术研究、爱好圣经训诂等的报道，一定会感到不可思议。

纵使英雄有他的缺陷，但无可否认，这位旷世奇才的贡献是多方面的。牛顿是他那个时代，甚至是历史上的极少数伟大数学家之一，不过他的影响远远超越数学。由于他的开创性努力，数学成为描述自然的首选语言。现代科学之父伽利略曾这样说："自然是一本伟大的书，这本书是用数学语言写的。除非我们先学会书中的字母和语言，否则就无法理解这本书。"

伽利略认为最可靠的知识形式是以数量形式表达的知识。但是牛顿并不仅是把数学单纯地看作组织数据的一种方便。牛顿擅长希腊语、拉丁语和英语。他把语言的运用看作是一种过程，语言是将人类把从经验中获得的信息转化为符号形式的工具，以便于记录和供日后使用。数学更是如此，它是最纯粹的符号翻译。牛顿认为只有数学的结构和它背后的逻辑概念，才能忠实反映物理世界规律的内涵。

　　日后，数学在物理学中所显示的非凡（几乎是奇迹般的）力量，可以通过麦克斯韦的电磁方程和爱因斯坦的相对论等例子来证明。这些伟大的物理理论可以用非常经济的、看似简单的方程式来表达。但是，这些方程的后果往往是相当惊人的，比它们的发现者在写下方程时所能想象的还要多。正如麦克斯韦想不到他的电磁方程隐藏着电磁波和光速是一宇宙常数的奥秘，爱因斯坦梦想不到相对论意味着质量和能量可以互相转换，并产生了核能、黑洞和宇宙膨胀等后果。

　　看来自然规律似乎有自己的生命，它与发现者无关，但这生命必须得到数学的滋养，才能显现它的生命力。

　　牛顿的《自然哲学的数学原理》提供了许多很好的例子，说明他如何应用数学分析来理解自然，例如行星围绕太阳的运动、流体的运动，或是月亮如何影响地球的潮汐。在他以前的科学家只能依靠臆测来解释自然现象。有了牛顿的方法，科学家可以建立数学模型，准确预测自然现象的因果关系，而且这些预测可以通过观察实验来证实或否定。今天，我们可以依靠牛顿的方法来设计飞机、喷气发动机、探索太阳系的航天器和预报天气。

　　牛顿留下的遗产：他的万有引力理论和他对宇宙的机械观点，在历史上产生了深远影响。他倡导的定量方法的应用，远远超出了物理科学和工程学的范围，甚至还包括经济学和社会学。这就是他超越同时代的胡克等人的地方。

　　在天文学上，海王星（1846 年）和冥王星（1930 年）的发现，都是基于牛顿引力理论的数学预测。特别是海王星在柏林天文台被直接观测到的戏剧性一幕，是 19 世纪科学史的一个轰动时刻，也是对牛顿引力理论的高规格确认。天王星自 1781 年被英国天文学家威廉·赫歇尔（William Herschel）发现以来，到 1846 年已经接近完成了一个完整周期的轨道①，天文学家在它的

---

　　① 天王星的轨道周期为 84 年。

轨道上发现了一系列不规则的现象，这些现象不能完全用简单的太阳与天王星间的万有引力定律来解释。然而，如果有一颗更远的未知行星引力干扰了天王星围绕太阳的轨道，这些不规则现象就可以得到解释。1845年，巴黎天文学家 Urbain Le Verrier 开始计算，以确定这样一颗行星的性质和位置。德国天文学家 Johann Gottfried Galle 根据 Le Verrier 的计算结果预测，于1846年9月23日至24日晚进行了望远镜观测，正式确认了海王星的存在。

从某种意义上说，亚当·斯密（Adam Smith，1723—1790）的"无形之手"和马克思对历史唯物主义的观点，其根源可以追溯到牛顿力学的精神。

亚当·斯密虽然从未使用过"市场力量"这一术语，但他的思路中显然有这种想法。他注意到市场价格似乎会被吸引到一些"自然"的价值上，把这一现象与牛顿解释为无形力量的重力效应相对比。斯密在其著名《国富论》（《An Inquiry into the Nature and Causes of the Wealth of Nations》）中也以一只"无形之手"来比拟维持经济平衡的力量。

而在马克思所处的时代，欧洲更是充斥着由牛顿经典力学驱动的新发现，以及对唯物论和严格机械论的信心。我们从恩格斯在其著作《反杜林论》中对时空观念的讨论，总可以看到一些牛顿力学的影子。不过，不容置疑的是，马克思的辩证唯物论，当然是青出于蓝，更胜一筹。事实上，日后在20世纪中，随着量子力学和混沌理论的发展，机械唯物论彻底破产，更彰显马克思的先见之明。

难怪英国著名诗人珀普（Alexander Pope 1688—1744）在牛顿的墓志铭上写道："大自然和它的规律隐藏在黑夜中。上帝说，让牛顿出场吧！于是一切都变得光明。"（Nature and Nature's laws lay hid in night: God said, Let Newton be! and all was light.）这与中国古人所说"天不生仲尼，万古如长夜"，有异曲同工之妙，都表达了一种高山仰止的情怀。

第 3 节 光更像是波？惠更斯，菲涅尔

光波理论的先行者克里斯蒂亚安·惠更斯（Christiaan Huygens，1629—1695），是荷兰有名的诗人音乐家和外交家康斯坦丁·惠更斯（Constantijn Huygens，图 1.3.1）的次子，从小就生长在一个学识渊博的上层社会环境，很快便在数学和观测天文学方面脱颖而出。30 多岁，他便闻名欧洲，1666 年成为路易十四宫廷中的座上客，参与成立法国皇家科学院的筹备工作，除了在假期回家访亲外，他在巴黎一直生活到 1681 年。

图 1.3.1 克里斯蒂亚安·惠更斯（1629—1695）

在天文学上，惠更斯和他的兄弟一起，致力于望远镜的制造，不久之后，他发展了望远镜的理论。惠更斯利用折射定律推导出透镜的焦距，还探索出用一种新的研磨和抛光镜片的方法来优化望远镜。1655 年，他把一台新的望远镜瞄向土星。惠更斯本来是想研究土星的光环，但是他很惊讶地发现，除了光环以外，这颗行星还有一个大月亮，现在被称为土卫六（Titan），

是土星最大的卫星。

1610 年，伽利略用他的望远镜观察到土星的环，但却无法确定它们是什么。他将土星环描述为土星的"耳朵"。1612 年，地球的轨道面与土星环的平面重合，伽利略从地球看，土星环变得不可见。他困惑地说："我不知道该对这样一个令人惊讶、不可预料、新奇的情况说些什么。难道土星吞掉了他的孩子？"

1613 年，当土星环再次显现时，伽利略感到更加困惑。惠更斯用自己设计的 43 倍放大率的折射望远镜，远比伽利略可用的望远镜优越，第一个提出土星被一个"薄而平，没有任何地方可以接触到土星，并与黄道面有一倾斜角度"的环所包围。

天文学的工作需要精确的计时，这促使惠更斯解决这个问题。时钟的设计是惠更斯一生中最感兴趣的问题。

伽利略是第一个发现单摆周期与摆的长度有关的物理学家，这种关系可以用来作为精确的测量时间标准。1657 年，在伽利略钟摆研究的启发下，惠更斯发明了一种以悬摆调节速度的时钟，提高了时间测量的准确性，他为第一个悬摆钟申请了专利。因此，惠更斯被认为是悬摆时钟的发明者。

伽利略曾考虑使用单摆运动作为计时，甚至给他的儿子留下详细指示，如何制造一个由摆动杆调节的时钟，但他的儿子未能完成任务。惠更斯和伽利略都希望，新的时钟设计会大大提高天文观测的精度，并解决在海上精确测定经度的难题。惠更斯先后制造了几个摆钟来确定海上的经度，分别在 1662 年和 1686 年进行了海上试验。他在这方面有多个著名的贡献：除了以更好的方式将钟摆安装在时钟上外，他还摸索出确保更高精度的改良。例如，使用循环连续不断的链，让它在上链时不会干扰时钟的运作。这都是计时工具科技的突破，使之成为直到 20 世纪 30 年代之前最准确的计时器。1658 年，惠更斯出版了他的著作《振荡器钟表计时学》(《Horologium Oscillatorium》) 一书，详细描述了他最新的摆钟设计，融入了这些改进，从而普及了摆钟。可以说，没有惠更斯改良的时钟，罗默就不会在 1676 年发现光速有限。

在力学方面，1659 年，他推导出匀速圆周运动的离心力定律。由此，加上开普勒的行星运动第三定律，导致当时的学者，包括惠更斯、胡克、雷恩和哈雷等人，得出万有引力平方反比定律的结论。

牛顿的光粒子理论刺激了惠更斯对光本质的深入思考。

从现代的观点来看，牛顿 1672 年的光学论文体现了实验证据和哲学论证的有趣结合。后者取决于牛顿对属性这一概念的诠释。假如我们仔细阅读他的论文，牛顿似乎做如下推论：由于光线的颜色是它的基本特征，我们应该将这些颜色视为光线的品质或特性（尽管这些特性在一般情况下都是难以察觉的），但是这样需要我们把光线看作是特性的承载者，也就是说，它们本身就是物质[①]。如果光线是物质，这意味着我们也不能把它们看作是其他物质的品质或特性。最后一点来自当时被广泛接受的物质概念，即物质是可以独立于其他物质存在的那些东西。牛顿认为，反射和折射定律的几何性质只有在光是由物质粒子构成时才能解释，因为波不会以直线传播。牛顿后来（1703 年）在《光学》一书中发表了他的理论，由于他在科学界崇高的地位，他的理论在当时有一定的说服力，被学术界广泛接受。

1669 年，在牛顿首次提出光粒子理论的三年多前，丹麦学者伊拉斯谟·巴特霍林（Erasmus Bartholin）开始研究在冰岛发现的透明方解石晶体。他发现，当一个图像被放置在晶体后面时，出现重叠的双映像，一个图像看起来比另一个稍高，如图 1.3.2。当巴特霍林旋转水晶体时，他看到一个图像消失，而另一个图像则随水晶旋转。这使他得出结论，水晶内的物质把光束分成两种不同的光线。巴特霍林称这是"大自然产生的最大奇迹之一"，并相信它为光波理论提供了证据。

---

① 在这里牛顿假设，像颜色这种特性的载体只能是物质。

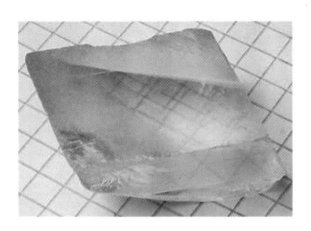

图 1.3.2　方解晶体内的双重折射现象

　　尽管牛顿的光粒子理论有它的优点，但像惠根斯这样细心的思想家意识到，其中有些缺陷是不能忽视的。例如：在两种媒介的交界面，折射和反射两者都会发生，两者的相对强度取决于入射角度；一束光线穿过非常小的针孔后，光束开始变宽，它的直径不会保持不变；难以解释"衍射"和双重折射等现象。

　　光线反射和折射同时发生的现象很难在光粒子理论中得到解释，牛顿尝试的回答并不令人满意。为了捍卫他的光粒子理论，在衍射问题上，他不得不假设光粒子在一种想象中的传播媒介"以太"[1]中产生的波浪来解释。

　　1678 年，惠更斯在法国皇家科学院正式提出了他的光波理论。当时对光波理论的挑战在于如何解释几何光学，即光为什么看起来像是以直线传播。为此，惠更斯假设光速是有限的，正如罗默在 1676 年的实验中所发现。他最大的贡献是在他后来（1690 年）发表的著作《光论》（《Treatise on light》）一书中，巧妙地发挥他的数学才华，描述了在光波传播过程中，原有的波锋面上每个点如何产生自己的球形小波，然后将它们叠加形成新的波锋面向前传播。其结果是光线的传播垂直于波锋面，轻易地解释了光线直线传播的现

----

　　① ether，一种神秘的无重量无形的，存在于整个宇宙空间的东西，这个概念是牛顿借用古希腊的传说而提出的。

象。这就是被后来学者称颂的"惠更斯原理"。他的原理给"斯内尔 - 笛卡尔（Snell-Descartes）反射和折射定律"作出详细的正确理论解释。此外，他还满意地解释了光的衍射和干涉现象。惠更斯又意识到，如果光速在透明晶体内随不同的传播方向而变化，球形小波就会变为椭圆形，从而能够解释像冰岛方解石这样的晶体折射规律。惠更斯扩展了他先前用于解释一般折射的数学方法，从几何波结构中成功地推导出了冰岛透明方解石晶体的双折射特性。但是为现代物理学家所接受的正确解释要等到 1822 年，科学家们确定光是横波，并具有左旋或右旋的性质后，才得到了令其满意的解释。

与此相比，牛顿的光粒子学说对双折射现象，简直是一点办法都没有。

不过，惠更斯错误地认为，光波与水波在传播方面不同的是：水波是横向的，水在上下移动，波浪则向前移动；而光波是纵向的，在他称为"以太"①的媒介中以平行于光束传播方向来回震荡，犹如声波一样。另外一个缺点是，惠更斯将光波视为单个脉冲，没有任何周期性。但是作为一位光波学说的先驱者，他实在功不可没。

1689 年，惠更斯在伦敦与牛顿相会。由于他们在很多科学问题上有不一致的意见，话不投机，两人不欢而散。但不幸的是，牛顿当时的声誉导致多数科学家支持牛顿的理论。直到一个多世纪后，物理学者才相信这位荷兰科学家的光波理论。

到了 19 世纪初，光粒子理论的麻烦越来越多。1801 年，英国物理学家托马斯·杨格（Thomas Young，1773—1829）做了一个经典的实验，他使用单色光线通过两条狭窄而又极小距离相隔的缝隙。假如光表现的行为像粒子一样的话，它只会穿过其中之一条狭缝，在缝隙后的黑屏幕面上，只能出现两条细长的光缝。但杨格看到的却是一种显示干涉模式的图案：一系列明暗相间的波段带图案，如图 1.3.3。这一实验结果，毫无疑问地证明光的行为表

---

① 这与牛顿的假设一样。

现像波一样，因为只有通过光波与光波叠加才可以导致或明或暗的细缝（建设性或破坏性的干涉现象）。此外，带与带间的距离由两个实验参数确定：狭缝之间的距离和光的颜色。如果红光对应于长波长光，蓝色对应于短波长光，那么光的行为模式与波完全一样。杨格的双光狭缝实验完全证明了光具有波的基本性质。尽管如此，牛顿的威望与影响力还是不容忽视的。

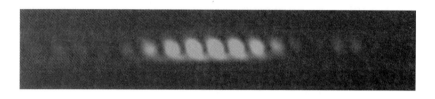

图 1.3.3　用单色激光进行的杨格双狭缝实验产生的干涉模式图案

奥古斯丁·菲涅尔（Augustin Jean Fresnel，1788—1827，图 1.3.4）出生在法国西北部诺曼底地区，靠近英伦海峡的一个城市。菲涅尔 1 岁时，法国大革命便爆发了，他在法国政治最混乱时期完成了他的中学教育。1804 年，菲涅尔以入学考试中名列第 17 位的优异成绩进入巴黎综合理工大学（今天巴黎大学的前身），两年后毕业，到法国桥梁道路工程学院深造，3 年内完成了学院课程，之后他获得了土木工程师资格，并成为一名桥梁道路土木工程师。但他不满足于此，在业余时间从事科学研究工作。让菲涅尔着迷的是光，他在 1814 年中期开始进行光学实验。

在 19 世纪初，光的本质成为科学家们热烈争论的话题。粒子和光波理论，各有各的基本信徒。1817 年 3 月，法国科学院主办了一次"解密光的本质"竞赛。是波浪吗？是粒子吗？如何测试它，以及如何验证该测试？菲涅尔对此感到非常兴奋，他参加了这次比赛。尽管他不是物理学家或数学家，但他在惠更斯 17 世纪的理论基础上，提出了正确的光波理论数学框架。如果光真是像牛顿的粒子一样，它只会在一条直线上穿过空间，但是，如果光是波，当它遇到一面屏障、一条狭缝，或是物体的边缘时，它将不得不发生干涉和衍射等现象。光波一定会遵守这个规则的，不同的几何现场配置只会导致不同的特定现象。菲涅尔假设单色光由正弦波组成，首次对直线边缘的衍射导出了令人满意的数学解释。

图 1.3.4 奥古斯丁·菲涅尔（1788—1827）

提交参赛作品后，评委之一、著名物理学家和数学家西梅翁·泊森（Simeon Poisson，1781—1840）详细审核了菲涅尔的理论。泊森是粒子学说的信徒，一心想要找菲涅尔的理论的茬。在泊森设计的构想中，假如他用单色的点光源，释放出圆锥状的光束，途经一个球形物体。在牛顿的理论中，在投影的屏幕上会有一个周围有亮光的圆形阴影。但是，正如泊森所证明，在菲涅尔的光波理论中，阴影的中心居然会出现一个亮点。泊森断言，这个预言显然是荒谬的，不可能的。泊森企图反驳菲涅尔的理论，指出它导致了一个逻辑谬误！

泊森的逻辑思路是从一个由光波理论引起的、看起来荒谬的预测，来证明光波理论一定是错误的。泊森的结论是：牛顿是对的，光波理论（至少是菲涅尔版本的）错了。但如果不进行实验来验证，不管它看起来多么明显，谁都无法得出正确的结论，因为科学不是由优雅、美丽、动人的辩论，或想当然的推理而决定的。它是通过观察大自然本身来下结论，这意味着要进行相关的实验。

对于菲涅尔和科学本身来说，幸而评审委员会的其他成员没有像泊森一般的偏见。后来成为政治家，甚至当上法国总理的弗朗索瓦·阿拉戈（François Arago，1786—1853）不仅支持菲涅尔，他更为了拥护正确的科学态度，亲自进行实验来验证。阿拉戈设计了一个球形障碍物，并在它周围照射圆锥状的单色光束，检验光波理论对建设性干扰的预测。果然不出所料，就在阴影的中心，很明显地看到一点亮光，如图 1.3.5。尽管菲涅尔理论的预言似乎很荒谬，但实验证据却能证实它。荒谬与否，自然界有最后的发言权。

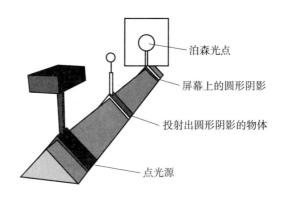

图 1.3.5　泊森光点的实验设置

在物理学中，一个很容易犯的错误是：你假设你知道答案。更大的错误是：你以为可以不需要进行实验来验证答案，因为你的直觉告诉你什么是自然所不能接受的，或者什么结果是不可接受的。但物理学从来都**不总是**一门**直观**的科学，从日心说到相对论和量子理论，都是如此。因此，我们必须求助于小心实验和详细观察。没有这种科学方法，我们永远不会推翻亚里士多德的自然观，不会发现狭义相对论、量子力学，以及爱因斯坦的广义相对论。当然，也不会发现光的波动性质。

菲涅尔进一步正确地提出光波是纯粹的横波，纠正了惠更斯光波理论的缺点，认识到光具有左旋或右旋的两种极化性质的可能性。在透明各向异性的介质中（如冰岛的透明方解石晶体），不同极化性质的光具有不同的折射率，完美地解释了双折射现象。

1827 年菲涅尔死于肺结核，年仅 39 岁。英年早逝的菲涅尔在短短的 39 年生命历程中，只用了大概 10 年的光阴放在光学研究上，但却为光波动理论建立了牢不可破的基础。在麦克斯韦的电磁波理论出现前的物理学权威都把菲涅尔的横波理论称誉为"除牛顿的宇宙系统外，物理科学领域的最崇高的结构"。菲涅尔对物理光学的贡献给光粒子理论以致命的打击，使他的名字在现代光学术语中无处不在。从此"惠更斯原理"也被改称为"惠更斯 - 菲涅尔原理"。

第4节　不可见的光、电磁波——赫歇尔、法拉第和麦克斯韦的贡献

光究竟是一种什么样子的波？是什么东西在振荡？菲涅尔还是没有答案。因为答案只能在当时光学以外的领域才能找到。

事实上，在菲涅尔和其他的法国科学家们为了光究竟是一种什么样子的波而争论不休时，光的家族正悄悄的壮大起来。科学家们发现除了通过玻璃棱镜分解出来的可见光外，还有肉眼看不见的"光"。

关于不可见光的发现，不得不提到一位伟大的天文学家的故事。

弗雷德里克·威廉·赫歇尔爵士（Sir Frederick William Herschel，1738—1822），出生于现代德国的汉诺威。这位杰出的科学家，有着传奇的一生。赫歇尔的父亲是一位军队中的音乐家。子承父业，年轻的赫歇尔也在汉诺威卫队的乐队演奏。在七年战争（1756—1763）中，1757年法国占领汉诺威后，他逃到了英国。当时19岁的他，很快学会了英语。起初他靠抄写音乐谱为生。由于他精通多种乐器，如小提琴、竖琴和管风琴，他成为了一名音乐老师、表演者和作曲家，他的地位稳步提升，开始有点名气。赫歇尔创作了许多音乐作品，包括24首交响乐和许多协奏曲，以及一些教会音乐，渐渐成为英国有名的音乐家，日子过得挺舒坦的。换了是别人，一定会对这样的生活很满足，一辈子守在音乐圈里，也算是一个名家，但赫歇尔却不是一般的人。

赫歇尔对音乐的爱好和好奇心最终使他与天文学结下不解之缘。在阅读了罗伯特·史密斯（Robert Smith）的《谐波-或乐声的哲学》[①]（《Harmonics，

[①] 这本书对声波以外的光波也一并做了详细的介绍。

or the Philosophy of Musical Sounds》，1749 年版）之后。他拿起史密斯另一本《光学系统》（《A Compleat System of Optics》，1738 年版）来细读研究，书中描述了望远镜的构造。其后，他还阅读了很多有关天文学、光学和力学的科普著作，这类书使没有学过数学的人也能理解牛顿力学原理，激起了他对宇宙星空的兴趣。根据他的天文观察日志记录，他于 1774 年 3 月 1 日开始观察土星光环和大猎户星云（M42）。

当时几乎所有的天文学家只满足于观察太阳、月亮和传统的行星，但强烈好奇心与超人的精力使赫歇尔决定决心研究更遥远的天体。作为一个半途出家的天文爱好者，赫歇尔引入了一种新的方法：对遥远天体进行全面的调查。这可以说是对托勒密的 1000 多颗恒星目录的更新，赫歇尔较托勒密时代的天文学家有更大的优势，他的望远镜比人眼观察到更多的星，所以他的恒星目录更全面。通过集中精力专注于进行新的、未开发领域的观察研究，而不只是精确测量太阳系内行星的运动，赫歇尔使自己的成就超越了同时代的专业天文学者，在 18 世纪 80 年代，他发现了太阳系以外的恒星分布。这是人类在试图了解宇宙结构的漫长历史中的关键时刻。赫歇尔对天文学的贡献，我们在第 3 章第 1 节会有更详细的介绍。

除了许多天文成就外，赫歇尔还对光的研究也作出了相当的贡献。1800年，他发现了红外光。该发现同样地始于他的好奇心：他想知道当阳光透过各种彩色的滤光片后，它是否产生不同的热量？赫歇尔假设不同颜色的光可能有不同的温度，于是他着手研究这个问题，通过玻璃棱镜的光线，产生七色的光谱，他将特殊的温度计放置在滤出的色光内，并将另外两支温度计放在色光两边作为对比，分析每种色光的温度。他发现从紫色到红色，温度都越来越高。出于好奇，他在光谱的红色外边放置了一支温度计，在那里看不到任何光谱的颜色。但是他却发现这个区域的温度甚至比其他彩色部分还高。在随后的实验中，他证明这种看不见的光的折射和反射的方式与阳光完全相同。这种光后来被称为红外光或红外辐射。赫歇尔是第一个把人类的视

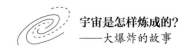

野扩展到狭窄的可见光区域之外的科学家。

发现红外辐射的消息很快便传遍欧洲。早在1777年，瑞典化学家卡尔·威廉·舍勒（Carl Wilhelm Scheele，1742—1786）发现了氯化银（AgCl）暴露在光线下分解并产生金属银的化学反应。于是在1801年，耶拿大学（University of Jena）任教的德国科学家约翰·威廉·里特（Johann Wilhelm Ritter，1776—1810）参考了赫歇尔的方法把氯化银暴露在不同颜色的光下，发现在正常可见光谱的紫光外存在一种不可见的辐射，暴露在这种不可见的辐射下的氯化银会分解得更快，他也同样的证明了这种看不见的辐射的折射及反射特性与阳光相同，因而发现了光谱的紫外区域。

光究竟是一种什么东西？这问题越来越复杂了。不可见的光还是光吗？人类一向把光看成是光明的象征，现在发现居然有些光是人眼看不到的，其中一些光还可以感觉到，像红外辐射，而另一些光感觉不出来，只能靠化学物品才能间接地证实它的存在，像紫外辐射。红外辐射和紫外辐射之外，还有没有其他的"光"？

不过从光波的角度来看，可见光是一种波，不可见光也是一种波，一种振荡，那就比较容易理解了。这种波或振荡的一部分是人类眼睛能看见的，另一部分则是不可见的。至于这是什么样的波，是什么东西在振荡，要等到下面两位主角的出现，才能揭晓。

迈克尔·法拉第（Michael Faraday，1791—1867，图1.4.1）成为物理学名家的主要原因是因为他发现了电磁感应。此外，他对电气工程和电化学的贡献，是他最先将力场的概念引入物理学中描述电磁力作用，这些成就足以使他名垂不朽。但他对物理的最大功劳是为光波电磁理论作出了根本性贡献——发现磁场可以影响极化光。

1845年，法拉第发现磁场可以影响极化光（菲涅尔提出的光极化性质）——这种现象被称为磁光效应或法拉第效应。确切地说，他发现，当光束沿磁场方向传播时，一束线性偏振光的振动平面在玻璃内会旋转。这是电磁场能对光产生影响的最初迹象之一。1846 年 5 月，法拉第发表了《关于射线振动的思想》一文，这是一篇具有前瞻性的文章，他推测并预言光可能是电和磁力线的振动。

图 1.4.1　迈克尔·法拉第（1791—1867）

法拉第的背景及他的成就在物理学史上非常罕见：尽管他的出身卑微，但电磁学中很多的定律都是在法拉第的实验中被发现，如电磁感应定律的发现，导致了发电机的发明，使他成为电动机的先驱。他从电力物理的角度解释了电解化学，将场和力线等概念引入物理学，这些概念不仅对理解电和磁相互作用至关重要，而且构成了物理学进一步发展的基础。

法拉第出生在伦敦南部一户贫困家庭。他接受的唯一的正规教育是读、写和基本算术。他 13 岁就辍学，开始在一家书籍装订店当学徒工作。他对科学的热爱是被一本由他装订的《大英百科全书》中的有关电的科普描述所唤醒的。之后，他开始独自在家里建立的实验室里进行简易的实验。法拉第日后的成功都是靠他努力自学而来。

一个偶然的机会，他得到一张门票，聆听了汉弗莱·戴维（Humphry Davy，1778—1829）爵士和当时的著名化学家在伦敦皇家学会（Royal Institution of Great Britain in London）举办的化学讲座。法拉第全神贯注地坐在那里，将讲座内容仔细记录下来。回到装订店后，他把这些笔记加以整理，以精美的插图作为长达 360 页的讲座记录的说明，并专业地将其以皮革装订成册，寄给戴维爵士。不久之后的 1813 年，当戴维的一个实验室助手因打架而被解雇后，法拉第被聘为戴维的实验室助理，在戴维的指导下学习化学。

戴维是一个发明家，他发明了碳弧光灯，这是电灯的早期版本，以两根碳棒之间的电弧产生光线，直到多年后获取电源的成本变得合理，碳弧光灯才在经济上变得实用。他还发明了有名的戴维灯，它大大地降低了灯泡爆炸的可能，挽救了煤矿中成千上万的生命。法拉第给戴维留下了深刻的印象，当有人问戴维他最伟大的发明或发现时，戴维回答说："我最大的发现是迈克尔·法拉第。"

法拉第先是戴维的助手，然后是戴维的合作者，在戴维死后，成为他的继承人。1824 年，法拉第被选为伦敦皇家学会会员，此后终其一生都在皇家学会进行科研实验，直到 1867 年去世。法拉第也被公认为是伟大的科学普及者。1826 年，法拉第在皇家学会建立了"星期五晚会"，这是科学家和普通人之间的沟通渠道。

1820 年，丹麦物理学家汉斯·克里斯蒂安·奥斯特德（Hans Christian Oersted，1777—1851）首次发现了电流的磁效应。法拉第在 1821 年重复了奥斯特德的实验，并在携带电流的导线周围放置了一块小磁铁，证实了电流对磁体施加的力是圆形的。正如多年后他解释的，电线被无限的同心圆形力线系列包围，他称之为电流的磁场。他以奥斯特德和法国科学家安培（Ampére，1775—1836）有关电流产生的磁特性为起点，在 1831 年从不断变化的磁场中观察到电流的产生和变化，由此他发现"法拉第感应定律"，即当电流通过线圈时，附近的线圈中受感应而产生了一个极短的电流（称为电磁感应现象）。这一发现是现代科学进步和社会进步的重要里程碑。今天用于发电站的大规模发电机，便是基于这一发现的应用。法拉第发明了第一台电动机、第一台变压器和第一台发电机，因此法拉第被称为电气工程之父。

也许是法拉第的最重要贡献是他将场和力线等形象概念引入物理学，爱因斯坦称之为物理学的划时代大变化，因为它为电磁和光学，甚至以后的万有引力论，提供了一个共同的物理理论框架。

在 19 世纪中期，安培等物理学家主张采用牛顿式的电磁学概念。根据这一观点，两个静止的电荷之间的电磁力是基于与牛顿重力相同的超越距离作用（action at a distance）。然而，法拉第持有不同的观点，他断言电磁现象可以从力线的角度来理解。他说，这些力线来自电荷或磁极，存在于整个空间；放置在空间内某一点的磁性材料（或带电粒子）会在该点与力线相切的方向上受到一个磁（或电）力的作用。换句话说，电磁力不是基于超越距离的作用，它是通过电荷或磁极产生的力线，再作用在磁性材料或带电粒子上，充满电磁力线的整个空间，构成了电磁"场"。整个电磁场是传播电磁力的媒介。此后爱因斯坦的广义相对论中，便是以一个万有引力"场"取代了牛顿的超越距离的重力作用。

法拉第的好奇心并不满足于简单地发现电和磁力之间的关系。他还想确定磁场是否对光学现象有影响。他相信所有自然力量的统一，特别是光、电磁力的统一。1845 年 9 月 13 日，他发现线性偏振光的极化平面在穿过沿传播方向施加强磁场的材料时旋转，如图 1.4.2。法拉第在当天日记中写到：

"今天，使用磁力线通过不同的透明物体（在不同的方向），同时以极化的光线通过它们……极化光线产生了一种效应，因此证明磁力和光是相互联系的。"

这无疑是第一次明确的实验证明光与电磁现象有关。这效应是光电磁理论的基石之一。

在 1846 年 4 月的皇家学会的"星期五晚会"中，法拉第推测光可能是沿着传播方向的某种形式的电磁场振荡。同年，法拉第的论述发表在《哲学杂志》（《Philosophical Magazine》）上，题目是《场线振动的一些推想》。法拉

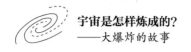

第甚至敢于质疑"以太"的存在——这是一种当时科学上的异端邪说，当时的物理界一致认为"以太"是光传播的媒介，连菲涅尔也在他的理论著作中采用此假设来描述光波。

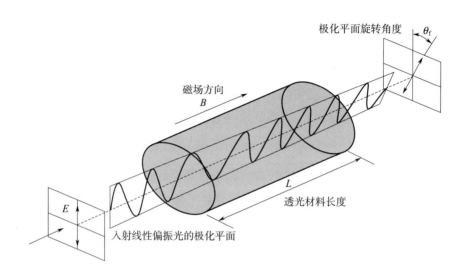

图 1.4.2　法拉第磁光效应的实验：线性偏振光的极化平面在穿过沿传播方向上施加强磁场的材料时旋转的角度

然而，在麦克斯韦的《电磁场动力学理论》文章于 1865 年发表之前，法拉第的这种想法受到了世人的普遍怀疑。他的电和磁力线概念，也没能受到物理界的接受。

詹姆斯·麦克斯韦（James Clerk Maxwell，1831— 1879，图 1.4.3），出生于苏格兰爱丁堡，大多数现代物理学家将其视为对 20 世纪物理学影响最大的学者，他在物理学上的地位与牛顿和爱因斯坦不相伯仲。

1847 年，16 岁的麦克斯韦进入爱丁堡大学。1850 年，他转到剑桥大学的三一学院，因为他认为在那里更容易获得奖学金。麦克斯韦果然获得了奖学金，并于 1854 年从三一学院数学专业毕业。

图 1.4.3　詹姆斯·麦克斯韦（1831—1879）

麦克斯韦对电磁学的研究使他成为历史上伟大的科学家之一。1860 年，麦克斯韦尔被任命为伦敦国王学院（Kings College London）自然哲学的教授，在伦敦，他可以经常接触到法拉第，两人成为忘年之交，深入讨论电磁学的问题。麦克斯韦在伦敦国王学院的六年是他的工作成果最丰硕、最重要的六年。他将法拉第发现的"电磁场"观念通过数学建模，成为我们今天所熟知的电磁学理论。

约 1862 年，麦克斯韦计算出动态的电磁场传播速度大约与光速相同。他因此提出光是一种电磁波动现象的推论，如图 1.4.4，"可见光"只是电磁波中的一段频道。麦克斯韦在 1865 年的论文中，不仅描述了他开创性的电磁波理论，而且带着他一贯的谦逊，将最终形成其理论基础的思想逻辑归功于法拉第的电磁力线振动想法。他特别提到法拉第 1846 年的论文：

"法拉第教授在他的《场线振动的一些推想》中明确提出了横向电磁扰动的概念。他提出的光电磁理论，在实质内容上与本文中发展的理论相同，只是在 1846 年我们还没有数据可以计算电磁波传播的速度。"

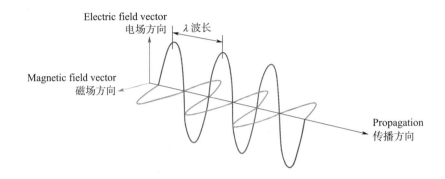

图 1.4.4　1865 年麦克斯韦用数学方法预测的电磁波

法拉第的论文在麦克斯韦 1865 年的论文中先后被引用了 6 次，可见他对法拉第的推崇备至。当然，考虑到麦克斯韦的成果大部分是建筑在法拉第工作的基础上，这种推崇和亲密也就不足为奇了。

在《电与磁总论》（1873 年，《Treatise on Electricity and Magnetism》）的序言中，麦克斯韦说，他的主要任务是将法拉第的物理思想以数学形式表达出来。为了阐述法拉第的电磁感应定律（磁场的变化导致产生感应电场），麦克斯韦构建了电磁现象的数学模型，他发现该模型在电介质中存在着一种相应的，可以产生横波的"位移电流"。在计算这些电磁波的速度时，他发现它们非常接近光速。麦克斯韦总结说，他"很难避免这样的推论：即光是一种电介质中的电磁波动现象，而这种波动是由横波构成的"。

电磁辐射的概念起源于麦克斯韦，他的电磁场方程（由 4 个偏微分方程组成，现在称为麦克斯韦方程）基于法拉第对电磁力线的实验和观察，是牛顿力学以后经典物理学的一个高峰，为爱因斯坦 1905 年的特殊相对论中质量与能量的等价关系铺路。

麦克斯韦的电磁辐射理论也为 20 世纪物理学的另一项重大创新（量子理论）埋下伏笔。他的电磁辐射描述与经典热力学结合后，最终导致了（古典理论物理中）不能令人满意的热辐射定律。这成为马斯·普朗克（Max Planck，1858—1947）提出量子假说的种子，即辐射能量只能以有限量单位的形式（称为量子）放射。电磁辐射与物质的相互作用是普朗克假说的重要组成部分，日后在原子和分子结构理论的发展中发挥了核心作用。

法拉第和麦克斯韦的共同努力是现代科学实践的典范：利用实验观察得来的现象和产生的知识，组织成为理论的基础，其结果是一个新的描述自然的数学模型，进一步可以允许预测未知的现象。

法拉第从1846年的实验观察而推测其存在，麦克斯韦1865年用数学方法预测的电磁波，最终在麦克斯韦去世后9年（1888年）在德国物理学家赫兹（Heinrich Hertz，1857—1894）的实验室中被证实。由此衍生的无线电产业及其他许多的应用，都起源于麦克斯韦的电磁辐射理论。现在我们知道"可见光"只是电磁波中短短的一段频道，这是人类认识宇宙历史过程中的一大步。显然，麦克斯韦打开了20世纪物理学的大门，但同样清楚的是，法拉第留给了麦克斯韦这大门的钥匙。

在麦克斯韦之后，所有的物理学家都毫无疑问地承认光是一种电场和磁场的波动，发光体以连续的浪潮形式发射光波。无论是起源于太阳还是白炽的灯泡，光都是一种电磁辐射。它起源于某一光源，均匀而连续地通过它四周的空间传播，从一个地方到另一个地方。它由一系列等间距的波峰分隔着等间距的波谷组成，其中波峰（或波谷）之间的距离（即波长）决定了光的颜色（如图1.4.4）。"可见光"是电磁波的一种，存在自然界中还有其他频率的电磁波，如紫外线、红外线、微波、无线电波，等等，都不是人类肉眼可以感觉到的。

1676年，牛顿给他的对手胡克写了一封信，信中写道："如果我看得更远，那是因为我站在巨人的肩膀上。"250年后，爱因斯坦在访问英国剑桥的一次公开场合中，有人对他说："你完成了一项伟大的物理工作，但你是站在牛顿的肩膀上。"爱因斯坦回答说："不，我站在麦克斯韦的肩膀上。"如果有人对麦克斯韦说同样的话，他可能会说，他是站在法拉第的肩膀上。

第 5 节　本来无此物，何处寻"以太"？迈克尔逊与莫利的实验

我们故事中下一幕的关键人物与麦克斯韦的发现有极大的关系。在进一步分析他的方程时，麦克斯韦证明交互变化的电磁场，即电磁场的震荡，以波浪般的方式和特定的速度传播移动：每秒约 30 万公里，这和已经实验测定的光速一样。麦克斯韦意识到，这不会是一种巧合，"可见光"只不过是电磁波中的一种，即某一段特定频率的电磁波，正好可以与我们的视网膜中的神经细胞相互作用，使我们产生视觉。这一成就使麦克斯韦发现的电磁场方程成为古典物理高耸的巅峰：他把磁铁产生的力、电荷的影响以及我们赖以观察宇宙的光线联系在一起，因此在 1931 年，纪念麦克斯韦诞辰 100 周年之际，爱因斯坦将麦克斯韦对物理学观念带来的巨大变化推崇备至，形容为"自牛顿以来物理学经历的最深刻、最富有成果的发展"。

但同时麦克斯韦的电磁场方程也提出了一个更深刻的问题。

当我们说光速是每秒 30 万公里，经验告诉我们，如果我们不具体说明这个速度是相对于哪一位观察者测量的，这是一句毫无意义的话。但有趣的是，麦克斯韦方程只是告诉我们这速度的数值，没有具体说明这速度是相对什么参考系统测量的。大多数当时的物理学者，包括麦克斯韦，试图以下列方式解释他方程中电磁波的速度：我们熟悉的波，如海波或声波，是一种"介质"中的现象。海浪是水的波动，声波是空气分子的震荡。这些波的速度是相对于波所在的介质。当我们说在室温及一个大气压力下的声速是每小时 1225 公里时，我们的意思是声波以这个速度穿过静止的空气。自然地，物理学家推测光波（即电磁波）必须通过某种特定的媒介传播，一种从未被人见过或检测到的媒介，但它必须存在。

为了给这看不见的媒介应有的尊重，它被赋予了一个名字：发光的"以太"，或简称为"以太"（ether 或作 aether）。后者是一个古老的美丽传说，有着悠久的历史，在希腊哲学家亚里士多德的想象中，一种构成天上各种星体的神秘物质。那么，为了使这个"以太"假设与麦克斯韦的结果相配合，多数人都认为电磁场方程中的每秒 30 万公里电磁波速是相对于静止的"以太"的速度。麦克斯韦的电磁方程式含蓄地从与"以太"相对静止的观察者的角度出发，描述电磁现象。

对 19 世纪中期以后的物理学者来说，光波理论已经成为不能不接受的事实，虽然麦克斯韦有力的论证了光是一种电磁波，即电磁场的交互震荡，光波既不是一种压力波，也不是一种简单的水波般的运动，人们还是不相信光可以在真空中传播，因此即使是从远方的星体到地球间的真空也必须充满着"以太"，我们才能看见星光。由于光速是如此之高，并且从各种天体通过"以太"时没有明显的摩擦或阻力，因此"以太"被认为具有极端不寻常的性质。如何设计物理实验来研究具有这些特性的"以太"，成为 19 世纪末物理学发展重中之重的任务。

幸而，物理学家能够提出可行的实验方案，以确定"以太"是否真的存在。实验的构思如下：举例来说，如果你在海中保持一定的速度游泳，迎面而来的海浪会很快地越过你；如果海浪传播的方向与你运动方向一样，它会比较慢地接近你，越过你。根据同样的推理，如果你走向迎面来的光波，或者离开远方来的光波，测量出来的光速应该会比每秒 30 万公里快或慢。

1887 年，美国物理学家阿尔伯特·迈克尔逊（Albert A. Michelson，1852—1931）和爱德华·莫利（Edward W. Morley，1838—1923）在俄亥俄州克利夫兰市的凯斯西储大学（Case Western Reserve University，Cleveland，Ohio）宿舍地下室完善了他们的极端精密的实验装备。他们的设计是测量从不同方向反射光束的速度，并比较其差异。这两位物理学家希望观察到不同

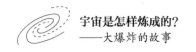

速度的光，这将会有助于检测"以太"的存在。

从亚里士多德到牛顿，多少著名的思想家和科学家都希望利用这种神秘的物质"以太"，来破解自然的奥秘。1887年的迈克尔逊 - 莫利实验，是科学史上最重要的实验之一。但他们什么也没找到，对他们来说，这次实验是彻底的失败。不过，迈克尔逊 - 莫利实验的余震导致了光速是宇宙常数概念的产生，**激发了**爱因斯坦在相对论上的突破，打开了现代物理学的大门。可以说，**迈克尔逊 - 莫利实验**的失败，造就了后来爱因斯坦的成功。

现代人（特别是东方人）回顾这一段历史的时候，对当时物理学家寻找"以太"的执着，觉得难以理解。其实说白了，这种执着的实质是中古时代欧洲人从希腊文化继承下来的思想包袱。

"**以太**"对不同的人来说意味着不同的东西。古希腊人视"以太"为光之神和宇宙的**第五种要素**。对中世纪炼金术士来说，"以太"是传说中的哲人石（philosopher's stone），可以炼成黄金，延长生命，甚至长生不老。数世纪后，早期的现代科学家，如笛卡尔和惠更斯，仍然希望用"以太"来解释自然现象，如重力和光。然而，我们今天很清楚地知道，"以太"并不存在，也从未存在过。它可能是科学史上最持久的幻想。

英语中"以太"一词来自希腊语，意思是"上空"，是希腊神话传说中众神在天上呼吸的纯净气体，与地球上凡人呼吸的正常空气是完全不一样的东西。"以太"也是一位希腊神的名字，他是光和天空的原始神。在希腊哲学家柏拉图的宇宙理论中，他曾这样说：有不同种类的空气，最亮的部分称为"以太"。

公元前4世纪，亚里士多德将天上空气的概念带入了物理学界。他的哲学认为"以太"是构成宇宙的"空气、土、水和火"以外的第五要素。他相信前四类元素是构成多变和短暂的人间世界，但是行星和恒星是永恒的，因此必须由一种超越地球上四类元素的不同物质构成。他称之为"以太"。

在中世纪的欧洲，古典的第五元素激发另一章梦幻般的史诗：炼金术。

12 世纪至 13 世纪的欧洲，希腊和阿拉伯哲学家的古典文献被大量翻译成拉丁文，一些古老的思想和包括炼金术在内的伪科学，终于在西方学者间流行起来。对炼金术士来说，"以太"这一古老观念代表了在自然界中最原始、最完美、最神圣的物质。他们称之为"第五精髓"（quintessence）。炼金术士认为"第五精髓"可以在地球上发现。他们相信微量的"第五精髓"隐藏在所有地上物体中，无论是动物、植物还是矿物。

但究竟"第五精髓"是什么呢？这取决于你问哪一位炼金术士。炼金术是一门极为神秘的学问，有着多种不同的学派和诠释。对一些人来说，"第五精髓"是一种极神妙的东西，在某种程度上它可能存在于其他 4 种元素中。另一些炼金术士则认为它包含所有其他元素。欧洲最著名的炼金术士之一，16 世纪瑞士医生，因创立了医学化学而闻名的菲利普·奥雷奥鲁斯·帕拉塞尔苏斯（Philippus Aureolus Paracelsus，1493—1541），称"以太"为"星星和灵魂的物质"。科学巨人艾萨克·牛顿爵士，也是一位充满激情的炼金术士，他形容"以太"为"完美的灵丹妙药……比黄金更贵重……最香，最健康"。

然而，炼金术士对黄金的追求并不仅仅与冶金和财富有关。毕竟，这是基督教的欧洲，炼金术的目标与研究神学是一样的，它是一种灵性上的追求，特别是对牛顿爵士而言。金属和凡人都可以通过释放隐藏在大自然中的一点精灵之气而净化，变得更纯洁。这代表人类对完美灵魂的努力和追求。获得黄金就像进一步认识造物主上帝。

发现这种神奇的"第五精髓"物质是任何炼金术士的毕生的梦寐追求。现存的牛顿手稿中留下了一个秘密的哲人石配方，这和他大部分的炼金术作品一样，直到他死后很久才被公开。他配方的关键成分是汞，这可能是他在1693 年试验有毒化学品时导致他神经衰弱的原因。

炼金术到了西方理性时代无法再生存下去。在 17 世纪和 18 世纪，思想家们另辟蹊径，对古老的"以太"概念进行了清理和修正。重新包装的"以

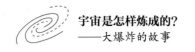
太"是一种奇妙的、无形的、无重量的、空气般的物质。它无处不在，填补了所有空间的"空"，并用在一个影响深远的、解释自然现象的尝试中。

1644年，当法国哲学家笛卡尔在拓展他的机械引力理论时，他推论宇宙中虚无的空间绝不可能是真空的，它必须充斥着一些东西。他相信这些东西就是"以太"。笛卡尔设想"以太"是一种稠密的流体介质，由很多互相碰撞的微观粒子组成，它们可以传递力量，包括神秘的重力，也就是星体间的吸引力。他的理论是：当物体穿过"以太"流体时，激发移动中的微观粒子产生涡流，将行星推入轨道。这样，一个巨大的"以太"漩涡把地球包围起来，绕着太阳转。

笛卡尔的"以太"涡流引力不可能是真正的科学理论，顶多是一种玄之又玄的思想练习。他的理论一下子便被忘记和摒弃，但他引起人们思考宇宙力学。特别是，他启发了一位苹果树下的田舍郎思考这个问题，他的顿悟改变了我们的宇宙观。

在牛顿1687年出版的不朽著作《自然哲学的数学原理》中，牛顿完全没有提到"以太"。他以严谨审慎的态度，假设万有引力是可以穿越空间，不需要通过任何媒介，远距离的相互作用，然后直接以数学证明了开普勒的行星运动定律。但牛顿也承认他无法解释这种具有"超越距离作用"的万有引力的来源，他慎重地宣称他不会用牵强附会的假说来解释。有人猜他私底下认为这与"以太"有关，但因为没有任何实验的支持，他不能发表"以太"引力理论。

1692年，牛顿给他的朋友理查德·本特利（Reverend Richard Bentley）牧师写信说，"一件物体可以在真空中对另一在远处物体施加力量，而不需要任何媒介的帮忙传递……对我来说是天大的荒谬，我相信没有一个有思考能力的人能接受这个结论"。换句话说，牛顿认为一个真正的真空，其中没有任何东西，是荒谬的。所谓的真空仍然必须存在某种媒介，将一种力量（比如太阳对地球的万有引力）从一个地方传送到另一个地方。

"以太"在牛顿早期的重力和光学理论中扮演了重要角色。他把它定义为一种奇妙的、富有弹性的、无形无色无重的物质，以不同的形式存在于任何地方和空间。"它不是单一的一种物质"，他写道："但就像空气中含有水蒸气一样，'以太'可能含有各种可以产生电、磁和引力现象的精灵。"

事实上，"以太"和牛顿的"绝对空间"之间有惊人的相似性。许多物理学家认为"以太"是亨利·摩尔（Henry More 1614—1687，神学家和哲学家）、牛顿和其他身处同时代富宗教思想的学者所设想的、弥漫在绝对空间的神圣精神。牛顿和其他同时代的人甚至在对绝对空间的描述中使用了"以太"这个词。但什么是"以太"，它是由什么东西构成，没有人能回答。

在"以太"-重力问题被搁置后，人们的注意力转向了光的本质。另一种"以太"理论登上了舞台。

在18世纪和19世纪，物理学家们热烈争论光是波还是粒子。他们认为，如果光是波，那么它需要穿过一个介质来传递。毕竟，我们日常熟知的波本身不是物质，而是一种空气或水等物质的运动现象。于是，科学家们的目光再次投向"以太"。荷兰科学家惠更斯首先提出发光的"以太"作为光的传播媒介。

但是，随着科学家对光的真正本质了解更深，"以太"的特性变得越来越神奇。为了不违反已知的物理规律，"以太"必须是一种流体，这样它才能充满所有的空间，而且它要具备足够强度的弹性，才足以支持光波的高速度。它无处不在，但看不见，无重量，检测不到，对物理物体运动没有影响，几乎就像根本不存在一样。

1865年，苏格兰物理学家麦克斯韦发现电磁波以光速传播，证明无线电波、红外、紫外线和可见光都是电磁波的一部分。这使物理学家们很兴奋：因为这意味着不同类型的电磁波只需要通过同一种"以太"传播。这可以说是在理解发光的"以太"理论上取得了重大突破。

1878年，麦克斯韦在《大英百科全书》中对"以太"的定义中总结如下：

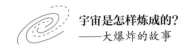
"'**以太**'先是被用来解释行星的运动，继而被认为是构成电气和磁场的精灵，……等等，直到所有空间都充满了'以太'……目前唯一幸存下来的'以太'是惠更斯发明的，用以解释光的传播。"

米歇尔森出生在波兰的一个世俗化犹太商人家庭，他终生没有宗教信仰，2 岁时（1855 年）随父母移民到美国。1873 年他从美国海军学院毕业，在海上服役两年后，于 1875 年回到海军学院担任物理和化学讲师，直到 1879 年。米歇尔森对科学，特别是对测量光速的问题非常感兴趣。1877 年在海军学院任教时，作为课堂演示的一部分，他进行了第一次光速实验。1879 年，经过实验装备改良，他测量了空气中的光速为每秒 299864 ± 51 公里，并估计真空光速为每秒 299940 公里，与现代公认光速值的误差在 0.02% 以内。他在欧洲学习了两年后返回美国，并在 1881 年辞去海军职务。1883 年，他接受了俄亥俄州克利夫兰市凯斯应用科学学院（Case School of Applied Science）物理学教授的职位，并专注开发高精确度的干涉仪。

距离麦克斯韦正式定义"以太"后不到 10 年，迈克尔逊与莫利在凯斯西储大学相遇而合作，他们著名的实验是基于这个原理：假设宇宙间充满了"以太"，地球的公转和自转当然会在"以太"中产生旋转和运动，相对地球来说，会引起一阵"以太风"，光线在"以太风"中传播时会遇到一种阻力，不同方向传播的光会感受到不同强度的阻力，就像顺流而下的船，会比逆流而上的船速更快。这样在"以太风"中朝不同方向传播的光线会有不同的速度。他们实验的目的就是衡量"以太风"对不同方向传播的光速的影响。

在 1887 年前后的数年里，迈克尔逊与莫利建立了精密的实验装备，并多次改进了他们的测量技术。这涉及对不同方向的光速进行越来越准确的测量。为了测量"以太"中不同方向的光速差异，在一年中的不同季节，基于地球在绕着太阳轨道上的不同位置，他们进行了仔细的实验测量。迈克尔逊和莫利发现光速完全没有变化，这与测量的方向，或地球在其轨道上的位置完全没有关系。如图 1.5.1。

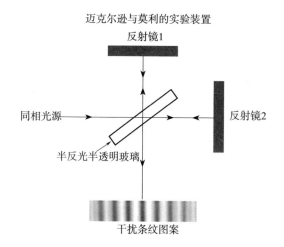

图 1.5.1 原始的迈克尔逊 - 莫利实验配置。该实验测量从同相光源出来的光被
分为互相垂直的光束，经过反光镜 1 和反光镜 2 后两者之间的相移。整个装置
可以刚性地旋转到任何角度，以检测任何两个相互垂直的光传播方向之间的光
速差

迈克尔逊设计的实验装置，后来被称为"迈克尔逊干涉仪"，如上图所
示，是一种非常敏感的光学仪器，用以比较沿两个相互垂直方向的"光路径"
的长度（基本上即光往返所费的时间）。沿着这两路线的光路径的任何微小
变化，都会导致易于观察的干扰条纹图案转变。理论上，如果光波在"以太"
中传播，我们可以通过比较平行和垂直于地球运动方向的光速，来检测地球
在"以太"中的相对运动。

然而令人失望的是，实验结果是什么差异也没找到，他们发现朝不同方
向传播的光速根本没有差别。后来更精确的实验结果都是一样。这意味着，
实验证明"以太"根本不存在，不然的话，便是地球与"以太"的相对运动
为零。

个别物理学家设计了各种巧妙的论据来解释这个结果。也许，一些人建
议，地球在无意中牵引着"以太"一起运动。另一些人更大胆的认为，也许
实验设备在通过"以太"流时被扭曲，破坏了测量。但直到爱因斯坦以他的
革命性洞察力，形容这个令人困惑的启示是"物理学家应当谦卑地好好反省"

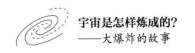

的时候,"迈克尔逊 - 莫利实验"的解释才最终变得清晰。

经过数世纪的渲染与臆测,这个最后的负面结果否定了"以太"理论,最终导致爱因斯坦在 1905 年提出的光速是一个宇宙常数的建议。

今天,所有物理学教科书都接受这个事实:光和其他电磁波可以直接在真空中传播,不需要"以太"作为媒介。然而,在 19 世纪末,它要求物理学家在思想上进行彻底的调整。科学家终于放弃"以太"理论,并提出了一个替代的新模型:爱因斯坦的狭义相对论。从此,物理学家对"时空"的观念产生了革命性的变化。

相对论并没有证明"以太"根本不存在,它只是建立在一个对迈克尔逊 - 莫利实验的简单诠释:光的传播不需要无所不在的介质。爱因斯坦提出:光在真空中以恒定的速度移动,每一位观察者都量出同样的光速,一切物体的运动都是相对于其他的参考物体,没有绝对的运动,也没有绝对的静止,因此宇宙没有绝对的固定参考框架,即牛顿所谓的"绝对空间"。时间和空间是相对的,是一个连续整体的一部分。"以太"不过是古希腊哲学家和中世纪炼金术士在迷雾里看宇宙产生的幻象,是不真实的。真正存在的是一个"四维时空"的整体,通过"四维时空"的观念,我们才能正确认识这个宇宙。也可以简单地说,"四维时空"是新的"以太",但它只是一个抽象的数学概念。

从这个意义上说,迈克尔逊 - 莫利实验根本不是一个失败,而是物理学家对时间和空间本质认识的一个转折点。1907 年,迈克尔逊成为第一位获得诺贝尔物理学奖的美国人,因为"他的光学精密仪器以及借助它进行的光谱学和计量科学的研究"。

此后,同类型实验被重复多次,实验的灵敏度稳步提高。从 1902 年至 1905 年的实验,以及 20 世纪 20 年代的一系列实验,到最近精确度高达 10^{-17} 级的实验,都证实不存在任何"以太风"。迈克尔逊 - 莫利类型的实验构成了狭义相对论的基本检验之一。

一个多世纪后,迈克尔逊发明的仪器探测到一种非常真实、新的天文现象：引力波，一种空间和时间结构中的波纹和振荡。引力波的存在是直接基于爱因斯坦广义相对论的预言，对引力波进行实验验证，等于验证广义相对论本身。

迈克尔逊的干涉仪是一种超越时代的设计，由于它能十分精确地测量两束在相互垂直方向的光路径差异，在本世纪成了直接检测引力波的最佳方法。检测引力波涉及测量空间本身极其微小的收缩或扩张，因为强烈的引力波通过地球时会引起时间和空间的局部扭曲振荡，通过对干涉仪的两条互相垂直长臂不一样的影响，可以测量出来。2015 年，美国科学家首次使用 LIGO（Laser Interferometer Gravitational-wave Observatory）仪器，成功验证引力波的时空振荡，证明引力波的存在，如图 1.5.2。

4公里的长臂

图 1.5.2 位于美国华盛顿州汉福德（Hanford）的激光干涉仪引力波观测站 LIGO。Image credit: Caltech/MIT/LIGO Lab

LIGO 包含两个引力波观测站：一个位于美国路易斯安那州，另一个位于华盛顿州，两地距离 3030 公里，各有一台装有 4 公里长臂的迈克尔逊干涉仪。广义相对论预言的引力波是以光速传播，因此该距离相当于引力波到达时间差异高达 10 毫秒。到达时间的差异有助于确定引力波的来源，特别是当第三个同类型的仪器，位于欧洲意大利的 Virgo 干涉仪同时加入侦察时，通

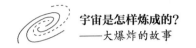

过使用三点定位公式，可以计算出引力波的来源方向。

2017 年 8 月 14 日，LIGO 和 Virgo 同时检测到同一信号（编码 GW170814），这是 LIGO 和 Virgo 第一次检测到来自两个黑洞之间猛烈碰撞而产生的引力波。

在不久的未来，人类将在太空中建立空间引力波观测站（如中山大学的天琴计划），进行引力波天文学的研究，探索宇宙起源的奥秘。迈克尔逊在 19 世纪设计的干涉仪，将在 21 世纪大放异彩，大幅度提高我们对宇宙的认识和了解。

参考文献

Richard Dunn, "Ships, Clocks, and Stars: The Quest for Longitude", Harper Design; 1st edition (2014)

Laurence Bobis and James Lequeux, "Cassini Romer and the velocity of light", Journal of Astronomical History and Heritage, 11(2), 97-105 (2008). https://fermatslibrary.com/s/cassini-romer-and-the-velocity-of-light

Chris Baraniuk, "Nothing can travel faster than light", 2 May 2016, http://www.bbc.com/earth/story/20160429-the-real-reasons-nothing-can-ever-go-faster-than-light

Ransom Stephens, "The Data That Threatened to Break Physics", December 28, 2017, https://nautil.us/issue/55/trust/the-data-that-threatened-to-break-physics-rp

Edward Dolnick, "The Clockwork Universe: Isaac Newton, the Royal Society, and the Birth of the Modern World", Harper Perennial; Illustrated edition (2012)

James Gleick, "Isaac Newton", Vintage (2004)

I. Bernard Cohen, "The Newtonian revolution—With illustrations of the transformation of scientific ideas", Cambridge University Press (1980)

Andrew S.Skinner, "Adam Smith: Philosophy and Science." Scottish Journal of Political Economy19 (November, 1972): 307–319.

Nancy Forbes and Basil Mahon, "Faraday, Maxwell, and the Electromagnetic Field: How Two Men Revolutionized Physics", Prometheus(2014)

第二章
光、爱因斯坦与相对论

　　环顾 19 世纪末、20 世纪初，有两位物理学家特别令人瞩目。他们代表了对牛顿物理的两种截然不同的态度，他们是凯尔文男爵和恩斯特·马赫。

　　凯尔文男爵（Baron Kelvin），原名威廉·汤姆森（William Thomson，1824—1907），著名的英国数学家、数学物理学家和工程师，牛顿古典物理巅峰时期的代表人物。他在格拉斯哥大学任自然哲学教授长达 53 年，在电磁学的数学分析、热的动态理论、绝对温度（以他的爵名"凯尔文"为单位）以及热力学第一定律和第二定律的制定方面做了大量工作，是少数奠定现代物理学基础的科学家之一。

为了表彰他在跨大西洋电缆工程和物理学上的杰出贡献，汤姆森于1866年被授予爵位。1892年，他成为第一位英国上议院议员科学家。

很多人第一次听到奥地利物理学家和哲学家恩斯特·马赫（Ernst Mach，1838—1916）的名字大都是在有关超声速飞行器的讨论中。但对相对论学者来说，他最具有影响力的著作是于1883年首次出版的《力学科学》（《The Science of Mechanics》）。

1912年的第七版极可能是激发爱因斯坦广义相对论的版本。在这书中，马赫不仅陈述和解释了牛顿力学，而且深思熟虑牛顿物理的深层意义，提出了尖锐而具有挑衅性的问题，质疑牛顿的绝对空间。他的"马赫原理"（Mach's principle）：假设物体惯性来源自宇宙中的所有其他物质，至今天仍然不能轻易被否定。连爱因斯坦也意识到加速度的明显绝对性需要解释，认真地接纳马赫原理。1913年6月25日，当爱因斯坦在为广义相对论的完成而作最后努力时，特别给马赫写了一封感谢信，赞扬马赫"对力学基础的深邃探讨和拨开迷雾的工作"。他补充说："因为日后会证明，惯性必然源于宇宙物体之间的一种相互作用。"

第 1 节　凯尔文勋爵的两朵"乌云"！

1900 年 4 月 27 日，踏入 20 世纪不久，由法拉第首创的英国皇家学会星期五晚间演讲会的讲员是著名英国物理学家凯尔文勋爵（Lord Kelvin），他高姿态地做了一场对 19 世纪物理学全面回顾的学术报告，演讲题目是颇为吸引眼球的"笼罩在热和光动力理论上的十九世纪乌云"（Nineteenth-Century Clouds over the Dynamical Theory of Heat and Light），在开场白中他直接地说：当前科学界把热和光两种自然物理现象看成是微观物质在不同运动模式下产生的现象，这一种观点，使从牛顿传下来的经典动力学理论，不论在它的应用范围上，或是美感上，都达到前所未有的高度，但物理学家对热力和光能量特性的了解，目前被两朵"乌云"所遮蔽。

凯尔文接着解释，这两朵"乌云"是两个无法解释的实验结果，他形容它们为：在古典粒子运动力学能完美地解释各种宇宙现象之前，需要填补的最后两个小疤孔。

凯尔文所指的两朵"乌云"分别是指：1）物理界未能检测到传播光波媒介（"以太"）的存在，特别是迈克尔逊 - 莫利实验的失败；2）不能对黑体辐射效应做合理解释——这也被称为**紫外线灾难**（ultraviolet catastrophe）。

这两朵"乌云"在经典物理学的上空盘旋，一朵与光的传播介质特性有关，另一朵则是关于高温辐射物体发出的辐射频率分布，它们都与光的基本性质有关，但凯尔文的演讲传递了一个自我安慰的信息，有这样一种感觉：这些只是无关重要的细节，并毫无疑问，它们将很快得到解决。

到今天，这次演讲却传为科学史上的笑话，原因很简单：凯尔文的感觉是完全错误的，他的两朵"乌云"是经典物理的根本限制，而不是无关痛痒

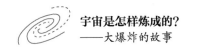

的次要细节。

这篇演讲，连同凯尔文的其他评论，以及另一名物理学家阿尔伯特·迈克尔逊在1894年芝加哥大学的一次演讲中宣称："物理科学最重要的基本定律和事实都已经被发现，现在这些定律已经牢固地确立，它们因新发现而被补充或修正的可能性，是微乎其微的……未来的发现必须在小数点后的第六位寻找。"他坚持当前物理学的主要任务是：以极大的精确度测量已知的物理常数到多个小数位的准确性。换一句话来说，凯尔文与迈克尔逊等大师们都认为：物理学的基本理论框架已经非常完备，没有继续拓展的余地，这一切，都反映出当时西方社会的高傲自大，且当时物理学的发展已经有了日暮穷途的光景。

然而，幸运的是，在其后5年内，凯尔文提出的两个问题得到了及时的解决，但它们绝对不是微不足道，无关宏旨的。每一次问题的解决都引发了一场物理学上的思想革命。解决它们的办法只能是引入全新的和意想不到的，统称为"现代物理学"的新概念。物理学需要从根本上改写自然规律。

事实上，在凯尔文演讲稍后的数月内，德国物理学家普朗克（Max Planck，1858—1947，1918年诺贝尔物理学奖得主）提出了有名的量子假说，一举解决了黑体辐射问题。"光量子"这一概念在开始时只被视为一种解决问题必需的、简单便利的数学技巧。为了解决黑体辐射问题，普朗克假设在热平衡状态下物质辐射所发射光的能量受到一定的限制：自然界只能允许一定能量的"光量子"作为发射光的能量单位。

所谓黑体是一种物理学中理想化的物体，它具有特定的属性。根据定义，热平衡中黑体的辐射率是所有物体中最高的。普通物体不能像理想黑体散发那样多的辐射，它们的辐射量比黑体少，因此被称为灰体（gray bodies）。举例来说，一块被热至高温的煤，一方面完全吸收了所有落在它身上的光（没有反射，因此看起来是黑色的，故称为黑体），一方面因为自身的温度而发光（产生电磁波辐射），被称为黑体辐射。黑体辐射之所以特别受到物理学家的关注，因为它跟辐射体的材料、结构没有关系，只是与辐射体的温度有关。在实验室中，任何温度在绝对零度以上的物体，它们发出的电磁辐射都能被测量出来。我们熟悉的太阳光，或烧烤架上煤的光和热，都是黑体辐射的例子。室温下的物体似乎不会发光，但这不过是因为辐射光谱主要区域是在红外部分，而我们的眼睛对红外部分并不敏感。戴上对红外线敏感的夜视镜，我们便可以清楚地看到黑夜中的一切。事实上，一些动物的眼睛对红外光都比我们人类敏感，所以它们可以在黑夜中自由活动。

在现代物理学看来，黑体辐射是由物质内电子的随机热运动产生的。根据统计力学，在热平衡状态下，物质的温度决定了其中各成分的平均随机动能，这种不可避免的电子热运动的水平和强度取决于温度。当绝对温度为零，所有电子热运动被冻结时，黑体辐射为零。

到了 19 世纪末，不少德国的有名实验物理学家都在研究这种光谱，通过测量黑体加热到一定温度时发射的任何特定频率的能量，来探索这种辐射的性质和特征。他们发现不论在任何的温度下，随着频率的增加，辐射的强度先是迅速上升，当高峰值过后便迅速下降。在热平衡状态下，理想黑体辐射的光谱曲线形状只与黑体的温度有关。

所谓"紫外线灾难"是 19 世纪末古典物理学理论与实验观察之间的冲突，利用古典热力统计学推导出的黑体辐射光谱函数，称为雷利 - 金斯（Rayleigh-Jeans）定律，在低频率（长波）时与实验数据相符，如图 2.1.1。其实黑体辐射能量密度随着波长大幅度下降的原因很简单：波长越长的辐射，越难以纳入任何有限大小尺寸的容器内。这一点很容易理解，只是基于简单的光波理论。另一方面，没有量子理论，我们无法理解为什么极高频率（短波）的黑体辐射能量密度会迅速降低。

随着频率增加（即光谱的短波、紫外线部分），古典物理学理论错误地预测黑体释放出越来越多的辐射能量。通过计算辐射能量总和（即所有频率范围内的排放总和），显示黑体可以释放出无限的能量。这个结果，不单是明

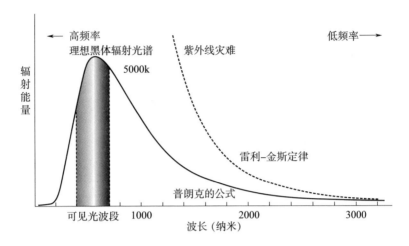

图 2.1.1　典型的黑体辐射光谱函数

显与实验数据不符,而且是极不合常理,因此被谑称为"紫外线灾难"。

　　普朗克解释黑体辐射光谱曲线形状的唯一方法是假设辐射以个别的能量粒子(quanta)形式产生和释出,这些粒子称为"光量子"。普朗克精心炮制了一个简单的关系公式:$E = hf$,其中黑体在一定温度下发射的光量子能量(E)等于它的频率(f)乘以一个新的物理常数,这常数后来被称为"普朗克常数"(h)。然而,普朗克承认:"量子纯粹是一个形式上的假设,我真的没有太多的想法。"他并不了解自己提出的公式的内涵,认为它只是一个数学捷径来解释辐射光谱曲线。没有人知道这概念的物理意义,但它很有神效,从普朗克假设推导出的公式准确地解释了黑体辐射问题中的实验数据。

　　有了普朗克的光量子假设,对极短波长的黑体辐射光谱,便容易理解了。众所周知,在统计力学中,任何一定的温度下,很难产生能量大于一定量(此量与温度成正比)的辐射波。这样,如果没有普朗克的公式,那么极高频率的黑体辐射量将不会有限制,因为自然界可以选择发射大量的高频率而能量水平低的黑体辐射。但是在普朗克公式的限制下,辐射能量不可以随意的小,而是以"光量子"为单位,并随着频率的增加而增加,因此在任何的温度下高频率的辐射都会非常少,"紫外线灾难"便得以解决。

　　在 1900 年，光的波动性是一个无可争议的事实。但在 1905 年，一个在学术界从不见经传的瑞士专利局文员爱因斯坦横空出世，利用这"光量子"假说来解释光电效应，大大地彰显了普朗克假设的重要性。它不只是一个为了解释黑体辐射的数学捷径，它实际上为理解宇宙所有物质和能量的基本性质打开了大门。所以到了 1918 年，普朗克工作的重要性越来越清楚，科学界为了表彰他通过发现"光量子"为物理学进步所作出的贡献，是年的诺贝尔物理学奖授予了普朗克。

　　光电效应是个谜一般难解的，涉及电子如何从被光照射的金属中逸出的物理现象。在实验中，各种不同频率的光照耀在金属上，达到一定频率临界值后，便有电子从金属表面逃逸出的反应。显然，这些逸出电子的能量是从光波吸收来的，但是电子能量与入射光的强度（亮度）无关，只是随着入射光的频率线性上升。这种现象不能根据传统的光波理论来解释，因为从光波理论观点看来，光的能量与其强度（波幅平方）成正比，因此传递给逸出电子的能量应该与光的强度成正比，而不是频率。此外，根据传统光波观点，逸出电子所需的频率临界值是不应存在的；足够强度的低频光应该同样可以引起电子逸出。然而，这些困难恰好是普朗克假设的有力证据。爱因斯坦解释说，如果光是由一颗颗的光子组成的话，每一频率的光子按照普朗克假设的公式，携带一定量的能量，被金属表面吸收后传递给金属中的自由电子。因此，入射光子的能量（即频率）必须足够大，才能克服金属对自由电子的约束力（吸引力）而逸出。这样便可以解释了频率临界值的存在，也天衣无缝地为逸出的电子能量随着入射光的频率线性上升的现象，提供合理的理论解释。

　　爱因斯坦将普朗克的"光量子"解释为在光与物质相互作用时所显示的本质。1905 年，爱因斯坦在他题为"关于光的创造和转化的启发式观点"（Concerning a Heuristic Point of View about the Creation and Transformation of Light）的论文中证明，发光物质只能以有限的能量单位发射或吸收光。这个想法进一步地挑战了当时的传统物理学理论,即光是连续的波。爱因斯坦认为,麦克斯韦方程的连续波只能理解为所有发射或吸收的光量子的平均值。他提出光不是连续波,而是由一颗颗的粒子组成。正如爱因斯坦在论文的导言中写道:"根据这里的假设,当一束光射线从某个点传播到它的四周时,光束能量不会持续而均匀的分布在不断增加的空间上,它是由有限的能'量子'组成,这些能量子在空间中整颗地移动而不能分裂,并且只能作为一个整体被吸收或产生。"

从这两种物理现象(黑体辐射和光电效应)的解决方案来看,很明显,光能量似乎以一小包裹(即量子)的形式存在,因此它后来被称为**光子**(或光量子)。量子物理学的时代从此拉开了帷幕。

爱因斯坦预见到他的论文的影响,1905 年 5 月,在论文发表之前,他告诉他的奥林匹亚学院朋友康拉德·哈比希特(Conrad Habicht, 1876—1958),即将发表的关于光特性的论文是非常革命性的。1906 年 6 月,另一位未来的诺贝尔物理学奖获得者马克斯·劳(Max Laue, 1879—1960, 1914 年诺贝尔物理学奖得主)写信给爱因斯坦,明确否定爱因斯坦的看法:"你在上一篇论文的开头,提出你的启发式观点,大意是辐射能只能在特定的有限量子中被吸收和发射,我不反对;您的所有应用也符合此观点。现在,不过,这不是真空中电磁波的特征,而是物质发射或吸收电磁波的特征,因此辐射不像上述论文第 6 条中所说的光量子组成;相反,只有当它与物质交换能量时,光才会有量子一样的特征。"

当爱因斯坦在 1905 年首次提出他对光子的想法时,他称之为启发式的,这种启发式的观点有助于解释光电效应。他强调,虽然有些现象需要微粒解释,但许多现象仍可以用波解释来解释。马克斯·劳显然愿意承认,在光的发射和吸收过程中,光量子参与了其中,但除此之外,他坚定地说:光像波一样穿过空间的真空,而不是像量子一样。他的意见并不只是他个人的,在 1905 年,爱因斯坦背离了物理界对光的传统观念,以至于他的光粒子理论一时未能被接受。

接受一种新思想，尤其是激进的思想，并不总是那么顺利的。整个 20 世纪初，科学家对光子的存在还是半信半疑。甚至那些相信光子的人也认为，光子在性质上不同于电子等"真正的"粒子。直至康普顿（Arthur Compton，1892—1962，1927 年诺贝尔物理学奖得主）在 1923 年提供一个强有力的实验证据，证明光子真正具有粒子的性质。他发现当 X 射线被原子散射时，偏转的角度和波长的变化可以精确而简单地解释为"桌球"的碰撞：即一组桌球（X 射线光子）从另一组桌球（原子中的电子）中反弹出来。康普顿的实验结果在随后的几年里被他的研究生吴有训（1897—1977，中国科学院院士）进一步反复验证。如今，物理教授都告诉学生，康普顿实验"证明"光子是一种粒子。

康普顿 1923 年的实验揭示了光子与电子碰撞时的粒子性质。然而，对光子作为一种粒子的普遍接受不得不等待 20 世纪 30 年代初电磁辐射的量子化发展。该理论提供了一个美丽而简单的描述，把电子和光子作为同等地位的粒子。二者都可以被创造和摧毁（发射和吸收）。一是有质量的带电粒子，另一则是没有质量的不带电粒子。直到 20 世纪 40 年代末，现在被称为"量子电动力学"的理论才得以充分发展。

凯尔文提到的另一朵"乌云"是迈克尔逊 - 莫利实验未能发现传说中的"以太"。这是当时物理学家相信弥漫宇宙中的介质，使光波可以像波浪一样传播。迈克尔逊 - 莫利的实验是一个设计相当巧妙的实验，它的依据是：相对地球上的观察者，不同方向的光波会以不同的速度通过"以太"。迈克尔逊和莫利设计了一个高度灵敏的仪器测量这种差异，但实验没有成功。看来光波的运动方向与速度没有关系，这与光波在"以太"这样的介质中传播的想法不相符。

在爱因斯坦解释光电效应的同一年（1905 年），他又提出了特殊相对论，引用"相对于不同的观察者光波总是以恒定的同一速度传播"，一个颠覆传统的假设，彻底解决凯尔文的另一朵"乌云"。随着相对论的发展，科学家终于放弃了"以太"这一个古老而无用的概念。

第2节　骑在光波上的男孩

传统出了大问题，需要有非传统思维的人来收拾残局。

电磁理论集大成者麦克斯韦去世的那一年，阿尔伯特·爱因斯坦 (Albert Einstein，1879—1955) 出生在德国西南角的工业小城**乌尔姆**（Ulm，Württemberg），其地与瑞士和奥地利接壤。爱因斯坦的父母是世俗化的犹太人，不是虔诚的犹太教徒。那时德国的犹太人刚刚从传统的歧视中解放，取得可以拥有土地的权利，享受与一般日尔曼人同样的教育和就业机会。父亲赫尔曼·爱因斯坦起初是一名推销商人，虽然不是特别成功，但家境也算是小康之家，生活颇为舒适稳定。

爱因斯坦有一个妹妹，玛丽亚，比他出生晚两年。他们有一个愉快的童年。母亲一方面全心全意料理着这个家庭，另一方面积极地鼓励丈夫寻求向上的新机会。

父亲给年轻的爱因斯坦第一次体验科学的惊喜。爱因斯坦后来讲述他小时候的两个"奇迹"，如何深深地影响他的童年。其中之一是他第一次接触到指南针。磁针在无形的力量引导下，不变地指向北方。他既激动，又感到困惑，无形的力量如何可以偏转磁针？

他日后回忆说："大概是四五岁的时候，父亲送给我一只指南针。无论我如何转动它，磁针总是朝固定的方向指着。我第一次看到这个现象时，被自然界的行为震惊，它改变了我对世界的理解。在那之前，我以为一件东西必须触摸到另一件东西才能传递力量。但从那一刻起，我意识到，一种无形的力量一定隐藏在这现象的背后。"这导致他终生对探索无形力量保持兴趣。

那神秘的力量叫做电磁力，一种自然界的基本力量。它的发现是19世纪物理学的伟大突破。在数十年内，它引发了新一轮的工业技术改革，从英伦传到欧洲大陆。在"铁血首相"俾斯麦的统治下，刚统一的德意志帝国各地，从煤气照明到电力照明的转变正在来临，工业革命在德国正如火如荼地全面展开。赫尔曼·爱因斯坦把目光投向了这蓬勃发展的新工业，于是他把全家迁到慕尼黑，经营一家生产发电机的工厂。爱因斯坦在电力机械和它的神秘氛围中长大。

从 5 岁开始，爱因斯坦在慕尼黑天主教小学学习 3 年的基础教育。之后，他升学到慕尼黑的卢特波德高中（Luitpold Gymnasium，现被称为阿尔伯特·爱因斯坦纪念高中，Gymnasium 在德国教育系统中，是三种类型中学中最高级的）。

接受高中教育期间，普鲁士式教育制度的负面因素，使爱因斯坦感到格格不入。这种教育体系着重服从，往往扼杀了学生的独立个性和创造力。爱因斯坦对学校的办学方式和教学方法相当不满，以致与学校当局经常发生冲突。他对老师所教授的内容不感兴趣。老师们对他的印象也不佳，一位老师甚至预言，说他将来永远不会有任何成就。有一次，在一次激烈的辩论中，他的历史老师带着沉重讽刺的语气，请他解释"爱因斯坦的教育理论"。他回答老师说："我认为重要的不光是学习事实，而是学习方法和如何思考。"

爱因斯坦从来不介意学习，他讨厌的只是学校，他痛恨德国教育的呆板僵化。作为一个 10 岁男孩，爱因斯坦全然全心全意地投入到一个自学计划。他从阅读《圣经》开始，因为那是在西方最容易看到的书。爱因斯坦开始虔诚地信仰宗教，甚至在上学的路上创作了几首赞美上帝的歌，并吟唱宗教乐曲。13 岁时，莫扎特的乐章使爱因斯坦对古典音乐产生了真正的兴趣。他热爱小提琴，曾说如果他不进入物理界的话，很可能成为一名音乐家。

然而，第二个奇迹也大约发生在此时。12 岁时，爱因斯坦发现了一本几何学的书，启发了他对数学和科学的浓厚兴趣。他迷恋上了这本书，称它为"神圣的小几何书"。数学的训练使他学会了逻辑思考。在他阅读了与宗教信

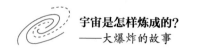
仰相矛盾的科学书籍后，他对宗教的态度开始改变。爱因斯坦后来回忆道："通过阅读科普书籍，我很快认识到，圣经中有很多宗教故事都不可能是真的。"其后果是引发他对理性和开放思想的狂热追求。

他自学了几何学，读了欧几里德的《几何原本》，并沉浸在每一本他能找到的科普书籍中。

爱因斯坦的另一个关键的转折点是一位来自立陶宛的年轻犹太医科学生——马斯·塔尔穆德（Max Talmud）的出现。按照犹太习俗，他的父母邀请一位清贫的学者每周与他们共进晚餐。这种犹太风俗习惯有两重意义，一是表示对清贫学者的尊重与支持，二是营造一种家庭中的学术气氛，从而培养及熏陶孩子们对学术的兴趣。塔尔穆德于是成为爱因斯坦家庭中的一名非正式导师。从塔尔穆德那里，爱因斯坦学习了数学、科学和哲学。塔尔穆德向他介绍一套亚伦·伯恩斯坦（Aaron Bernstein，一位在当时著名的科普作家）的《自然科学通俗书籍》（1880年出版），系列的所有21卷，都被他消化了。

特别是，爱因斯坦从伯恩斯坦的书里读到了一篇关于一个超光速旅行者的故事。如果我们的运动能比光速快，会发生什么？这个故事中想象，假如可以把一个人以超光速射入太空，到一颗遥远的恒星上，在那里他回头看地球时，他所看到的地球和他离开的地球会不一样。因为，正如伯恩斯坦解释，当我们观察太空中的任何东西时，我们并没有看到它的现在一刻，而是看到它的过去。例如，当你看见太阳时，你真正看到的是8分钟前的太阳，因为光波需要时间从太阳表面到达你的眼睛，如果你想看过去30分钟前的地球，你需要马上以超光速到达火星。如果你能飞到越来越远的行星、恒星，那么你可以选择你所想看到在历史上任何时刻的地球。

伯恩斯坦这样写道："在太空中的某一处，你看到的地球上，法国大革命的场景刚刚浮现。在更远的星体，可以看到亚历山大大帝仍在征服世界。那些在我们看来早已过去的历史事件，在遥远的恒星那边才刚刚重演。"这可以说是历史上第一篇"穿越时空"旅行的科幻小品一类的创作。

这故事大大地激发了爱因斯坦对时间和空间的想象力。随之而来一个挥之不去的问题，此后的 10 年在他思考中占据了主导地位：如果你能跟随着光跑，光束将会是什么样子？如果光是波，那么光束会不会像冻结的波一样静止。

"16 岁时，我第一次有过这样的想法：骑在一束光上会是什么样子？16 岁的我不知道它的答案，但这个问题在后来的 10 年，一直盘旋在我的脑中。简单的问题总是最难的，如果我有一种天赋，那就是：我像一头驴子一样的固执。"

这是爱因斯坦著名的思想实验的第一次演练。他在脑海中建立一个看似简单的虚拟场景来探索复杂的概念。爱因斯坦推想，如果光是波，那么无论它传播的速度有多快，我们都应该能够追赶上它的波峰或波谷。那么，爱因斯坦想知道，他会看到什么？光会静止吗？时间会静止吗？时间是不是会失去了意义？他会永远骑在同样的波峰，看着这永远冻结在光波里一瞬间的世界吗？16 岁的爱因斯坦没有答案。他还不是受过训练的科学家，然而，即使还是个孩子，他知道从未有人看到过静止的光波，所以这里肯定存在着一个悖论。他知道这是一个值得他探讨的难题。

可以这样说，他的特殊相对论，就是为这个问题提供的答案。

塔尔穆德随后引导他朝着康德的《纯粹理性批判》（Critique of Pure Reason，1781 年出版）的哲学方向前进，此后他迈向大卫·休谟（David Hume，1711—1776）的哲学。从休谟再到奥地利物理学家恩斯特·马赫（Ernst Mach，1838—1916）的极端经验主义，要求完全拒绝一切形而上学（包括绝对空间和时间）的观念，也只是一步之遥。这为爱因斯坦日后建立相对论的哲学基础，走出了一大步。

爱因斯坦在对犹太宗教排斥的同时，也激起了对德王威廉二世的军国主义的痛恨。到他上高中时，他对毕业后不可避免的被征召入德国军队服役，产生了极端的恐惧。所以日后 17 岁的爱因斯坦和他一家人移居瑞士后，放弃

了德国的国籍。

爱因斯坦的中学教育因为他父亲在生意上屡屡失败而中断。1894 年，在他父亲的公司失去一份为慕尼黑市提供电力服务的重要合同后，赫尔曼·爱因斯坦举家搬迁到意大利米兰，与一位亲戚合作别的商机，留下 15 岁的爱因斯坦单独一人在慕尼黑寄宿，预计要完成他的学业。爱因斯坦独自悲惨地面对毕业后即将要履行的军伍义务。

"我讨厌慕尼黑的学校，严格的纪律，对权威的绝对崇拜，学校的老师像军官一样发号施令，把学生看成部队。我要寻找出路，最后我决定：下次老师骂我，我去找我的家庭医生，要求获得证书，证明我患有神经疲惫，需要立即停学！"

医生的便条说服了学校当局，爱因斯坦逃离慕尼黑，前往意大利，回到了他的父母身边。惊讶的父母亲意识到一个辍学和逃学者所面临的巨大问题：没有就业技能，前途殊不乐观。

爱因斯坦有他的打算，他的计划是放弃高中，直接参加在苏黎世的瑞士联邦理工学院[①]的入学考试。瑞士联邦理工学院是欧洲顶尖的科技大学之一。在等待他的入学试结果期间，据他妹妹回忆，他享受了一段休息时间。他经常步行和骑自行车，做白日梦。没有学校的烦恼，爱因斯坦可以从他父亲的工厂学习第一手的电力学。

入学试的结果是他在物理学和数学方面取得了优异的成绩，但在以生物学、法语和化学为主的后半部分却未能取得资格。不过，由于爱因斯坦在数学方面的优异成绩，他被允许学习理工，条件是他必须先完成正式高中学业。因此，在瑞士联邦理工学院校长的建议下，父亲把他送到瑞士的阿劳镇（Aargau）继续完成高中学业。

---

① Eidgenésische Polytechnische Schule，1909 年扩为大学后，改名为"瑞士联邦理工大学"（Swiss Federal Institute of Technology，Zurich，德语为 Eidgenössische Technische Hochschule，所以简称 ETH）。

爱因斯坦是幸运的，因为他这一次进入了一所优秀的学校，一家特殊高中，它有最新的物理实验室。在阿劳镇高中的实验室里，爱因斯坦开始掌握他早已熟悉的电气设备背后的物理。他把指南针放置在连接电池的电线四周，亲自验证在19世纪早期法拉第等大师发现的电磁物理现象，电流可以诱生磁场，而且这两者都是同一现象的两面，称为电磁场。当他学到光本身就是在空间中移动的电磁波时，爱因斯坦隐约中觉得找到了他一生的研究目标。爱因斯坦曾经说过，他一生都在试图理解光的本质。在阿劳镇高中的正统训练，是他踏上成为一个科学家的重要一步。

1896年，高中毕业拿到文凭后，17岁的爱因斯坦直接进入瑞士联邦理工学院。它是欧洲有名的技术学府，实验室首屈一指。爱因斯坦承认，他本来可以在ETH接受一流的教育，但那需要经常上课听讲。爱因斯坦更乐意在他最喜爱的地方消磨他的光阴，包括校内著名的Odeon咖啡馆。直到今天，瑞士联邦理工学院内的Odeon咖啡馆基本上还是没有改变，跟一百年前一样。

爱因斯坦在ETH的岁月是他一生中最快乐的时光。他每天可以在咖啡馆里泡上好几个小时，喝咖啡，和同学们聊天，讨论物理数学以至哲学问题，其中的两位同学成为他终身的莫逆之交：数学家马塞尔·格罗斯曼（Marcel Grossman 1878—1936）和米歇尔·贝索（Michele Besso 1873—1955）。传说中，经常逃课的爱因斯坦依靠着格罗斯曼的笔记来通过考试。与贝索进行长时间的有关空间和时间的对话，更是爱因斯坦的赏心乐事。日后两人都对相对论作出了重要的贡献。

还有第三位是爱因斯坦班上的唯一一个女生。她很快引起了他的注意。

米列娃·马里奇（Mileva Maric，1875—1948），一个20岁的塞尔维亚少女，从匈牙利（在当时的奥匈帝国境，现在的塞尔维亚）来到瑞士联邦理工学院。因为ETH是欧洲少数几家对女性开放的大学之一，两人同时学习物理，修读相同的课程。1875年出生的米列娃后来成为爱因斯坦的第一任妻

子。她来自一个相当富裕的塞尔维亚裔家庭，她受过良好教育，擅长数学和物理。十几岁时她便被允许在一所全男生学校上学，因为当时的女子中学都没有高等数学和物理课程。

他们在苏黎世一起学习，共同热爱科学，两人终于坠入爱河。当她转学到德国海德堡（Heidelberg）大学度过了一个学期的时候，他的情书一封接一封的催促她尽快回到他的身边。爱因斯坦的情书中坦露了年轻的他对这位塞尔维亚美女的疯狂。他还给她起了个昵称"多莉"："亲爱的多莉，我怎么会在遇见你之前能独自生活？没有你，我缺乏自信，对工作和学习失去热情，不能享受生活。总之，没有你，我的生活就没有价值。"

从海德堡回来后，他们的感情更上一层楼，成了一段难分难舍的恋情。

在这段美好的时光之后，随之而来的是爱因斯坦生命中的最大危机，因为他经常逃学，从未真正在班上听课，把大部分时间都花在独立学习，这一切都使他成为很多老师的眼中刺。

海因里希·韦伯（Heinrich Weber，1843—1912）是当时瑞士联邦理工学院的名教授，主讲技术物理。年轻时，韦伯曾在基尔霍夫（Gustav Kirchhoff，1824—1887）手下研究，后来成为赫尔曼·赫尔姆霍尔茨（Hermann Helmholtz，1821—1894）在柏林的助手，此两位大师都是物理界的电磁学泰斗。爱因斯坦经常在韦伯的实验室工作。但韦伯有他的缺点：在讲授"古典物理学的典型"时，没有介绍麦克斯韦的电磁理论，也不教理论或数学物理。因此，爱因斯坦经常逃他的课。这样的行为自然引起了韦伯对爱因斯坦巨大的不满，根据瑞士联邦理工学院当年学生的回忆，韦伯曾这样批评爱因斯坦："爱因斯坦，你确实是一个绝顶聪明的男孩。但是你有一个很大的缺点：你不听任何人的教导！"

几年后，爱因斯坦通过了数学和物理考试，获得了教学文凭，并在同一年完成了瑞士联邦理工学院的学业。毕业后，爱因斯坦申请了许多大学的学术助理职位，但都被拒绝了。他们拒绝的原因都源于爱因斯坦愚蠢地向韦伯教授要求的推荐信。

米列娃起初在功课上表现不错，但随着她与爱因斯坦的关系深入发展，她在学业上出现了问题，步履维艰，她在 1900 年的期末考试中不能过关。爱因斯坦那年毕业后，留在苏黎世找工作，米列娃则留在瑞士联邦理工学院的实验室一面工作，一面准备重考。但是，她的努力再次以失败告终。大约在这个时候，米列娃发现她怀上了爱因斯坦的孩子。1902 年初 1 月，米列娃回到塞尔维亚和家人住在一起，生下了女儿**利塞尔**[①]（Lieserl）。

开明的米列娃父母愿意接受这宗婚姻，但是爱因斯坦的父母强烈反对他们的结合。一是他们不喜欢米列娃比他年长 4 岁，二是他们有不同的宗教和文化背景。爱因斯坦的母亲特别反对米列娃的塞尔维亚背景（米列娃家庭信仰的是东正教）。虽然两人后来还是结婚生子，如图 2.2.1，但十多年后爱因斯坦成为一代物理大师，而米列娃则面临着一连串的个人生活和职业上的挫折，最后两人终于分手的伏笔，其实早已埋下。

图 2.2.1 1903 年 1 月 6 日，米列娃·马里奇与爱因斯坦的结婚照

1901 年到 1902 年是爱因斯坦生命中的最低潮，他到处碰壁，没有工作，无法养家糊口，无法与米列娃结婚。父亲的生意也破产了，甚至连当家

---

① 利塞尔的命运不明。一般认为她死于猩红热或被别人收养。关于利塞尔的资料很少，因为在传统道德观念下，结婚前的越轨行为是一个禁区，所以米列娃和爱因斯坦的通信中很少提到。已知的资料中最后一次提到利塞尔的是在 1903 年的一封信上，说她患上猩红热。

庭教师辅导孩子的低下工作，也被解雇了。

父亲忧心忡忡地为儿子四处张罗，寻求工作机会。在现存的记录中，可以看到他父亲发出过一封有如石沉大海，没有等到回复的信。

尊敬的奥斯特瓦尔德教授！

请原谅一个忧心忡忡的父亲，为了儿子的前程而冒昧地向您求助。

首先，请容我告诉您，我的儿子阿尔伯特已经22岁了，……他对目前刚从大学毕业便失业赋闲在家，感到极度沮丧。此外，他对成为父母的负担一事，思想上有巨大的压力。

请容我大胆地向您提出一个谦卑的要求，如果有可能的话，请给他写几句鼓励的话，使他可以恢复对生活和工作的信心。

此外，不管是现在或今年秋天，如果您能在贵部门为他争取一个助理的职位，我将感激不尽。

我也冒昧地一提，我儿子对我这不情之请，一无所知。

对您非常尊敬的

赫尔曼·爱因斯坦

1901 年 4 月 13 日

大约在那时，爱因斯坦的父亲病得很重，生意失败毁了赫尔曼的健康。这一位望子成龙的慈父，未能看到他儿子功成名就，便抱憾离开人世。就在他去世之前，他祝福儿子与米列娃的婚姻。这巨大的悲痛，成为爱因斯坦一生中的最大遗憾。

第3节　1905年——爱因斯坦的奇迹年

幸而苍天有眼，转折点出现于1902年6月，在爱因斯坦的好友马塞尔·格罗斯曼的父亲推荐下，他获得伯尔尼（Bern）瑞士专利局文员的职位。这是爱因斯坦的第一次工作机会，收入虽少但稳定，他有足够的信心与米列娃结婚了。1903年爱因斯坦和米列娃重聚，1月6日，他们在瑞士伯尔尼举行了一个简单的婚礼。

爱因斯坦在专利局的年薪为3500瑞士法郎，他的职位负责决定提交的发明是否值得专利保护，是否侵犯了现有专利，以及该发明产品是否真正有效。爱因斯坦迅速和出色地完成他的任务，1904年9月16日，他成为瑞士联邦的永久雇员，没有晋升，只加薪400法郎。

从1903年10月29日到1905年5月15日，爱因斯坦一家住在伯尔尼老城区中心。该公寓是在世纪之交典型的伯尔尼普通民居住宅，内有一间卧室，一个客厅，其中一部分被分割为婴儿的房间，一个厨房和一个浴室。由于没有书房，爱因斯坦只能在厨房或客厅的餐桌上工作。1904年5月14日，在这所小公寓中，这对夫妇迎来了他们的第一个儿子汉斯·阿尔伯特（Hans Albert）。在这恶劣的居住环境下，爱因斯坦惊人地完成了1905年《物理学年鉴》三篇论文中的两篇，以及特殊相对论的草稿，撰写了一篇博士论文，并在3月发表了10篇书评。此时，另一位大学好友米歇尔·贝索在毕业后也找到了专利局的工作。1905年5月15日，爱因斯坦一家搬到了伯尔尼郊区，更接近贝索的住所，以便和贝索每天一起步行到专利局上下班。

贝索是爱因斯坦在瑞士联邦理工学院时代的同学，他们的友谊在20世纪初因为都在瑞士联邦专利局一起工作，得到进一步的巩固。贝索继续成为爱因斯坦的密友和"欧洲最好的"副手。他提出恰当的问题，激励爱因斯坦找到正确的答案。不过，有时候，他似乎更像一名合作者。他是数学家，也许，他通过数学推理来提出建议。爱因斯坦这样评价说："贝索的长处在于他不寻常的聪明才智，也在于他对职业道德和义务的无限奉献。他的弱点是决策能力不足。这解释了为什么他在事业上和生活中的成功与他的才能和非凡的科技知识不相匹配。"在另一些时候，贝索扮演爱因斯坦的良心角色——敦促他与米列娃一起解决家庭问题，或者成为爱因斯坦儿子们的义父。当米列娃生病时，贝索便帮忙爱因斯坦照顾孩子。爱因斯坦在 1918 年描述贝索时写道："没有人能跟我靠得这么近，没有人更了解我。"

1903 年至 1905 年是爱因斯坦整个学术生涯中成果最多的岁月。爱因斯坦有了一份可靠的政府公务员工作，现在他有充分的时间思考物理学上的难题了。在伯尔尼生活期间，爱因斯坦经常与一群朋友会面，分享对物理学和哲学的兴趣。这些人包括罗马尼亚学生莫里斯·索洛文（Maurice Solovine，1875—1958）、他的老朋友康拉德·哈比希特（Conrad Habicht，1876—1958）和弟弟保罗·哈比希特（Paul Habicht，1884—1948)、电气工程师卢西安·查万（Lucien Chavan，1868—1942)，以及米歇尔·贝索。他们兴致勃勃地聚会至深夜，一起讨论他们共同的学术兴趣，并自称这个群体为奥林匹亚学院。米列娃欢迎哈比希特和索洛文的访问，但她讨厌漫长的，有时持续到清晨的奥林匹亚学院集会。米列娃有没有参与这些学术讨论，她在这中间扮演什么样的角色，现有资料记载不多，但一般相信她的时间大部分花在家务上。

爱因斯坦那时的经济状况是一个低级公务员，有妻子和孩子的负担。此外，作为家中的长子，他有经济上支持母亲的义务。无疑，富家小姐出身的米列娃会抱怨维持生计的困难，所以爱因斯坦曾一度考虑在联邦邮政和电报管理局申请一份比较高薪的职位。

在家里有一个闷闷不乐的妻子和吵闹的婴儿，难怪每当他离开家到专利局上班时，他都兴幸可以"从日常的烦恼中摆脱出来"。每天在专利局的 8 小时加上星期天，是爱因斯坦唯一可以持续集中思考的时间。但爱因斯坦表现出惊人的专注能力，他把自己从柴米油盐的现实生活中解放出来。上大学前在意大利的家中自学时，爱因斯坦的妹妹便第一次注意到这点："他的工作习惯很奇怪，即使在一大堆喧闹的人群中，他也能坐在沙发上，手拿笔和纸，完全进入个人的沉思中，别人谈话的杂音，完全不影响他。"

数年后（1910 年）在苏黎世大学，爱因斯坦的研究生汉斯·坦纳（Hans Tanner）曾有同样的回忆。坦纳有一天来到苏黎世大学的教授办公厅，发现爱因斯坦正在抽着他手上的廉价瑞士雪茄。"他坐在堆满数学论文的书桌前，一面用右手写字，把小儿子抱在左臂上，一面回答正在玩游戏中的大儿子，说'等一等，我快结束了'，他把孩子们交给我照顾，然后他继续工作。从这些生活细节我可以看到他的专注力。"

从 1905 年 3 月 17 日开始，爱因斯坦每隔 6 到 8 周就向《物理学年鉴》连续投稿 3 篇论文。

1905 年，被称为是爱因斯坦的奇迹年。爱因斯坦的创意充满了爆炸力，他一口气发表了 3 篇论文，改变了 20 世纪的物理学方向。这些论文的主题是布朗运动、光量子理论和特殊相对论，每篇论文都代表了他对当时物理学面临的最紧迫问题的突破性解决方案，然后，他轻描淡写地把特殊相对论应用在质量和能量上。这就是爱因斯坦发现的质能互转公式，$E=mc^2$，这意味着任何物体中包含的能量等于其质量乘以光速度的平方，这是一种巨大的能量。

布朗运动的论文题为"悬浮在静止液体中粒子的运动：分子 - 动力学理论的要求"（On the Movement, Demanded by Molecular-Kinetic Theory, of Particles Suspended in Liquids at Rest）。布朗运动指的是悬浮在液体中的粒子的不规则锯齿形摆动，由英国植物学家罗伯特·布朗（Robert Brown，1773—1858）在 1828 年首次发现。爱因斯坦利用分子统计理论预测，液体中分子的随机运动撞击较大的悬浮粒子（如花粉）将导致粒子的不规则随机运动。然后，根据这些粒子的运动，他可以确定导致运动的分子的大小尺寸。

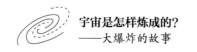
迄至当时为止，从来没有人见过或测量过分子的大小，利用布朗运动效应，爱因斯坦间接证明了分子的存在。这篇文章为爱因斯坦带来了大量欧洲科学家的赞赏信，并帮助确立了他在理论物理上的声誉。

爱因斯坦 1905 年的最后一篇论文题为"关于运动体的电动力学"，这是第一篇有关**特殊相对论**的论文。

在爱因斯坦的晚年，为他写传记的作家卡尔·西利格（Carl Seelig）曾问他相对论是否有明确的出生日期？他回答说："从特殊相对论的概念到完成相应的出版文稿，中间经过 4 至 6 个星期。但是，将哪一天指定为相对论的出生日期都是不正确的，因为尽管我一直没有作出最后定论，特殊相对论的逻辑构建和论点是经历了好几年的深思熟虑的。"

我们现在从他写给格罗斯曼的信中知道，即使在 1901 年，爱因斯坦还没有放弃对"以太"的追求，但在 1901 后到 1905 年间，他渐渐悟到"相对性原理"（或称"相对论原理"）和麦克斯韦的电磁场方程之间存在一些表面上的矛盾。

相对性原理认为，不管观察者的位置或速度如何，同一的物理力学定律在同样条件下都能正确的描述自然现象，唯一的条件是观察者的加速度为零。这个相对性原理不应该与相对论混淆，尽管这些理论都以相对性原理为基础。相对性原理很早便被伽利略发现，他在一个著名的"伽利略的船"的例子中就说明了这一点。爱因斯坦把伽利略的相对性原理应用在光速上导致了相对论的发现。

从古以来，无论东西文化，人类一直受制于托勒密（Ptolemy）的宇宙模型，相信所有恒星和行星都围绕地球运行。15 世纪，哥白尼意识到太阳更可能是宇宙的中心，但这个理论遭到了宗教和当时科学界的反对。他们认为，如果地球在运动，这将产生人类可以观察到的效果。但是在哥白尼时代，科技还没有能力找到地球运动的证据。到 1851 年，法国物理学家福柯（Jean Foucault，1819—1868）才首次使用单摆来证明地球的自转。但是假如地球在做等速直线运动，是没有任何办法可以观察到的。

伽利略在 17 世纪初考虑过这个相对运动的概念，在 1632 年出版的《关于两个主要世界系统的对话》(《Dialogues Concerning the Two Chief World Systems》) 一书中，他引入了一个名为"伽利略的船"的思想实验，有力地驳斥了这一论点：在风平浪静的海上，船以平稳的速度航行，假如乘客都被关闭在一个没有窗的船舱内，他们是无法判断船是否处于运动状态的。因为船舱内的任何物体，不管是空中的蝴蝶、飞虫，或乒乓球、鱼缸内的金鱼，等等，不管船在海上做如何的运动，只要船的速度不变，它们的运动都不会受到影响。乒乓球员可以像在陆上一样发挥他们的球技，不会感到任何异常的现象，使他们不适应。换句话说，他们的运动是相对于船舱内的环境，而不是外面的海洋。同样的原则也适用于地球在太空中的运动，这就是为什么地球上人们的行动，不会受到地球运动的影响。虽然这个思想实验现在看起来似乎很简单和明显，但这种思想实验的思维方式为爱因斯坦开辟了一条搜索真理的新路。

伽利略用这个思想实验来说明他的相对性原理：对于一个非加速参照系统（也称为惯性参照系统）中的观察者，力学定律是没有办法确定他是否在另一个非加速参照系中运动。50 年后，当牛顿重新审视这个问题时，他首先指出，加速度显然是"绝对"的，而均匀速度是"相对"的。他试图通过假设一个"绝对空间"来解决这问题。

牛顿也提出一个思想实验：考虑一桶水，如果桶以平稳、一定的速度运动，则桶内的水相对于桶不会移动，而且具有平面的表面，与在静止的桶中的水没有分别。这说明了速度的相对性：没有任何水的行为能告诉你是处于静止还是在以均匀的速度移动。假设现在你把桶上的把手绑在从房顶钩子吊下来的长绳上。通过不断转动水桶来卷起绳子，然后释放它。因为绳子放松，桶开始旋转，一段时间后，桶里的水也跟着旋转。水面变得弯曲：中间低，边缘高。当这种情况发生时，桶中的水相对于桶没有移动，但它的行为

与静止的水桶完全不同。旋转是一种加速度的运动，它对水的影响与直线均匀速度运动不同。我们只要观察水面，便可以知道水桶是否在旋转。这证明加速度是绝对的。

牛顿相信"以太"充满整个宇宙空间，他毫不费力地解释旋转桶里水面的弯曲。他说，水桶相对于"以太"在加速。"以太"使定义"绝对静止"和"绝对运动"成为可能。

任何参照系相对"绝对空间"而言，要么处于静止休息状态，要么处于运动状态。然而，伽利略的相对性原理保持不变：所有惯性（非加速）参考框架中力学定律是相同的，因此无法通过力学实验来确定一位惯性观察者相对另一个惯性参照系是运动还是静止的。

我们都有过这种经验：我们所乘的火车刚好停在另一列火车旁，看到旁边的火车在慢慢地移动，我们不能立即下判断到底是哪列火车实际上在铁轨上运动。这是相对性原理在我们日常生活中的实例应用。当然，在某些情况下，你能感觉到你本身的运动，它似乎是内在的，不用找外面的参照物比较，你也能肯定。如果船突然摇摆倾斜，减速或加速，或陷入漩涡，四处旋转，改变方向，即使你的眼睛是闭着的，你也能马上知道你正在加速运动，因为加速度是"绝对"的，你现在是一个加速参照系中的观察者。

在爱因斯坦的年代，物理学家质疑相对性原理是否也可以应用于电动力学理论，即电动力学定律在所有惯性参考系统中是否也是一样的？他们特别感兴趣的是，地球在"以太"中的速度能否被测量到，当时的科学家都认为"以太"是传播光波的一种媒介。在某种特定的意义下，"以太"可以视为是牛顿的绝对空间。19世纪80年代，美国物理学家迈克尔逊与莫利设计了一种称为干涉仪的极端精密的实验装置，试图测量地球相对"以太"的速度，但结果无法探测到任何相对运动。

爱因斯坦的突破是，他意识到相对性原理适用于所有的物理学定律，包括麦克斯韦的电磁方程。如果这是真的话，那么所有以恒定速度相对移动的

（惯性）观察者都会同意，相同的麦克斯韦电磁方程为他们正确描述电磁波现象。这意味着他们都观察到相同的光速。

到了 1905 年，爱因斯坦思索了 10 年的光波和相对运动中观察者间的问题，开始清晰起来。他最后不得不承认，光速在自然界中是绝对恒定的，对每一个观察者都是同样的常数，也就是说，他放弃对"以太"的追求。但是，这样就会产生光速与一般运动速度间的矛盾。爱因斯坦模仿伽利略的思想实验：一对双胞胎兄弟，分别在岸上和船上表演杂技。对岸上的哥哥来说，他是静止的站着，而他的双胞胎弟弟在船上耍杂技，因为水流的关系，以每小时 5 公里的速度前进。与此同时，船上的弟弟有不同的看法：他觉得自己站的船没有动，而在岸边的哥哥则以每小时 5 公里的速度后退，他在船上表演杂技的感觉与他在岸上哥哥表演的没有分别。两种描述都是同样准确的，这是伽利略的相对性原理，即两个耍杂技者都可以使用相同的物理定律来描述各种的运动，每个人都觉得自己没有动，只是别人在动。运动的速度只能是相对于另一个观察者时才有意义。假如岸上的哥哥以每小时 15 公里的速度向前投掷一个苹果给船上的弟弟，弟弟看到的是苹果以每小时 10 公里的速度向他而来。这是小学生都会算的流水问题。

但对光，情形就很不一样了。爱因斯坦深信，如果哥哥向弟弟发出一束激光，那么他们都会测量到相同的光速。但是根据牛顿力学中的绝对时间和绝对空间的观念，这怎么可能呢？怎样会允许这两兄弟就光速上达成一致的结论？然而，假如相对性原理适用于所有的物理学定律，包括麦克斯韦的电磁方程，这是逃不开的结论。

这一天，最后的颠覆性突破来了。爱因斯坦终于恍然开悟，速度只是单位时间所测量的距离，如果光速对每一位观察者都不会改变，那么必须有别的东西改变。在小学生的流水问题答案的背后，隐藏着牛顿力学中的绝对时间和绝对空间的观念，即不同观察者所量出来的时间长度和空间距离是同样的，而且时间和空间二者毫不相干，是独立的不同的概念。任何物体在空间中可以作前后左右上下三个方向的活动，所以称为三维空间，但是在时间上任何物体的存在，只能是从古到今，从过去到未来，永远只能往一个方向走。时间和空间观念的绝对性，在我们日常生活上广泛地成功应用，使我们不假思索地相信它的正确。

爱因斯坦问，假如对每一位观察者，光速都是恒定的，那么时间的步伐（流动速率）是不是永恒不变的呢？这是一个相当大胆的想法。除了爱因斯坦外，对每个人（包括牛顿）来说，时间的流速是绝对的，不会因人而异，是宇宙独一无二稳步前进的节奏。

即使是对爱因斯坦，说时间流动的速率因人而异，对我们每人都不一样，也是极难以接受的。不过爱因斯坦用一个思想实验（悖论）证明了"时间的主观性"。爱因斯坦提出这样的一个思想实验：在铁路轨边竖起两根灯柱杆，如图 2.3.1 中的 A 和 B，然后测量它们之间的距离，找到中点并标记它。一位观察者站在中点（Y），用（任何）仪器可以同时看到这两根灯柱。我们想象一下，假如两道闪电同时击中这两根灯柱（A 和 B），轨道旁边的观察者 Y 可以在仪器里同时看到，能够确认这两事件（闪电）正好同时发生。但是，在火车上的另一位观察者 X，对同样的事件会有如何看法呢？他也可以通过仪器看到这两根灯柱。他在到达两根灯柱之间中点的一瞬间，两道闪电同时来袭。但在火车上移动的观察者 X 不会将这两事件视为同时发生的事件。X 会首先看到闪电击中火车朝向的灯柱（A），因为光需要时间从灯柱到达 X 的仪器，而在这段时间内，火车向前方的灯柱移动。光线从前方的灯柱（A）到火车上的观察者 X 距离较短。因此，两个观察者，一个在火车上（移动的 X），另一个在铁轨边（静止不动的 Y），不可能同意闪电击中两根灯柱的事件是否为同时发生。这证实了爱因斯坦的感觉：时间是相对的。

爱因斯坦的相对论基于这样一个假设：对所有惯性运动中的观察者而言，科学定律应该都是相同的。特别是，无论他们的速度有多快，所有惯性运动中的观察者都应该测量到同样的光速，因为麦克斯韦的电磁方程对他们来说都是正确的。因此，没有"绝对空间"，也没有标准的"绝对时间"，相反，每个人都有他自己的个人时间。如果一个观察者相对另一个观察者做惯性运动，他们的时钟速度不会相同。

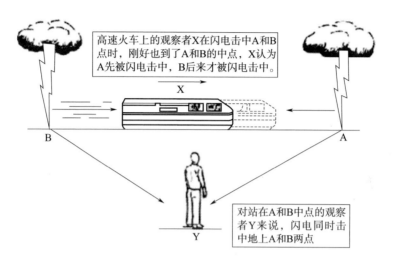

图 2.3.1　爱因斯坦的一个思想实验。闪电击中地面上的 A 和 B 两点，对地上站在 A 和 B 中点的观察者 Y 来说，是同时发生的；而火车上的观察者 X 在闪电击中 A 和 B 两点时，刚好也到了 A 和 B 的中点。对 X 来说，因为他的运动方向是从 B 到 A，会先看到从 A 传来的光波，然后才看到从 B 传来的光，所以 X 认为 A 先被闪电击中，B 后来才被闪电击中。这两起事件，对地上的 Y 来说是同时发生的，但对火车上的 X 来说却不是同时发生的。在不同地方的两起事件，是否同时发生，与观察者的运动有关。假如有另外一列从 A 开往 B 的火车，车上的观察者 Z 会有不同的判断。这个思想实验证明时间不是绝对的，而是相对的，它受到观察者的运动影响

　　在相对论中，对每一位观察者而言，另一运动中的观察者的时钟速度似乎比他自己的时钟慢。此外，由于速度是测量每单位时间的移动距离，因此另一运动中的观察者手中的尺（测量长度的工具）似乎在收缩。当然，这些影响在日常运动的情况下，我们很难观察到。比如说，公共汽车在路上走，我们看车上的人手上拿的尺，不会看出它缩短了。这些现象只有在接近光速的情况下才会明显。爱因斯坦的相对论表明，时间和空间不属于人类的先验理解范畴，相反，它们是操作上定义的可测量的数量。时间和空间不能彼此

独立，时与空是交织在一起的整体，称为"时空"。

相对论的"相对时间"观念导致一个著名的"双胞胎悖论"。我们假设以下的情况，一对双胞胎中的老大踏上穿越太空的旅程，而老二则留在地球上。当老大在以接近光速遨游星际间后回到家时，对他而言，他的旅程只有两三年的时光，而在地球上的弟弟早已是七八十岁的老人。这个源于特殊相对论的所谓悖论，要在广义相对论中才能得到完美的解决。在特殊相对论中，两位观察者在相对等速运动的宇宙飞船中，各自观察对方的时钟，都得到同样的结论：对方的时钟慢了。究竟是谁的时间对？爱因斯坦说这不要紧，他们都对，因为他们只是擦肩而过，以后永远不会再相逢，不能比较谁的时钟走得快一点，所以悖论并不存在。这只不过是在相对论中不存在绝对时间，两位观察者各有自己的时间。要是他们能再相逢，其中一位观察者必定要拐弯走回头路，那么就需要有加速度，这便离开了特殊相对论的应用的范畴，需要广义相对论的帮忙。在广义相对论中，加速度与重力场相当，重力场会扭曲它附近的时空，其结果是重力场中的时间走得慢了。所以，当双胞胎的老大从太空旅行归来，对他而言，他不过是出外两三年，但在地球的老二，数十年已经过去，变成了耄耋老人。这个所谓"悖论"，用我们对时间的直观看法是难以理解的，但它是相对论的自然结果。

一个难忘的1905年春日，爱因斯坦和贝索在伯尔尼的郊区散步。他们通常的话题多是谈论专利局的生活和音乐，但那天爱因斯坦有点神不守舍。在过去的几个月里，他日夕思索的很多事情和想法已经开始融汇在一起，渐露头绪，爱因斯坦觉得他已经非常接近要寻找的答案，但仍然无法突破最后的障碍。他告诉贝索，他一直在为一个问题而苦恼挣扎，需要贝索的帮助。于是他开始解释他的问题，但当他说到一半时不知不觉停了下来，心中突然灵光一闪，恍然顿悟。爱因斯坦异常兴奋，马上跑步回家。第二天早上，他再次去找贝索说："谢谢你，我已经完全解决了那个问题。"

从那天的顿悟，到完成我们现在所称的特殊相对论这篇文章的初稿，爱因斯坦共花了 5 个星期的时间，共写满了三十多页。他把这篇文章寄往《物理学年鉴》。数周后，他意识到文章遗留下一些东西。一篇 3 页的补篇很快被送往同一物理期刊上。他向一位朋友承认，自己有点不确定补篇的准确性："这个想法很有趣，很诱人，但我不知道造物主是否在跟我开玩笑。"不过在补篇中，他很自信地说："最近我在本期刊上发表的电动力学研究结果引致一个非常有趣的结论，将在这里推导出。"然后，在补篇末尾的四段，他把相对论最有名的公式 $E=mc^2$ 写出来。

1905 年 6 月 30 日，爱因斯坦向德国著名物理学杂志《物理学年鉴》提交了他的新理论《运动体电动力学》的论文。文章中没有提及以往的工作，没有参考文献，也没有脚注。但爱因斯坦特别感谢与米歇尔·贝索的深度讨论和贝索的思考。有趣的是，他没有提到米列娃。我们现在从他一封早期的信中可以得知，爱因斯坦和米列娃在光和运动的问题上，曾经寻求过一种学术伙伴的关系。信中说："我亲爱的小猫咪，你一直是我崇拜的圣殿，没有其他人可以进入。我知道在世界上所有人中，你是最爱我的人，最理解我。当我们成功地完成我们的相对运动理论工作时，我会非常高兴和自豪。"

根据这封信上的措辞，一些历史评论家认为，米列娃实际上在特殊相对论的思想中起到了一定作用。然而，她的贡献是否被爱因斯坦故意忽视？爱因斯坦去世后，他们之间的信件、朋友们的记忆和传记陆续被出版。自此以后，学者们一直在争论着爱因斯坦对物理学的惊人贡献，是否至少有一部分，应该归功于米列娃·马里奇。

米列娃的确是爱因斯坦早年的影子般的人物，从两人间的信件看来，她既是情人，也是爱因斯坦的学术伴侣。她在 1897 年的一封信中特别高调的写道："我认为不应该把人类无法理解无穷大的概念，归咎于人类头颅骨的结构。"她替爱因斯坦查阅科学数据，提议证明方法，检查他的计算，并为他抄写笔记和手稿。爱因斯坦写给她的信中往往出现一些后来使他出名的理论的原形。

　　不过问题是，米列娃对特殊相对论的贡献到底是什么，这是有争议的，一般的感觉是她并没有任何真正的贡献，她更像是一个评判员，她可以理解他在想什么，甚至批评他的想法，但她没有真正的参与建立新概念的讨论。关于这一点，可以在她给爱因斯坦的信中看出来：她从不谈论学术问题，同时，她讨厌漫长的奥林匹亚学院的学术讨论。

　　1905 年，爱因斯坦和妻子米列娃与年幼的儿子在伯尔尼过着平静的生活。即使在特殊相对论及奇迹年的其他发现发表之后，爱因斯坦仍然是瑞士专利局的二级文员，审查专利的申请。但在物理界中，爱因斯坦已经不再是个局外人。越来越多的物理学家到伯尔尼专利局朝圣，他们长途跋涉地登上专利局的顶楼，由一个衣着入时的年轻小职员领着他们到爱因斯坦博士的办公室。

第 4 节 扭曲的"时空"——广义相对论

1907 年，一本有名的物理学杂志要求爱因斯坦总结关于当时已知的特殊相对论的一切。他发觉除了一个关键的领域外，他的理论包括了所有的物理学，这关键的领域就是引力。

艾萨克·牛顿早已经证明，重力使树上的苹果掉下来，也控制着太阳系行星的运动。但即使是牛顿的理论也无法解释重力是如何可以不着痕迹的影响整个宇宙中的一切。重力如何超越空间把星体联系在一起，这是重力的奥秘。宇宙作为一个整体是怎么保持运行的？它遵守什么规律？二十多岁的爱因斯坦，雄心勃勃的想进一步追逐物理学中最大的光环。他的朋友，著名物理学家马斯·普朗克曾警告他，这是一个巨大的赌博。

普朗克劝告爱因斯坦不要研究重力理论。他认为这个问题太难了，而且即使爱因斯坦能够成功，也没有人会相信他。但不管怎样，爱因斯坦还是接受了这个挑战。与引力问题相比，特殊相对论简直是儿童游戏，他这辈子从来没有这么努力过。

重力是宇宙中最"民主"的现象，它同样平等的对待宇宙间的一切，不论是什么物体，不论它多么大，无一例外。开始时，爱因斯坦茫无头绪，不知道如何着手，直到他突然产生一个他"一生中最幸福的想法"（他的德语原文是 glucklichste Gedanke meines Lebens）。1922 年 12 月 14 日，他在日本京都的讲话中回忆说："当时我正坐在伯尔尼专利局的椅子上，突然想到'如果一个人从高空掉下来，他是感觉不到自己的体重的'。我登时吓了一跳。这个简单的思想实验给我留下了深刻的印象。它导致了我日后的引力理论。引力场以类似于电磁感应中电场的方式存在。"换一句话说，引力可以在不同的参

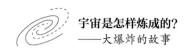

考系统中以不同的方式存在，引力场的存在与观察者的加速度有关。

中国航天员漂浮在天和核心舱中，完全不受地球重力的影响。地球上的观察者说是因为空间站的离心力与地球重力刚好抵消。但是空间站的航天员既感觉不到离心力，也感觉不到地球的重力，他们会说这里什么力都没有。

一个日常生活的体验，也是爱因斯坦一个经典的思想实验，能进一步帮助阐释重力与加速度的关系：在开始下降的电梯中，如果乘客刚巧站在体重秤上，乘客会发现他的体重比正常值要小。或者，他可以想像，他乘的电梯是处于一个小于地球的引力场中，以等速下降。如果秤上的体重刻度显示突然变为零，那他遇到麻烦了，因为这意味着电梯缆已折断，他正在自由落体下坠。在这种情况下，他是失重的。跟着，爱因斯坦改变了场景：如果乘客处于远离地球引力场的宇宙飞船上，他又将如何呢？他会漂浮在没有引力场的空间，没有上下的分别。但如果飞船开始加速移动，将会发生什么现象呢？加速时，飞船的地板上升，而且越来越快。在上升的路上，它会"抓住"乘客的脚，对乘客来说，似乎有一种重力使他的脚压在地板上。

如果重力和加速度的感觉是一样的，也许它们就是一样的。对在遥远外太空加速的火箭飞船中，或站在地球的引力场中等待电梯门打开的观察者，他们的感觉是没有区别的。加速度和重力的等价性原理实验如图 2.4.1。普通人也许会发现加速度和重力的这种等价性，觉得很有趣。但只有爱因斯坦才意识到，它可以作为一个革命性的新重力理论的基础。"于无声处听惊雷"，这就是爱因斯坦的本色。

爱因斯坦现在所缺乏的就是适当可用的数学工具，刚好在这时候，一位从前的老师赫尔曼·明科斯基（Hermann Minkowski，1864—1909）给他建议。明科斯基是爱因斯坦在瑞士联邦理工学院（1896—1900）时的数学教授之一，但爱因斯坦当时对数学不感兴趣，逃过了他大部分的讲课。正如明科斯基告诉博恩（Max Born，1882—1970，德国物理学家，1954 年因对量子力学的概率解释而获得诺贝尔物理学奖）："在爱因斯坦的学生时代，他是一个真正的懒骨头。他从不为数学烦恼。"明科斯基一直怀疑这个屡屡给他添烦恼的学生的能力，直到他读了爱因斯坦 1905 年关于特殊相对论的论文，才对爱因斯坦另眼相看。后来，明科斯基把特殊相对论建立在他的"世界几何"（world-geometry）上，使相对论站在更坚固的数学基础上。爱因斯坦有一次半开玩笑的说："数学家入侵了相对论，把特殊相对论翻译成数学术语，以至我也无法理解我的理论了。"但不久之后，在广义相对论的探索中，他欣然接受明科斯基的四维几何学是不可或缺的概念。

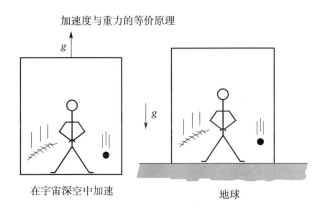

加速度与重力的等价原理

在宇宙深空中加速

地球

图 2.4.1 加速度和重力的等价性原理。在外太空加速的火箭飞船中，假如加速度和地球上的自由落体的加速度一样，那么飞船内的乘客会感觉到和在地球上同样的重力

爱因斯坦可能要复习从前 ETH 的数学笔记后才能明白。但对明科斯基来说，很明显：特殊相对论把空间和时间纠结成为一个整体——四维的数学空间。明科斯基的数学让我们深入了解，空间和时间是如何密不可分地融为一体。用四个维度：三维的空间和一维的时间来表示世界，比在三个维度空间与独立的时间作为一个参数（在牛顿物理学中时间只是一个参数）更具有物理意义。

设想在一个抽象的四维的数学空间中，我们可以用 4 个数字记录任何事件的独特位置。例如，只要 3 个数字，就可以找到宇宙中近在我们身边或是远至最遥远星系的任何物体。3 个数字（长度、宽度和高度）允许我们记录

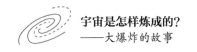

所有事物的位置。再加上时间，通过这四个维度，我们能够记录宇宙中从恒星爆炸到周六晚上约会的任何事件。

最常见的时空体验之一是，男女朋友约会在一个特定地点见面——两条路的交汇处，还有在某特定的时间：比如 2020 年 7 月 7 日晚上 7 时。在明科斯基所建立的数学模型中，每一事件（特定的时间和空间）都在四维的"时空"（明科斯基称之为"世界"）中成了一个独特的"世界"点。在这个事例中，男的停留在空间维度中的一点等待着，当时间一秒一秒的过去，"世界"点在时间维度（轴）上不断的向前移动，这些"世界"点连成一条"世界"线，直到女朋友的到达，两条"世界"线合而为一。明科斯基的贡献是在把爱因斯坦的特殊相对论转化为一个四维时空的数学描述。但是，爱因斯坦意识到他可以更往前走一步，他认为这不是一个僵直的平坦四维时空。在平直的四维时空中，两点间最短的距离是直线距离，两点间可以用直线连起来。在一个平直四维时空的世界，物体只能作等速运动，没有加速度，也没有重力。

爱因斯坦现在想，如果四维时空"世界"的形状可以扭曲，那会产生什么现象？他的回答是：重力！重力世界的四维时空必须是弯曲的，它必须有曲率的变化。这个认识突破是爱因斯坦超越前人的逻辑飞跃。

爱因斯坦最奇妙、最具创意的想法是：物质和能量可以产生和驱动四维时空的弯曲。举例来说，当你把石头扔进池塘水面的一刻，波纹开始形成。这是石头使池塘表面产生波纹。同样，一块岩石的存在可以在抽象的四维时空中产生扭曲的凹痕，这就是重力的表现。没有物质的虚空宇宙的四维时空是平坦的。但添加一块石头或一颗星星，整个画面就变了。恒星的巨大质量在四维时空中产生了巨大的凹陷的坑。附近任何的东西都会顺着曲"面"滚滑而动，在时空的扭曲处汇聚。物体在重力场中的运动轨迹就是扭曲时空中的最短路径。这种抽象的几何模型向我们展示了重力是如何造就了月球的轨道，月球只是沿着地球创造的时空扭曲滑动。这个本来僵直而平板的"时空"可以被巨大质量物体扭曲，导致我们有"重力"的体验。如图 2.4.2 中所示，地球与月球间并没有牛顿所说的万有引力，月球只是在地球造成的时空扭曲中运动，我们在图中只能表示在二维空间中地球的质量如何造成"时空"的凹坑。实际上，在广义相对论中地球造成的是四维时空的凹坑，它的样子只能靠我们的想象来会意。

图 2.4.2 爱因斯坦的广义相对论用"时空"的观念来描述宇宙，这个"时空"可以被巨大质量的物体扭曲而变形，导致我们对重力的体验。如图中所示，地球与月球间没有超越空间距离而起作用的万有引力，月球只是在地球造成的时空扭曲中运动，本图只能表示在二维空间中地球的质量如何造成"时空"的凹坑。实际上，在广义相对论中，地球造成的是四维时空的凹坑，它的样子只能靠我们的想象力来意会

1908 年爱因斯坦开始从事教育和学术工作，先是当伯尔尼（Bern）大学的讲师，1909 年转在瑞士联邦理工学院担任理论物理教师，不久，从 1911 年 4 月 1 日起，爱因斯坦被任命为布拉格（Prague）德国大学理论物理学的全职大学教授，以及理论物理研究所所长。这是他在学术专业阶梯上的重大进步。

在这段时间，爱因斯坦对物理非常专注，以致排除了其他一切杂务，他对妻子米列娃的关注越来越少了。曾几何时，在他们的蜜月期间，山盟海誓，他答应他俩会成为科学伴侣，一起征服物理世界，但是现在爱因斯坦的优先顺序已经改变。他和米列娃的关系大不如昔了，他不再是一个好丈

夫。他需要更多的个人安静时刻来思考。1911 年，爱因斯坦和米列娃搬到布拉格时，两人的关系变得更糟。对米列娃来说，在布拉格的感觉就像被流放一样。

米列娃觉得她被边缘化，地位越来越不重要了。她的雄心壮志，想成为男人世界中的女强人的梦想，完全破灭了。在他们的家庭中，米列娃的沮丧和痛苦不断在增长。

1911 年 10 月 30 日至 11 月 3 日，在布鲁塞尔（Brussels）举行的第一次**索尔维会议**（Solvay conference）主题是辐射和量子。会议邀请了欧洲最著名的物理学家参加。爱因斯坦是应邀者中最年轻的。这位前任专利局职员现在与伟大的居里夫人（Madame Curie）、荷兰著名物理学家亨德里克·洛伦茨（Hendrik Lorentz，1853—1928，1902 诺贝尔物理奖得主）和英国原子科学家欧内斯特·卢瑟福（Ernest Rutherford）等人交换了对当前物理学的想法。即使在这些名噪一时的科学界大师中，爱因斯坦也与他们平起平坐。

爱因斯坦在会议旅程的这一段时间中，米列娃的孤独更深了，一个深闺怨妇妒忌、后悔失去了分享爱因斯坦光辉胜利的时刻。两人关系更严重的考验又将到来：这次旅行的路上，爱因斯坦顺道访问德国柏林时，遇到他的表姐艾尔莎。

艾尔莎·爱因斯坦（Elsa Einstein，1876—1936）生于 1876 年。艾尔莎的父亲是爱因斯坦父亲的堂兄，她的母亲和爱因斯坦的母亲也是姐妹，所以艾尔莎和爱因斯坦实际上是很亲的表亲。他俩曾经一起度过童年，早已形成牢固的友谊。她是一个传统的犹太女性，性格与米列娃完全不一样。艾尔莎那时刚与她的第一任丈夫离婚不久，与两个女儿住在柏林。

爱因斯坦突然在艾尔莎身上看到了一个没有太多需求的伴侣、和谐家庭生活的可能。爱因斯坦在婚姻中要求的是舒适和男性中心的家庭生活，而不是智力匹配的学术伙伴。爱因斯坦几乎没有办法抵抗艾尔莎的纯醇魅力。表姐弟俩开始通信，揭示了他们日益纠缠的感情。

亲爱的艾尔莎，非常感谢你的信。还没有一本给外行人看的介绍相对论的通俗书。但是你有个表亲懂这些，可不是吗？如果你碰巧也在苏黎世，那么我们（没有我的嫉妒妻子）会一起散步，我会告诉你那些我所发现的奇怪的事情。亲爱的艾尔莎，我俩都是可怜鬼，我们被无情的世俗责任束缚着。但我必须再次告诉你，我爱你。我很乐意长伴在你身边。我现在的苦恼是因为我爱上一个我只能看的人。

但这肯定是没有结果的苦恋。

对爱因斯坦来说，科学永远是生命的第一位，这是不可能妥协的。为了描述引力场的物理结构，他需要一种新的时空几何学。但是，书到用时方恨少，爱因斯坦发现了他的数学短板。他解决不了弯曲时空的数学问题。这个问题困扰了他三年。这一次，不再是心中一闪的灵光，便可以带来了广义相对论。爱因斯坦为了应付数学上的困难，曾多次修改他的物理想法。他一度感到绝望，准备放弃。

幸而，他想起了一位朋友，格罗斯曼是爱因斯坦学生时代的莫逆之交。他曾经借过格罗斯曼的数学笔记来应付考试。这次是格罗斯曼再次辅导他——弯曲的曲面上的复杂几何学。他在与格罗斯曼的通信上说："格罗斯曼，你必须帮助我，否则我会发疯的！"

大学毕业后 7 年（1907），格罗斯曼被母校，瑞士联邦理工学院聘为几何学教授。恰巧的是，也是这一年，爱因斯坦有了"生命中最幸福的想法"。在格罗斯曼的努力游说下，1912 年 ETH 为爱因斯坦提供了一个教授职位。

爱因斯坦搬回苏黎世，到瑞士联邦理工学院任教，这是他和米列娃两人的大学母校。爱因斯坦曾经是理工学院老师眼中的坏学生。现在，他回来担任理论物理学的正教授。在这里，他展开了他一生最紧张最努力的研究工作生涯，重新向重力问题进攻。

"我意识到几何学的基础具有物理意义。当我从布拉格回到苏黎世时，

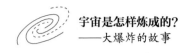
我亲爱的朋友,数学家格罗斯曼在那里。我第一次从他那里了解到**里奇张量**（Ricci tensor），后来又了解了**里曼**（Riemann，1826—1866）几何学。因此,我问我的朋友,我的问题是否可以通过里曼的理论来解决。"接下来的五年光阴,爱因斯坦都消磨在重力场方程与微分几何学上。

爱因斯坦现在思考的问题是:如果加速度和重力是等价的,那么加速的时候会发生些什么现象,这些现象是否会揭示重力的新的性质? 回到他思想实验的宇宙飞船上:在外面的观察者看来,当飞船加速时,一束水平光线从一边照射到另一边,横过火箭,它最后的高度要比它开始的要低。对乘客来说,光线看起来是走出一条曲线。如图 2.4.3。如果加速度可以弯曲光线,那么根据等价原理,重力必然有同样效果。这似乎是一个关键的线索。但是,它会导致什么?

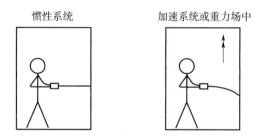

图 2.4.3　光线在惯性系统中以直线传播,但在加速系统或重力系统中会走出一条曲线,因为时空被扭曲了

爱因斯坦本人在 1922 年的京都演说中讲述他的思路历程:"如果这些系统都是等价的,则欧几里德几何不能在所有系统中保持。没有几何,只保留物理定律,相当于没有文字描述的思想。我们必须先寻找适当的语言,然后才能表达好物理内涵。在这一点上,我要寻找什么样子的几何? 问题一直无法解决,直到 1912 年,我突然想起在大学时的几何课程中的高斯（Gauss）理论,我意识到,高斯的曲面理论是解决这个困难的关键。高斯的曲面坐标具有深远的物理意义。然而,当时我不知道里曼以更深刻的方式研究几何学的基础。"

在格罗斯曼的帮助下，转向里曼几何的伟大工作约在那年 8 月中的一周开始。

根据派斯（Abraham Pais，1918—2000）的爱因斯坦传记《微妙的主》（《Subtle Is the Lord: The Science and the Life of Albert Einstein》）中的记载："我在讨论中问他与格罗斯曼的合作是如何展开的。我对爱因斯坦的回答有一个生动但不是逐字记录的回忆：他告诉格罗斯曼他的问题，请他去图书馆看看是否有适当的几何学来处理这些问题。第二天格罗斯曼回来说：的确有这样一种几何学，里曼几何学。格罗斯曼需要查阅文献，这是相当合理的，因为他自己的研究领域中没有包括微分几何学。"

1912 年至 1913 年，爱因斯坦和格罗斯曼合作研究的第一个引力理论，其中以张量表示重力场，他们的结果已经非常接近正确的引力场方程，但他们被一个错误的假设所误导而得到错误的结论，这是格罗斯曼没有被视为广义相对论的共同创造者的重要原因，但另一方面，格罗斯曼也刻意与 1913 年论文的物理内容保持距离。因此爱因斯坦在 1915 年 7 月写信给德国物理学家索默费尔德（Arnold Sommerfeld，1868—1951）（即在引力场方程的最终形式出现之前），认为"格罗斯曼永远不会声称自己是共同发现者。他只是帮助我，通过数学文献指导我，但对结果没有贡献任何实质内容。"

爱因斯坦在 1913 年发表了他新的重力理论的最早版本。虽然结论有错误，但他的文章打动了一位很重要的读者。那一年，德国著名物理学家普朗克和另一同事一起前往苏黎世朝圣，他们企图游说爱因斯坦迁往柏林大学工作。

这是爱因斯坦职业生涯的高潮。那时的柏林是世界领先的理论物理中心。但对于米列娃来说，柏林没有特别的吸引力，她的婚姻关系已经一团糟。爱因斯坦对重力理论的过度关注腐蚀了家庭生活。他和米列娃完全疏远了，爱因斯坦恢复了与艾尔莎的接触。在 1913 年 12 月的信中，他这样写："亲爱的艾尔莎！如果没有证据证明对方有错，离婚是不容易的。所以，我对

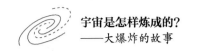

待我的妻子犹如一个不能解雇的雇员。我现在有我自己的卧室，避免和她单独在一起。希望如果有一天，你我可以分享一个温馨的小家庭，那该多好。"

爱因斯坦一家在 1914 年 4 月移居柏林。但仅仅三个月后，他便和米列娃分居。米列娃放弃了柏林的家，带着两个儿子回到苏黎世。米列娃的精神崩溃了。

在个人家庭变乱的同时，爱因斯坦也面临着他的第一场道德挑战。1914 年 8 月，第一次世界大战爆发，德国陷入战争的狂热，使爱因斯坦感到失望的是，93 位著名学者，包括他的朋友普朗克，共同发表了一份宣言，为德国的参战辩护。爱因斯坦发起一场敦促和平的活动，但是只有 3 个签名。

爱因斯坦是生活在战争状态下德国首都中的孤独和平主义者，居住在柏林郊区与世隔绝地工作。在欧洲的漫天烽火中，他的脑筋再次凝聚向他的重力理论，他面临最后一道障碍。不过，多年的辛劳使爱因斯坦熟练地掌握了微分几何的技能，慢慢地找到了在引力场方程中各种物理要素的正确表达方式。到 1915 年秋天，他充满信心，准备测试他的引力理论。

第5节　牛顿爵士，您的重力理论错了！

爱因斯坦的天才在于他意识到，像地球这样的质量在它周围的"时空"里造成了一个坑。其他具有质量的物体比如苹果，如果不是地球的表面挡住了去路，都会自然的滑到坑底。为了解释苹果从高处的下落趋势，牛顿发明了一种力，他称之为"重力"，把苹果从树上拉"下来"。但在爱因斯坦看来，这样的力并不存在。苹果只不过是对扭曲的时空做出适当的反应。

从表面上看，广义相对论简单得令人难以置信。宇宙的所有现象都在被称为"时空"的四维大舞台上演。宇宙的演员们，物质和能量，四处奔跑，发挥它们的演技。物质和能量使时空变形，导致它扭曲和弯曲。这种扭曲反过来又告诉物质和能量如何运动和适应。时空舞台与物质能量间的不断对话，就是我们看到的引力。

但是，爱因斯坦要证明他的时空扭曲理论比牛顿的重力，更能精确地描述自然现象，才可以说服全世界。

天文学家对太阳系各行星的轨道都有高度的精确计算和理解，唯一的例外是：水星的轨道每年都会发生轻微、不能解释的变化。根据基于牛顿引力定律的经典天体力学，行星轨道应该可以用一个封闭的椭圆来描述，太阳位于两个焦点之一，轨道的近日点（和远日点）永远不会移动。这是牛顿引力的平方反比定律特有的结果：任何与它之间的微小偏差都将导致不封闭的行星轨道，使其近日点发生改变，如图2.5.1。由于水星的高速和高偏心率轨道，这种现象特别明显。通过观测可以准确地确定水星近日点。其他行星对水星的引力扰动，也可以造成水星近日点的漂移，这是可以用牛顿力学准确估计的，但是预测的近日点移动与观测到的近日点移动之间的差值是：每世

纪 43 秒的弧度。这虽然是一个很小的差异,但它大约是观测误差的 100 倍,因此这是牛顿天体力学预测与观测的真正差异。自 19 世纪中叶以来,这差异一直困扰着天文学家。

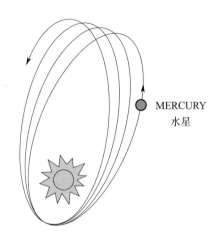

MERCURY
水星

图 2.5.1　水星近日点和远日点的移动,本图极端夸大移动的幅度,实际上水星近日点每世纪只移动稍多于 43 秒的弧度

这是一个很小的差异,从前完全无法解释。现在,根据广义相对论理论计算出来的预测,可以提供一个完美的解释。这成为支持广义相对论的重要证据之一。

那一年,爱因斯坦写给儿子汉斯·阿尔伯特的信上说:"我刚刚完成了我一生中最辉煌的工作,当我发现我的计算完全预测了水星的运动时,我内心突然涌现一些异样的感觉,这种感觉太美妙了,我好几天不能工作。在我的一生中,从未感到过如此的快乐。"

水星,太阳系最内层的行星,围绕着太阳巨大质量造成的"时空"凹陷移动时,其轨道与牛顿引力定律预测的差异,足以证明爱因斯坦关于"时空"弯曲这一大胆、前无古人的观点。正是爱因斯坦这种对"时空"的新理解,驱动着我们对宇宙的新认识:大爆炸、膨胀的宇宙、星系的结构、现代宇宙学的这些领域直接源于这个引力场方程。它的左边是空间和时间的几何描述,右边是物质和能量的影响——这就是广义相对论,爱因斯坦的引力理论。

牛顿发现的万有引力定律，是基于 16 世纪第谷的天文观测数据和开普勒的三大行星运动定律，它们都出现在发明望远镜之前，可以说是科学家在雾里看宇宙时得到的结果，通过 20 世纪初的新科技，非常精确观测到的宇宙已经不能用牛顿的引力来解释了。

8 年的持续努力造成了巨大的体力损耗。1917 年爱因斯坦在完成了广义相对论后，再也支撑不下去，他几乎崩溃，终于病倒了。幸而，艾尔莎从旁细心照顾他恢复健康。他们的关系在战争期间曾一度冷却。但现在，他需要她。由于艾尔莎的无微不至的照顾，他渐渐康复过来。1918 年，爱因斯坦再次要求与米列娃离婚，并承诺："如果我获得诺贝尔奖，我将完全把它让给你。"尽管这是 1922 年才发生的事，但爱因斯坦这时坚信他一定会获奖，只是时间问题而已。他与马里奇的离婚协议揭示了典型的爱因斯坦自信。1919 年2 月，爱因斯坦完成了与米列娃的离婚手续后，那年夏天他与艾尔莎结婚了。

质量无处不在地改变它周围的时空，连光也必须循着时空曲面上传播。我们看到的宇宙，不过是光波描绘出来的宇宙肖像。根据广义相对论的预测，任何由宇宙深处来的光束都会被恒星或行星的引力向吸引，使光稍微偏离其本来直线的路径。

爱因斯坦的计算表明，太阳的引力对一颗遥远恒星发出的光有显著的影响，所引起的光弯曲现象应该是可以观察到的。例如，一颗在太阳的背后的恒星，因为它不在我们的视线之内，我们不会预料从地球上可以看到它，如图 2.5.2。然而，太阳的巨大引力和时空的扭曲使恒星的光向地球偏转，使它变成可见。这颗事实上仍然在太阳背后的恒星，会出现在太阳的旁边。从它的实际位置到观察者看到的位置的角度变化虽然非常小，但测量这个位置变化的角度可以用来证明爱因斯坦的引力理论是正确的。不过，由于太阳极端耀目的辉煌，通常我们无法看到这颗恒星。因为它的亮度与太阳相比可以忽略不计。然而，只有一种情况下：在日全食期间，才可以看到这颗恒星。

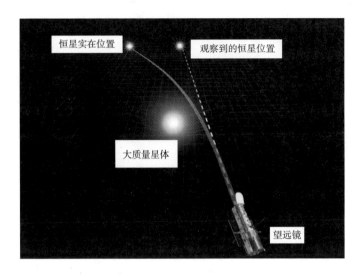

图 2.5.2 爱因斯坦以太阳的星光弯曲效应来证明他的广义相对论。地球和遥远(如太阳背后的)恒星之间的视线被大质量星体(如太阳)阻挡,但巨大星体的质量扭曲了时空,使星光偏转,沿着一条弯曲的路径奔向地球。但我们的直觉告诉我们光是以直线传播的,所以我们从地球(望远镜)看到的恒星实际上是在已经偏转的位置。测量位置变化的角度可以用来验证爱因斯坦的广义相对论引力理论的正确性

当月球在**日全食**期间完全掩盖太阳的一刻,月球完美地与太阳的圆盘重叠,白天会顿时变成黑夜。在短暂的数十秒内,星星出现在天空,这时天文学家应该能够识别出一颗在太阳边缘外的恒星 [1](或者更确切地说,一束被扭曲的恒星光线),使其看起来是位于黑暗的太阳圆盘外的一点小星光。

早在 1912 年,爱因斯坦最后版本的引力场方程还没有出现,他就开始与德国天文学家欧文·弗伦德利希(Erwin Freundlich,1885—1964)合作,研究如何进行关键的测量。1913 年,爱因斯坦写信给弗伦德利希,建议在日全食期间寻找位移的恒星。其中一个选择是:弗伦德利希计划一次远征考察,拍摄下一次(1914 年 8 月 21 日)从克里米亚(Crimea)可以观测到的日全食。

弗伦德利希在 1914 年 8 月中抵达俄罗斯。不幸的是,他们似乎没有注意

---

① 尽管月球比太阳小 400 倍,但它也比太阳离地球近 400 倍。这意味着,从地球上看,月亮和太阳似乎大致有相同的大小。

到在他旅行期间德国向俄罗斯宣战的事实。此时作为德国国民的弗伦德利希一行，因携带望远镜和摄影器材入境俄罗斯，涉嫌从事间谍活动而被捕。所以，这次远征考察彻底失败了。幸运的是，德国在同一时间逮捕了一群俄罗斯军官，因此安排了囚犯交换，弗伦德利希于 9 月 2 日安全返回柏林。

随着第一次世界大战的进行，许多欧洲的科学家被征召入伍参加战斗。英国剑桥大学的天文学家、和平主义者亚瑟·艾丁顿（Arthur Eddington，1882—1944），一位虔诚的**贵格会**[①]信徒（Quaker），拒绝入伍。艾丁顿清楚地解释他的立场是"基于宗教信仰"。艾丁顿的同事们也纷纷向英国政府提出请愿，指出艾丁顿作为一名科学家对英国更具有价值，要求免除他的兵役。但官僚的内政部拒绝了请愿。

幸运的是，此时英国皇家御用天文学家弗兰克·戴森（Frank Dyson，1868—1939）想出一个营救的妙计。戴森知道 1919 年 5 月 29 日会有一次日全食，这次日全食将发生在 Hyades 星团上，此星团的耀眼恒星数量异常之多，是测量星光引力偏转的极好机会。日食的路径穿越南美洲和中非，因此进行观测需要组织一次到热带地区的远征。戴森向英国海军部建议，艾丁顿可以组织和领导这样的日食考察作为他对国家的服务，同时他应该留在剑桥，为这次日食远征做准备。虽然戴森内心是支持爱因斯坦的引力理论，但为了说服英国内政部，他抛出了一个十分动听的理由：一个爱国的英国人有责任捍卫牛顿的万有引力，以天文观测推翻德国的广义相对论。他的游说果然成功，艾丁顿被允许继续在剑桥天文台工作，为 1919 年的日食做准备。

艾丁顿刚好是验证爱因斯坦理论的完美人选。他对数学和天文学的爱好，可追溯到童年，4 岁时他便试图计算天空中所有的星星数目。他后来成为一名出色的学子，获得了剑桥大学的奖学金，又赢得了他那一届的顶级学

[①] 贵格会是出现在 1650 年英国的一个基督教流派。贵格会教徒是反对战争的和平主义者，在废除奴隶和女权运动中发挥了关键作用。

生称号。他比同届同学早一年毕业。作为一名天文研究员，他是广义相对论的热心支持者。他撰写的《相对论的数学理论》，被爱因斯坦称赞为是"不论在任何语言中都是相对论的最佳阐述"。

同一时代的物理学家路德维·西尔伯斯坦（Ludwig Silberstein，1872—1948）也自认为是广义相对论的权威，他编的教科书有助于使相对论进入大学课程。传说，他曾经对艾丁顿说："你是世界上三个理解广义相对论的人之一。"艾丁顿默默无语地盯着西尔伯斯坦，直到西尔伯斯坦告诉他不要那么谦虚。艾丁顿回答："抱歉，我实在想不出来第三个人是谁？"

1918 年 11 月世界大战结束，为远征排除最后的障碍，1919 年 3 月，艾丁顿和他的团队从利物浦启程。科学家们分成两组，一组前往巴西丛林中观测日食，而艾丁顿和第二组则前往西非赤道几内亚海岸附近的普林西比岛（Principe），原因是考虑到就算是亚马逊的日食观测被多云天气破坏，也许在非洲的第二组会有机会完成任务，反之亦然。两组人马到达各自目的地，寻找理想的观测地点。

艾丁顿登上四轮驱动的车（吉普车）走遍普林西比岛，最终决定在该岛西北部一块高地上安装设备。他的团队小心检查仪器，以确保完成任务。那一天，普林西比的上空乌云密布，接着是一阵雷雨。在月球首次触及太阳边缘前一小时，观测点的暴风雨已经缓和，但天空看起来仍然阴暗，观测条件远非理想。

不过时间一到，观察员小组依然以军事般的精度运作。安装底片板，曝光，然后卸载，分秒必争地重复着。艾丁顿回忆："我们只意识到大自然诡异的黑暗场景，和观察人员呼唤声打破的寂静，加上计时节拍器的节拍勾勒出 302 秒的日全食总时间。"在普林西比团队拍摄的 16 张照片中，大多数被一缕薄云所破坏。不过，幸而在短暂的晴朗的珍贵一刻，拍摄到一张具有科学意义的照片。

在《空间、时间和重力》一书中，艾丁顿描述了这张珍贵的照片如何改变我们对宇宙的认识：

> "问题在于如何确定太阳引力场对恒星位置的影响。我们用英国 1 月份同一台望远镜（非日全食时）拍摄的照片，进行恒星位置比较。把日全食时拍摄的底片和 1 月份的底片放置在测量机中相互覆盖，使相应的图像尽量重叠，从这些小距离差异可以确定恒星的相对位移。结果一个明确的位移真的出现了，完全符合爱因斯坦的理论，并与牛顿的预言相违。"

日全食前太阳周围的恒星被太阳光辉所淹没，整个太阳被月球完全覆盖后，边缘出现了一个明亮的日冕光环。然而，那些距离太阳远一点的恒星还是清晰可见的。艾丁顿以底片重叠推算出太阳边缘恒星的转移角度，它们从正常的位置偏转了约 1 弧秒，估计最大偏转为 1.61 弧秒。在考虑各种可能的误差后，艾丁顿计算出最大偏转的误差是 0.3 弧秒，因此他的最终结论是：太阳造成的重力偏转为 1.61 ± 0.3 弧秒。爱因斯坦预测的偏转是 1.74 弧秒。这意味着爱因斯坦的预测与实际测量结果一致，而牛顿的预测是完全错误的。

巴西丛林中的暴风雨在日全食发生前数小时便减弱了，清涤了空气中的尘埃，为另一组观测者提供了理想的条件。基于巴西拍摄底片的测量，最大偏转为 1.98 弧秒，稍高于爱因斯坦的预测，但考虑到误差幅度，这仍然一致，也证实了普林西比小组的结论。如图 2.5.3。

1919 年 11 月 6 日，艾丁顿的观测结果在皇家天文学会和皇家学会的联席会议上正式公布。数学家兼哲学家怀特黑德（Alfred North Whitehead，1861—1947）是这样形容这一盛会："整个紧张的气氛犹如希腊戏剧中的高潮：我们都在一场命运的大合唱中，等待着对一起发展中的重大事件的宣判。舞台上充满了传统的戏剧氛围。背景中牛顿的画像提醒我们，他最伟大的科学理论，在两个多世纪之后，现在接受它的第一次修正。"

英国皇家学会主席汤姆森（J.J. Thomson，1856—1940，1906 年因发现电子而获得诺贝尔物理学奖）这样总结这次会议："如果爱因斯坦的理论能够

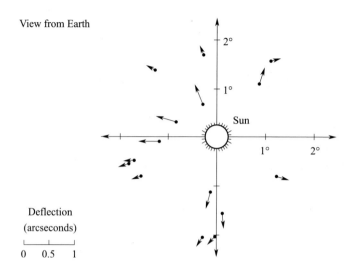

图 2.5.3　1919 年日全食考察的结果在 1922 年得到了另一组天文学家的证实，他们观察了澳大利亚的日食。此图显示太阳周围 15 颗恒星（点）的实际位置，箭头指向观测位置，这些位置都显示向外偏转。向太阳弯曲的星光使恒星看起来远离太阳

持续经受水星近日点的漂移和与当前日食有关的两次非常严峻的考验——那么，这应该是人类思想的最高成就之一。"

第二天，英国《泰晤士报》以"科学的革命——宇宙的新理论"为标题刊登了这个新闻。几天后，美国《纽约时报》上的头条新闻宣布："天上弯曲的光，爱因斯坦理论的胜利。"突然，爱因斯坦成为世界上第一颗科学巨星。他对宇宙奥秘无与伦比、出类拔萃的了解，温文尔雅的魅力，深含哲理和机智的谈吐，使他成为记者的新宠。在一场毁灭性的战争之后，人类亟需重新建立世界秩序。一个虽然难以理解但慈祥可亲的哲人诞生了。他向人类指出了正确的宇宙规律。

1921 年，爱因斯坦第一次到美国旅行访问。所到之处，他都被拥挤的人群包围，每次讲话都座无虚席。在爱因斯坦之前或之后，没有一位物理学家在全世界享有如此的盛名，也没有一位物理学家获得过如此的光荣和赞美。爱因斯坦最初很享受这种特殊的关注，但他很快就开始厌倦媒体的狂热，他抱怨说："太糟糕了，我几乎不能呼吸空气，更不用说正常工作。"

虽然广义相对论完全是爱因斯坦个人的成果，但他很清楚，艾丁顿的观察对于接受这一物理革命至关重要。爱因斯坦发展了这个理论，艾丁顿的天文观察检测它的正确性。观察和实验才是真理的终极仲裁者。现在，广义相对论已经通过了考验。

在 20 世纪 30 年代，爱因斯坦根据广义相对论预言，宇宙中的高密度质量分布，如星系，可以产生引力"透镜"的效果，巨大的质量分布不仅弯曲光线，而且扭曲天体的成像。如果某天体物位在一个巨大的星系后面，从地球上看，偏转的光线可能会通过不止一条路径到达地球，如图 2.5.4。就像镜头一样，光线可以沿着不同的路径聚焦。星系的引力会使它后面的物体看起来拉长延伸，或单个物体会成多个像。同一物体的光甚至可能弯曲成一个环，称为**爱因斯坦环**，如图 2.5.5。第一个引力透镜是在 1979 年发现的，当时在天空中发现了两个非常接近的"类星体"（quasars），它们的距离和光谱相似。这两个类星体实际上是同一个物体，它的光受一个途中星系的引力影响分裂成两条路径。

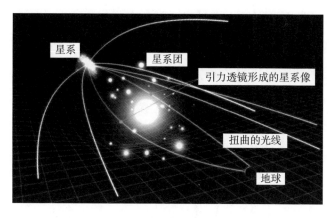

图 2.5.4 当光线穿过由高密度星系质量分布产生的强烈弯曲空间区域时，引力透镜的现象。本图显示从地球观看远处星系发出的光，途经强烈弯曲的空间，以致光线被扭曲而产生类似透镜的效果

今天，**引力透镜**是天文学家研究宇宙中最遥远的天体的重要工具，它让天文学家能够看到那些可能被遮盖的遥远天体。没有广义相对论，引力透镜

图 2.5.5　此图像是（美国国家航空航天局／欧空局）哈勃太空望远镜拍摄的，
显示位于南半球的 Fornax（熔炉）星座的　GAL-CLUS-022058 天体，它是已
知最大的，几乎完整的爱因斯坦环。由哈勃太空望远镜的宽场相机（WFC）在
红外和可见光部分的观测组成。在照片中央，狭窄弯曲的星系优雅地拥抱着它
的球形伴侣，这是一种奇特和非常罕见的现象，是由离地球 40 亿光年远的前
景椭圆星系（正中央）产生引力透镜的结果。这个物体被研究爱因斯坦环的天
文学家戏称为"熔环"，暗示着它的外观和宿主星座

是无法解释的。爱因斯坦的引力理论，将引力现象与空间几何学联系起来。

　　已知的最大，几乎完整的爱因斯坦环（如图 2.5.5）是 2020 年哈勃太
空望远镜（美国国家航空航天局／欧空局）拍摄到的位于南半球的熔炉星座
（Fornax）的 GAL-CLUS-022058 天体。天文学家首先在智利的拉斯坎帕纳斯
天文台（Las Campanas Observatory）的麦哲伦望远镜上观测发现了这个"熔
环"。但那是一台地面望远镜，限制了图像的清晰度和深度。哈勃太空望远镜
能在不受光污染和云层干扰的太空作业，拍摄出更好的宇宙天体图像。

　　在这张图片中，背景星系的光线被在它前面的星系团的引力扭曲成我们
看到的狭窄弯曲形象。背景星系与中央的椭圆星系近乎准确对齐，它歪曲并
放大了背景星系的成像，使它成为一个近乎完美的环。来自星团中其他星系
的引力导致额外的扭曲。图中央球形伴侣内的多个亮点是星系团的一部分，
星系团是宇宙中最巨大、引力最强的天体。

第6节　爱因斯坦：我一生中的最大失误

在广义相对论出现之前，所有关于宇宙起源的想法都只能像神话故事一样，没有科学基础。

1917 年 2 月，欧洲各地还在烽火连天的激烈战争中，37 岁的爱因斯坦在柏林的普鲁士科学院（Prussian Academy of Sciences）每周会议上提出了一篇题为"广义相对论中的宇宙考虑"（Cosmological considerations in the general theory of relativity）的论文，一周后发表在该科学院的期刊上，为现代宇宙理论打下了基础。

重力对天文学和宇宙学至关重要，重力是天体间相互作用的力，所有天体运动都是重力导引的结果，重力决定了小行星是否与地球相撞，还是无害地从旁路过，也决定两颗恒星在双星系统中相互围绕的轨道，以及为什么一颗特别巨大的恒星最终会因为自己的重力而坍塌崩溃，形成一个黑洞。

爱因斯坦完成广义相对论理论的后一年，自然急切地想知道他的新引力理论能否提供一个不含任何逻辑矛盾和合理的宇宙整体模型。正如他在写给荷兰天文学家威廉·德·西特（Willem de Sitter，1872—1934）的一封信中所说："对我来说，宇宙的运行是否遵循相对论的理论概念，或者会导致矛盾，是一个棘手的、有待解决的重要问题。"。

这篇论文的主题是广义相对论如何影响我们对宇宙的理解和认识，整个宇宙的特性和宇宙物体间的相互作用。论文标题中的关键词是"宇宙论"。爱因斯坦的兴趣已经超越水星的扭曲轨道，以及太阳对星光传播的影响。他把注意力扩展到引力在宇宙宏观尺度上的作用。当哥白尼、开普勒和伽利略提出他们的宇宙模型时，他们对太阳系外的宇宙一无所知，只是把注意力集中

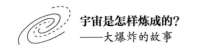

在太阳系上，但在爱因斯坦的时代，科学界已经知道天外有天，所以他对整个宇宙感到兴趣。

使用重力公式来预测水星轨道的研究，只需在引力场方程中插入几个质量和距离数据，然后进行直接的计算。要对整个宇宙做系统性的探讨，就需要考虑所有的恒星、行星，以至所有已知和未知的星系。这似乎是一个很荒唐的、非人力所及的野心。

这样的计算肯定是不可能的吗？爱因斯坦通过一个简单的假设，将任务简化到了一个可控的水平。

爱因斯坦的假设被称为宇宙论原理，这个原理认为宇宙在任何地方都大致相同。更具体地说，这个原理假定宇宙是"等向"的，这意味着宇宙在每个方向看起来都一样。当天文学家凝视深空时，从宏观尺度上来看，星系的分布情况确实如此。宇宙论原理还假定宏观宇宙的平均物质密度是均匀一致的，这意味着无论你身在何处，宇宙看起来都一样，这是另一种方式说：人类和地球（太阳系，甚至是我们的银河系）在宇宙中不占有特殊位置，不是宇宙的中心。

当爱因斯坦将他的重力公式应用于整个宇宙时，他感到有点惊讶和失望，他发现广义相对论暗示着宏观宇宙是不稳定的。不言而喻，爱因斯坦的重力公式隐含着：宇宙中的每一个天体在宏观大尺度上都被吸引向其他的天体。这将导致每个星体都越来越靠近其他星体。开始时可能是一种慢慢的蠕变，但它会逐渐发展变成雪崩式的坍塌，以巨大的危机结束。宇宙看来注定要自我毁灭。用我们常见的弹性蹦床作为时空的类比结构，我们可以想象几个重金属球均匀散布在一个巨大的弹性面上，每个球会产生自己的凹坑。其中任意两个球迟早会滚向对方的坑，合并成更深的穴，进而吸引更多其他的球，直到它们一起聚成一个非常深的洞。

这是一个荒谬的结果！从古代到20世纪初的学者都相信宇宙是静态和永恒的，不可能是不断收缩和暂时的。爱因斯坦虽然是反叛传统，也毫不例外的不认同宇宙崩溃的看法，他说："承认这种可能性似乎是毫无意义的。"

虽然牛顿的引力理论与广义相对论是完全不同的，但牛顿引力理论也能引起同样宇宙崩溃的命运。牛顿一直为他的理论的这种不祥的暗示而烦恼。他的解决办法之一是：设想一个无限、对称的宇宙，在这个宇宙中，每个物体都会被同样的万有引力拉向四面八方，这样便没有整体运动，也没有坍塌。不幸的是，他很快意识到这种精心设计的引力平衡是不稳定的。从理论上来讲，无限的宇宙可以处于一种纤巧的平衡状态中，但在实践中，微小的扰动会破坏这种平衡，结果以灾难告终。例如，穿过太阳系的彗星会瞬间增加它经过空间的质量密度，吸引更多的物质进入这区域，从而启动完全崩溃的过程。为了解决这个问题，牛顿建议上帝不时介入，把恒星和其他天体分开。

爱因斯坦没有牛顿的深度宗教信仰，不准备让上帝在宇宙学中扮演这样辛苦的角色，但他渴望找到一种方法来维持一个永恒和静态的宇宙，以符合科学界的共识。在重新审视他的广义相对论后，他发现了一个数学技巧，可以把宇宙从崩溃的灾难中拯救出来。他观察到，他的重力公式可以重新以另一种形式表达，包括一个新的项，称为宇宙常数。这使虚无缥缈的空间充满了一种与生俱来的固有的压力，推动宇宙扩张。换句话说，宇宙常数在宇宙中产生一种新的排斥力，有效地对抗所有恒星间的引力。这是一种"**反重力**"，其强度取决于赋予的常数值（理论上可以采用任意值）。爱因斯坦意识到，通过仔细选择宇宙常数的值，他可以完全抵消传统的引力，阻止宇宙崩溃的发生。

关键是，这种反重力只在广袤的宏观宇宙距离上显著，但在较短的（如太阳系，星系内）距离上它可以忽略不计。因此，它并没有破坏广义相对论在相对小的地域（恒星尺度上）成功地模拟牛顿重力的功能。

简言之，爱因斯坦修正后的广义相对论公式在描述重力方面有四个明显的成功性质：1）包括宇宙常数的重力公式可以解释一个静态的、永恒的宏观

宇宙;2)在局部区域中,宇宙常数可以忽略不计,模仿牛顿中的所有成功(如太阳系内不包括水星的其他行星);3)在局部区域中高重力下,牛顿理论失败(如水星近日点漂移的问题);4)成功预言引力产生时空扭曲成日全食时的星光偏转,牛顿理论则完全失败。

大部分的宇宙学家对爱因斯坦的宇宙常数感到高兴和满意,因为它使广义相对论与静态的永恒宇宙模型兼容。没有人对宇宙常数实际代表什么物理意义有太多的想法。这是一个临时的解决办法,使爱因斯坦得到正确的答案。就连爱因斯坦也羞怯地宣称:"宇宙常数"的存在只是为了符合宇宙物质的准静态分布才有此必要。换句话说,为了使结论符合一个稳定和永恒宇宙的预期。

爱因斯坦也承认,他的宇宙常数是丑陋的,他曾经说过,这常数"严重地损害了相对论的美"。理论物理学家往往出于对美的追求,而有一种共识:物理定律应该是**优雅、简单、和谐**的。这些渴望往往成为很好的指南,引导物理学家发现可能有效的定律,抛弃那些虚假的定律。一般来说,"美"是很难定义的,而且是十分主观的。但当我们看到它时,我们都知道它是美或丑的。爱因斯坦看着他的宇宙常数时,他不得不承认它不漂亮,有点矫情。然而,他准备牺牲一定程度的美,使广义相对论能容纳一个永恒的宇宙,因为这正是传统科学界的要求。

但是同时代的另一位科学家却采取相反的观点,他把物理定律的美凌驾于传统的宇宙观之上。1917年的俄国革命期间,俄罗斯数学家亚历山大·弗里德曼(Alexander A Friedmann,1888—1925,图2.6.1)在被白俄军队围困的圣彼得堡城内,首次听闻到爱因斯坦关于广义相对论的工作,后来他仔细阅读了爱因斯坦的宇宙学论文,不禁质疑宇宙常数的作用和必要性。

弗里德曼1888年生于圣彼得堡,在政治动荡中长大,从小就热衷于挑战传统。十几岁时他已经是一个俄罗斯革命中的活跃分子,领导学生罢课,抗议沙皇政府的镇压与暴政。

图 2.6.1 亚历山大·弗里德曼：现代宇宙学的无名英雄

弗里德曼对高度抽象的数学有着热情和天赋，同时他对实用科技也有不寻常的爱好。在第一次世界大战期间，他从事军事科技的研究，运用他的数学才能解决实际问题，甚至自愿执行轰炸任务，以研究更准确投下炸弹的方法。

第一次世界大战后，弗里德曼经历了 1917 年的革命和随后的内战，最终回到学术生涯。爱因斯坦的广义相对论在西欧流行了好几年后，才受到俄罗斯学术界的关注。事实上，也许正是俄罗斯与西方科学界的隔绝，让弗里德曼可以不受爱因斯坦的宇宙论观点的影响，锻造出自己的宇宙模型。

爱因斯坦从一个永恒的宇宙的假设开始，然后加入宇宙常数，使他的理论符合预期，但弗里德曼采取了大相径庭的立场。他从最简单、最美观的广义相对论开始，没有宇宙常数的分心，使他可以毫无顾虑地从逻辑上考虑：什么样子的宇宙最符合广义相对论的理论要求。这是一个典型的数学方法，因为弗里德曼有数学家的训练和头脑。他希望以纯粹的逻辑推理方法来了解宇宙。对弗里德曼来说，数学之美和逻辑的严谨，优先于传统对宇宙的期望。

弗里德曼的研究工作在 1922 年达到了高峰，他的成果在德国的《物理学杂志》（《Zeitschrift für Physik》）上发表。在这篇论文中，弗里德曼描述一个宇宙模型：其中的宇宙常数被设置为零。这模型实际上是基于爱因斯坦原始

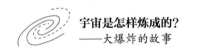

的重力公式，没有任何宇宙常数。由于没有宇宙常数来抵消引力，这造就了弗里德曼的模型宇宙只能是动态演化的模型。

对爱因斯坦和同时期的宇宙学家来说，这种动态模型的宇宙注定要崩溃，才用一个经过微调的宇宙常数来达到一个精细平衡的永恒宇宙。然而，对弗里德曼来说，宇宙可能是从最初的膨胀开始的，因此它的膨胀力可以对抗重力的吸引。这是一个全新的史无前例的宇宙模型。

弗里德曼阐述了他的宇宙模型如何以三种可能的方式对重力作出反应，这取决于宇宙开始膨胀的速度和它包含物质的多少。第一种可能性假设宇宙的平均密度很高，有许多恒星、星系，这将意味着强大的引力，宇宙最终将停止膨胀，并逐渐收缩，直到它完全坍塌崩溃。第二个模型假定恒星的平均密度很低，在这种情况下，恒星间的引力将永远无法克服宇宙的膨胀，因此宇宙将继续永远膨胀。第三种可能性考虑到前两个极端之间的密度，导致一个宇宙的重力会减慢，但永远不会完全停止膨胀。因此，宇宙既不会坍塌到一个点，也不会膨胀到无穷大。

弗里德曼的三种宇宙模型都有一个共同的性质，就是宇宙变化的概念。他相信在广袤宇宙的宏观尺度上，宇宙会演变进化，而不是永远保持静态。这是弗里德曼对宇宙学的革命性贡献：一个昨天的，与今天的不同，而明天又将会更不一样的宇宙。

对爱因斯坦而言，万古长存的宇宙显然是静态的，弗里德曼肯定是错了。他给出版弗里德曼论文的杂志写了一封投诉信："关于弗里德曼作品中包含的非静态世界的结果，对我来说似乎是令人怀疑的。实际上它给出的解不能满足广义相对论方程。"也许爱因斯坦只是粗略地看了一眼，便假设弗里德曼的计算一定有缺陷。事实上，即使弗里德曼的物理模型是否与现实相符，还具有争议性，但弗里德曼的计算是正确的，他的数学模型是成立的。

不久后，爱因斯坦发现了自己的错误，他终于谦逊地承认："我现在确信弗里德曼先生的结果是正确的。它们表明，除了静态解外，广义相对论方程还具有空间对称结构的动态解。"尽管爱因斯坦同意弗里德曼的动态解在数学上是正确的，但他仍然坚持认为它们在科学上并无实际意义。

尽管爱因斯坦反对，弗里德曼还是继续宣扬他的想法。然而，1925 年在他能够获得主流科学界认同之前，他不幸患上重病，可能是伤寒，死于精神错乱。一家列宁格勒的报纸报道说，弗里德曼临终前还试图进行计算，同时喃喃自语，向他幻想中的学生讲课。

现在看来，弗里德曼和哥白尼有很多共同点。他们都提出了宇宙的新模型，又默默无闻地去世。虽然他们的想法已经发表，但在他们的有生之年，完全被忽视。部分问题在于他们太激进太大胆了，超越了他们的时代。

更糟的是，弗里德曼受到世界上最著名的物理学家和宇宙学家爱因斯坦的谴责。尽管爱因斯坦发表了勉强的道歉声明，但这个道歉并没有广泛流传，这意味着弗里德曼的声誉仍然受到玷污。此外，弗里德曼的数学背景，而不是天文学家，所以他被宇宙学界视为局外人。最重要的是，在弗里德曼时代的科技，天文学家尚不能进行详细的观测，以支持宇宙膨胀模型。不过，不容否认的是，宇宙学的现代数学框架直接源于他的工作，所有仍在讨论的宇宙标准范式，都是从弗里德曼模型中演化出来的。

幸运的是，宇宙膨胀的想法并没有完全消失。这个概念在弗里德曼死后仅仅数年就重新浮现，宇宙膨胀模型由比利时传教士和宇宙学家乔治·莱梅特（Georges Lemaître，1894—1966）重新塑造。

1894 年，莱梅特出生于比利时的查勒罗伊（Charleroi），在卢万大学（University of Louvain）获得工程学学位，但当德国军队入侵比利时的时候，他不得不放弃学业，投笔从戎。接下来的四年军旅生涯，他经历了德国毒气袭击，并因在战争中的英勇表现，赢得了军事勋章。战后，他继续在卢万大学的学业，但这次他从工程学转向理论物理，1920 年，他还进入一所天主教神学院修读，1923 年受梵蒂冈委任为传教士。此后他兼有物理学家和传道者的两种身份。他解释说："有两种途径可以追求真理，我决定同时跟随着它们。"

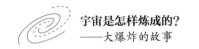
成为传教士后，莱梅特曾在剑桥留学过一年，在亚瑟·艾丁顿指导下学习现代宇宙学和恒星天文学。艾丁顿形容莱梅特是"非常出色的学生，敏捷，眼光独到，数学能力很强"。第二年，他到美国游学，在哈佛天文台进行天文观测，并在麻省理工学院攻读博士。莱梅特将自己嵌入到宇宙学家和天文学家的圈子内，学习天文方面知识，以补充他对理论的偏爱。

1925 年，他重返卢万大学，担任教授职务；另一方面，继续他的博士论文研究工作，根据爱因斯坦的广义相对论方程提出自己的宇宙学模型。他基本上忽视了宇宙常数的作用。莱梅特在全不知情下，经历了弗里德曼在十年前同样的思维过程。接下来的两年里，他重新发现了宇宙膨胀的模型。然而，他也超越了弗里德曼。

莱梅特锲而不舍地寻找一个不断膨胀的宇宙的可能后果。弗里德曼是数学家，莱梅特则是一位天文和宇宙学家，他希望了解引力方程背后的物理意义。特别是，莱梅特对宇宙的发展历史感到兴趣。如果宇宙真的在膨胀，那么昨天的它肯定比今天小。同样，去年的它肯定比今年的更小。从逻辑上讲，如果我们回到足够遥远的过去，那么整个空间一定会被压缩成一个很小很小的区域。换句话说，莱梅特准备追溯宇宙历史，直到他到达宇宙的始源点。

莱梅特的独特见解是，广义相对论隐含着一个创造宇宙的时刻。尽管他对科学真理的追求并没有因他对神学的追求而受影响，但这种含义一定曾引起这位年轻传教士的共鸣。他的结论是，宇宙开始于一个紧凑而微小的空间区域，从这个小小的区域向外有如爆炸般急速膨胀，并随着时间的流逝而演化，成为我们今天观察到的宇宙。他相信未来的宇宙将继续进化发展。

早在 1912 年，奥地利科学家维克多·赫斯（Viktor Hess，1883—1964，1936 年诺贝尔物理学奖得主）利用一个上升到近 6 公里高空的气球，探测到来自地球外深空的高能粒子的证据，统称为宇宙射线。莱梅特也熟悉当时物理学家新发现的放射性衰变过程，在放射性衰变过程中，铀等大原子分裂成更小的原子，释放出基本粒子、辐射和能量。莱梅特推测类似的过程（尽管规模要大得多）可能催生了宇宙。莱梅特设想，在宇宙的始点，所有的恒星被挤进一个极为紧凑的空间，他称之为**原始原子**。然后，他把创造的时刻看作是这一个包罗万象的原始"超级原子"突然衰变的时刻，这灾难性的爆炸产生宇宙中所有物质。莱梅特推测，今天观测到的宇宙射线可能是这种最初衰变的残余物，而爆炸射出的大部分物质会随着时间的流逝而重新凝聚，形成今天的恒星和行星。莱梅特后来这样总结他的理论："原始原子假说是一个宇宙学假说，它把目前的宇宙描述为一个超级原子的放射性解体的结果。此外，在这个原始放射性衰变中释放的能量可能为宇宙膨胀提供动力。"

总之，莱梅特是第一位对我们现在所谓的宇宙大爆炸模型给出合情理和详细描述的科学家。他从爱因斯坦的广义相对论开始，发展了宇宙的创造和其后的膨胀扩展理论模型，把它与已知的宇宙射线和放射性衰变等物理现象的观测结果整合在一起。

莱梅特模型的核心是宇宙创造的一刻。然而，当这位比利时传教士在1927 年宣布他的宇宙创造理论时，他却遭到了与弗里德曼相同的沉默。但是通过将理论与观测结合，并把他的大爆炸概念嵌在物理学和观测天文学的框架内，莱梅特的贡献远超出了弗里德曼早期的工作。

1927 年，莱梅特参加在布鲁塞尔举行的索尔维会议（Solvay Conference），这是世界上第一流的物理学家的聚会。由于他醒目的神职人员服饰，很快就建立了自己的形象。他设法与爱因斯坦交谈，并向爱因斯坦解释和宣传他的宇宙创造和膨胀模型。爱因斯坦马上回应说，他早已听弗里德曼说过这个想法。爱因斯坦向莱梅特介绍了已故的弗里德曼的工作，然后斩钉截铁地回绝了莱梅特："你的计算是正确的，但你的物理是错误的。"

在缺乏确凿证据的情况下，爱因斯坦的批评有摧毁一个新生理论的能力。昔日，爱因斯坦曾经是传统的反叛者，现在他成了一个维护传统的独裁者。日后他哀叹道："为了惩罚曾经蔑视权威的我，命运让我成为一个权威。"

失望的莱梅特决定不再宣传他的宇宙膨胀理论。他仍然相信他的模型，

但他在现实科学体制中没有任何的影响力，也看不到鼓吹一个被别人认为愚蠢的大爆炸模型有什么意义。与此同时，主流宇宙学者围绕着爱因斯坦的静态宇宙模型歌舞庆祝。尽管经过微调的宇宙常数有着浓厚的人工雕琢的味道，但无论如何，对静态永恒宇宙的信念是普世公认的，所以轻微的科学瑕疵实在是无伤大雅，完全可以接受的。

在随后的岁月里，越来越多的证据表明，对传统静态宇宙的信念是错误的：事实上，在莱梅特和爱因斯坦会面后两年，1929 年，美国天文学家哈勃观测发现宇宙正在膨胀中。如果爱因斯坦能坚持他的原版引力方程式，他很有可能是第一个膨胀宇宙的预言者，但他却特意编造了一个宇宙常数，以维护一个以讹传讹的假设。

1970 年出版的俄罗斯物理学家乔治·加莫（George Gamow，1904—1968）自传《我的世界线》（《My World Line》）中有这样的报道："爱因斯坦承认最初的重力方程是正确的，改变它是一个错误。后来我和爱因斯坦讨论宇宙学问题时，他曾说宇宙常数的引入是他一生中最大的错误。"

无论如何，到了 1931 年，爱因斯坦已经放弃了宇宙常数，声称"哈勃的观测可以从原始的广义相对论找到令人满意的解释，完全没有引进宇宙常数的必要，而且从理论上讲，它是不尽如人意和丑陋的"。他对宇宙常数的讨厌和憎恨感觉，是可以理解的，因为否则他可以在哈勃的发现前十年，从莱梅特手中夺回预测宇宙膨胀的荣耀。讽刺的是，他最大的错误可能是没有坚持宇宙常数的引入，一错再错，使他错过了预测在 20 世纪末发现的暗能量的光荣。

事实上，20 世纪 20 年代的宇宙学仍然在神话和科学之间徘徊。如果宇宙学家们要取得进展，就有必需要找到一些具体的证据。所有的目光都转向观测天文学家，希望他们能从仔细观察深空中找到证据，在相互竞争的宇宙模型中，辨别出它们的真伪。随着科技的进步，天文学家们确实在 20 世纪初建造更大、更好、看到更远星体的望远镜，最终成功作出改变我们宇宙观的关键观测。

参考文献

Abraham Pais, "Subtle is the Lord... The Science and the Life of Albert Einstein", Oxford University Press (2005)

Walter Isaacson, "Einstein: His Life and Universe", Simon & Schuster (2007)

N. David Mermin, "It's About Time: Understanding Einstein's Relativity", Princeton University Press (2021)

Brian Greene, "The Fabric of the Cosmos: Space, Time, and the Texture of Reality", Vintage(2005)

David Bodanis, "A Biography of the World's Most Famous Equation", Walker Publishing Company (2000)

Eduard A. Tropp , Viktor Ya. Frenkel , Artur D. Chernin, translated by Alexander Dron and Michael Burov, "Alexander A Friedmann: The Man who Made the Universe Expand", Cambridge University Press (1993)

John Farrell, "The Day Without Yesterday: Lemaitre, Einstein, and the Birth of Modern Cosmology", Basic Books (2005)

第三章
于无声处听惊雷
——天文史上的颠覆性发现

　　自牛顿之后，科学分工越来越细，它由理论和实验两个互补的部分组成。理论家考虑现实世界如何运作，建立与现实一致而不相矛盾的数学模型，通过这些模型与实验者观察到的现实进行比较，测试这些模型的准确性。在宇宙学中，爱因斯坦、弗里德曼和莱梅特等理论家提出了不同的宇宙模型，但测试它们是一个高难度的问题：如何对整个宇宙进行观察和实验？为了分辨宇宙大爆炸和永恒不变宇宙模型的正确性，天文学家不得不把他们的观测技术推向极限，他们必须在远离人间烟火的山峰上建造巨大的望远镜，从深空采集更多的数据，这样才能把不同的模型区分开来。

第 1 节　19 世纪的宇宙有多大？

想要了解 20 世纪望远镜所做的重要发现之前，我们首先要知道望远镜的演变历史，以及早期的天体观察仪器是如何促成天文学家对宇宙看法的改变。

尽管威廉·赫歇尔（William Herschel，图 3.1.1）开始职业天文学家生涯时已经 43 岁，但由于他的坚持与超人的精力，他终于成为 18 世纪最重要的天文学家。当时几乎所有的天文学家只满足于观察地球附近太阳系传统的行星，但他独树一炽，决心研究更遥远的天体，并引入了一种新的天文学方法：对多类天体的所有可见例子进行全面的调查。通过集中精力进行新的观测研究，而不是精确测量太阳系内的运动，赫歇尔的研究水平领先于当时的专业人士，他在 20 世纪 80 年代发现了太阳系外恒星宇宙的结构。这是人类试图了解宇宙万里长征中的重要一步。

图 3.1.1　18 世纪著名的英国天文学家威廉·赫歇尔，在裹着温暖的衣服夜观星空

　　为了观察更遥远的恒星，他需要用足够大的望远镜来收集更多的光线，这种望远镜比当时专业制镜师以合理的价格所能提供的还要大。他被迫自己动手磨制反射式望远镜的金属镜面。赫歇尔从当地的镜面制造商那里学习，获得了各种工具和一定的专业技术水平，开始建造自己的望远镜。他一度曾每天花费长达 16 小时研磨和抛光金属反射镜，幸而他可以依靠其他家庭成员的帮助，特别是他兄弟中有一名熟练的机械工匠。他的妹妹卡罗琳（Caroline）也一直是他天文学的助手。赫歇尔一家人在威廉的后院埋头苦干，成功地制造出连奢华的欧洲宫廷都没有的优质望远镜。

　　放大率对望远镜固然重要，但更重要的是它收集光线的能力，这完全取决于镜片的光圈，即主镜的直径。黑夜的星空只有几千颗恒星足够明亮，可以用人类肉眼能看到。一部小型的望远镜，如伽利略使用的，能显示略低于肉眼能见度的恒星，不过无论目镜的放大倍率多高，也不会看到亮度更微弱的恒星。但一部宽孔径的望远镜开辟了天文学家全新的视野，具有更宽孔径的望远镜能捕获和聚焦更多的星光，使更暗、更远、更不可见的恒星成为可见。

　　1781 年，赫歇尔的野心超出当地铸造厂的能力，因此他将熔融的金属铸入自己家中地下室的圆盘，但第一面镜子在冷却时破裂了。经过多次尝试与失败后，他成功的生产了质量超高的望远镜，他的望远镜甚至比格林尼治天文台使用的望远镜更优越。他还制造了自己的目镜，其最强的放大能力为 6450 倍。

　　有了这样强力的望远镜后，赫歇尔在 1781 年便发现了天王星，这是他最重要的天文成就之一。是年，赫歇尔在一次例行的夜空观察中，发现了一颗意想不到的新的星体。它最终被命名为天王星。从史前时代开始，除人类熟识的金、木、水、火、土五大行星以外，这是第一颗以望远镜发现的太阳系行星。威廉·赫歇尔几乎一夜成名。伦敦皇家学会选举他为学会的院士，并授予他科普利奖章（Copley Medal）。1782 年，他从英王乔治三世那里获得每年 200 英镑的薪俸。从此，他放弃音乐，专心投入到天文学中去。不久，乔治三世任命赫歇尔为御用天文学家，并为建造新望远镜提供了赠款。赫歇尔一家搬到了乔治三世的温莎城堡附近的小镇达切特（Datchet），继续天文学的研究和望远镜制造的工作。此时的赫歇尔因制造高质量望远镜而赢得了国际声誉，他先后向英国和欧洲大陆的天文学家出售了六十多套已完成整体的反射天文望远镜。他是第一个详细研究星云的天文学家，提出星云是由恒星组成的，并发展了恒星演化理论。他于 1816 年被封为爵士。

1789 年，18 世纪最著名的天文学家威廉·赫歇尔，在英王乔治三世的资助下，用直径 1.2 米的镜子建造了一台反射式望远镜，如图 3.1.2，使它成为当时世界上有着最宽孔径的望远镜。不幸的是，12 米的长度使得它非常笨拙，往往因为操纵望远镜指向正确的方向，而浪费了宝贵的观测时间。另一个问题就是，反射镜必须用铜来加固，以支持它自己的重量，这意味着它迅速被氧化玷污，破坏了它原本出色的收集光的潜力。赫歇尔在 1815 年放弃了这个怪物，此后在大部分观测中，他都使用了一款更合适，长 6 米、光圈为 0.475 米的望远镜，在灵敏度和实用性之间获得妥协。

赫歇尔的主要天文学研究成果之一是：使用粗略的假设，即所有恒星发出的光量差不多相同，和恒星亮度会随着距离的平方成反比，并利用他的望远镜测量到了数百颗恒星的距离。例如，如果一颗星 A 比另一颗同样亮度的恒星 B 远 3 倍，则 A 的亮度看起来应为 B 的 1 / 9。相反，假如恒星 A 亮度看起来是 B 的 1 / 9，恒星 A 的距离大约是恒星 B 的 3 倍。赫歇尔用夜空中最亮的恒星——天狼星（Sirius），作为参考，以天狼星距离的倍数来定义他测量所有的恒星距离。因此，一颗看来是天狼星亮度 1 / 49 的恒星，距离必须比天狼星远大约 7 倍。

赫歇尔从 683 个不同的方向观察天空，数出他能看到的每一颗星星，并记录它们的亮度。虽然赫歇尔知道所有的恒星亮度极可能都不一样，因此他的方法不会十分准确，但他仍然相信可以根据这些数据和估计的距离，绘制一张近似的三维恒星分布图，如图 3.1.3。

图 3.1.2　英王乔治三世资助赫歇尔建造的直径 1.2 米、长约 12 米（40 英尺）的望远镜，是当时及其后半个多世纪世界上最大的望远镜，它的建造费超过 4000 英镑，1786 年开始建造，1789 年完成，望远镜被架设在赫歇尔的家中。它很快就成为热门旅游景点，人们从欧洲远道而来，欣赏这个新的科学奇观。不过，它必须非常缓慢地旋转才能观察天空的各个部分，赫歇尔和他的妹妹卡罗琳发现这台望远镜很难使用和维护，最终威廉的儿子在 1840 年把它拆除

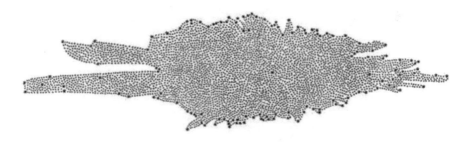

图 3.1.3　赫歇尔的银河系三维恒星分布图，来自赫歇尔 1785 年的论文

　　一般人可能相信恒星应该是均匀地分布在宇宙的不同方向和距离，但赫歇尔的观测数据显示所有的恒星实际上是聚集在一起的，像一个扁平的圆型烧饼。这个巨大的烧饼的直径是地球与天狼星距离的 1000 倍，厚是 100 倍。赫歇尔推算出来的宇宙恒星不是占据一个无限范围的空间，而是组成一个紧密的恒星社区。

这个宇宙模型与夜空最有名的特征完全不相矛盾。如果我们想象太阳系被嵌入在这个恒星烧饼里的某一点，我们会看到很多星星在太阳系的前后左右，但在上方和下方我们会看到少量的星星，因为这是一个薄烧饼，它的厚度只有直径的 10%。

事实上，这个夜空的特征早为古代天文学家们众所周知。在拉丁语中，它被称为"Via Lactea"，意思是"乳白色的路"，因为朦胧的它，像一条乳白色的天路，如图 3.1.4。在汉语中，它被称为"银河"或"天河"，因为它看起来像横跨天上的一条银白色河流。但从天文学家第一代的望远镜可以看出来，银河实际上是由无数很难被肉眼分辨的恒星组成。这些星星聚集在我们太阳系周围的银河（一个扁平的圆烧饼）内，虽然对古代人来说这并不明显。

图 3.1.4　西藏珠穆朗玛峰上看到的银河系，其中的黑暗区域由银河系中的不透光、遮蔽的尘埃组成

　　18 至 19 世纪间，人们相信银河系包含宇宙内所有的恒星，银河系的大小实际上就是宇宙的大小。但在赫歇尔去世时（1822 年），他还是不知道太阳系与天狼星的实际距离有多少公里。因此，当时天文学家并不知道银河系大小的绝对值。

　　这种情况一直维持到 1838 年，直到德国天文学家弗里德里希·威廉·贝塞尔（Friedrich Wilhelm Bessel，1784—1846）成为测量恒星距离的第一人。1810 年，普鲁士国王弗雷德里克·威廉三世（Frederick William III）邀请贝塞尔在科尼格斯伯格（Königsberg）建立一座新的天文台。它拥有欧洲最好的天文仪器。这时，普鲁士（德国的前身）已经成为欧洲光学仪器制造业的领头羊。德国工匠精心制作的镜片，解决了**色差问题**①。

　　贝塞尔在科尼格斯伯格天文台辛勤工作 28 年，经过无数的不眠之夜后，终于完善了他的观察，取得了关键性突破。他准确地测量了大约 5 万颗恒星的位置，并观测到一些近距离恒星相对于其他更遥远恒星的非常微小的运动。其中一颗名为"天鹅座 61"（61 Cygni）的恒星，明显地每年都在一个椭圆轨道中移动。贝塞尔将这一运动解释为地球围绕太阳运动造成的视差（称为恒星视差 stellar parallax，如图 3.1.5）。通过相隔 6 个月的观察，以及简单的三角测量计算，贝塞尔成为第一个准确测量太阳以外的恒星距离的人，现在我们知道"天鹅座 61"与太阳系的距离是 108 万亿公里（11.4 光年）。

　　贝塞尔把我们对宇宙大小的知识第一次建立在健全的量化科学基础上，这是测量天文学史上向前迈出的一大步。

　　通过比较"天鹅座 61"与天狼星的亮度，天文学家可以估计天狼星的距离。把距离的单位转换为光年，赫歇尔估计的银河系是一万光年宽和一千光年厚。事实上，赫歇尔大大地低估了银河系的大小，我们现在知道，银河系的大小是赫歇尔估计的 10 倍，约为十万光年宽、一万光年厚。

---

　　① 由于白光是不同色光的组合，每种颜色的折射率不同，因此难以对焦。

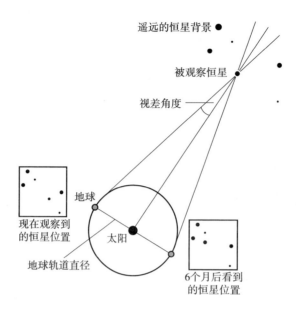

图 3.1.5　1838 年，贝塞尔首次成功测量恒星视差。当相隔 6 个月的观察，地球围绕太阳运行时会看到太阳系附近的恒星（例如"天鹅座 61"）的位置略有不同。由于地球与太阳的距离已知，应用简单的三角计算，可以算出恒星的距离

现代版本的赫歇尔式恒星全面调查，是 2013 年欧洲航天局（ESA）发射的一个空间观测站"盖亚"（Gaia），预计将运行到 2022 年左右。它位于地球 - 太阳**拉格朗日点** 2，从太阳看，这是地球背后的一点，两个天体的引力在这位置刚好被离心力抵消，为天基观测站进行精确观察创造了一个稳定的环境，从这个点向外看银河系，所有的恒星都可以清楚地看到，不会受到太阳光的干扰。

盖亚配备了一个 10 亿像素的相机，自 2013 年 12 月以来一直在测量银河系及其附近星体的位置和速度。盖亚的主要目标是调查我们银河系和银河系附近的约 10 亿颗恒星，以建立最精确的银河系三维恒星图，希望能回答有关银河系的起源和演变等问题。最新（2021 年 2 月）发布的盖亚恒星图，如图 3.1.6，包括 18 亿颗恒星，几乎是最初目标的两倍，约占我们银河系所有恒星总数的 1%。为了做到这一点，它的照相机对光的敏感度比人眼高 40 万倍。

图 3.1.6　由欧洲航天局"盖亚"空间观测站测量的每颗恒星位置和颜色都被用来绘制这幅银河系恒星侧视图，估计银河系可见直径约为 10 万光年、厚 1 万光年。它的中心在本图中央，其中的黑暗区域由银河系中的不透光尘埃组成。假如我们能从银河系平面上往下看银河系，便可以看到它的确是一个扁平的圆型烧饼样子。银河系平面以下的两独立亮点是小麦哲伦云和大麦哲伦云，两个与银河系最接近的星系

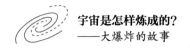
第 2 节　星云是什么？

星云的研究可以追溯到古代，它是漆黑夜空中的模糊光源，明亮的无定形斑块，它像一小缕轻烟，但它和恒星一样，在夜空中有固定的位置。在望远镜发明前，人类以肉眼只能看到少数量的星云，但在天文学家应用望远镜观察夜空后，大量的星云先后被发现。第一个为星云编制详细目录的人，是法国天文学家查尔斯·梅西耶（Charles Messier，1730—1817）。梅西耶本来是一名成功的彗星追踪者，但令梅西耶一直困挠的是，星云很容易与彗星混淆，因为这两类型的天体在漆黑的夜空中，看起来都如一抹微小的白色污迹，非常相似。彗星会在天空中移动，所以它们最终会露出自己的真面目，于是，梅西耶想编制一份星云表，这样他就不必浪费时间盯着一个静态不动的物体，徒劳无功地等待它移动。1764 年他开始从事这项工作，1781 年他出版了一本内含 103 个星云的目录，今天这些物体仍然被天文学家用"梅西耶数字"来命名。例如，蟹状星云是 M1，仙女座星云（Andromeda Nebula）是 M31。

当赫歇尔收到一份梅西耶目录后，他把他的目光转向星云观测，用他的巨型望远镜对天空进行详尽的搜索。赫歇尔的搜索结果远远超出了梅西耶，他总共记录了 2500 个星云，在这个过程中，他开始推测星云的性质。因为它们看起来像云（星云在英语中为 Nebula，源于拉丁语，意思是"云"），他相信星云确实是深空中的气体云团和灰尘。通过他的巨型望远镜，赫歇尔可以辨别一些星云内存在的个别的恒星，所以建议星云是包围着年轻恒星的气体云团和灰尘碎片，这个灰尘碎片可能是在形成行星的过程中。总之，更具体地说，赫歇尔认为，这些星云是恒星在它们生命的早期阶段，像所有其他恒星一样，它们存在于银河系内。

显然，赫歇尔认为，银河系是整个宇宙中唯一的恒星团体。不过18世纪的德国哲学家伊曼纽尔·康德（Immanuel Kant，1724—1804）持相反的观点，他认为，至少有一些星云是独立的星团，类似于银河系的大小，但远远超出了银河系的边界。根据康德的说法，星云看起来像云的原因是因为它们包含数以百万计的恒星，加上它们是如此的遥远，星光混合成雾霭迷蒙的亮光。为了支持他的理论，他指出大多数星云都有一个椭圆形的外观，因为它们有着与银河系相同的圆饼般的结构，这正是我们预期的。虽然银河系看起来像一个圆饼，当从上面看，从侧面看，从不同的角度看时，它会显示为不同的椭圆形。康德称每一个星云为一个"岛屿世界"，他把宇宙描绘成由很多独立的"恒星岛屿"散布在广袤的空间中。

我们的银河系就是这样的一个恒星岛屿。今天，当我们提到任何这样的孤立的恒星系统，泛称为一个星系。

一场天文学大论战于是形成。一边是赫歇尔的支持者，认为星云是被云团和灰尘包围的年轻恒星，它们位于银河系内，而另一边是康德的追随者，坚持它们是远离的独立恒星系统，即星系。解决争论的关键是更好的天文观察证据。

大型的望远镜开始出现在19世纪中叶。威廉·帕森斯，即罗斯伯爵三世（William Parsons，3rd earl of Rosse，1800—1867），是爱尔兰天文学家和他那个时代最大的反射式望远镜的建造者。他出生在英伦的约克郡，父亲去世后他继承爵位，在都柏林三一学院和牛津大学接受教育，于1822年以数学一等荣誉成绩毕业。他娶了一位富裕爱尔兰家族的女继承人为妻，继承了爱尔兰著名的大庄园（Birr Castle），使他能够过着绅士般的科学家生活。他对观察天象有浓厚的兴趣，决心建造世界上最大和最好的望远镜，并孜孜不倦地工作了5年，到处寻找一种适合作为反射镜的合金。

在1822年赫歇尔去世之前，赫歇尔从未以文字记载下铸造和抛光镜面方法的细节。因此，罗斯伯爵只能从很少量的知识开始，经过多年研究探讨，反复进行多次实验后，他才确定约 2/3 铜和 1/3 锡的白色合金是反射镜的理想材料。1828 年，罗斯伯爵发明了一种能以高精度将镜磨成正确的抛物面形状的机器，然后进行抛光。1845 年，经过 3 年的施工，并在花费了相当于 100 万英镑后，他成功地建造了一台 72 英寸的反射望远镜，如图 3.2.1，放置在他的庄园边上的一块低洼地，该反射望远镜由一个直径为 6 英尺的望远镜管组成，底部是巨大的金属反射镜；镜管和镜盒的长度约为 58 英尺（16.5 米）；重约 12 吨，两侧有两座 70 英尺长的石墙。在 19 世纪余下的时间里，到 1917 年在美国加利福尼亚州威尔逊山天文台 2.5 米的望远镜建成之前，它一直是世界上最大的望远镜。今天，这个庄园仍然是爱尔兰著名的旅游景点之一。

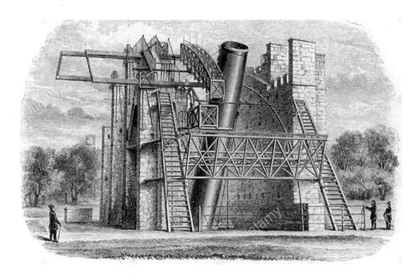

图 3.2.1　1845 年，罗斯伯爵建成的 72 英寸反射望远镜，其光圈为 1.83 米，它是当时世界上最大的望远镜，直到 1917 年在美国加利福尼亚州威尔逊山天文台建造 2.5 米的望远镜之前，它一直自豪地拥有这个称号

爱尔兰多阴雨天气，在难得的晴朗之夜，罗斯伯爵把握机会，对星云进行极其详细的观测。通过他的望远镜，星云不再以松散的斑迹形式出现，开始现出独特的内部结构。第一个被罗斯伯爵详细观察的星云是梅西耶名单中

的 M51，俗称为漩涡星云。在照相技术出现之前，罗斯伯爵留下了惊人详细的手绘漩涡星云草图，如图 3.2.2 所示。他辨别出 M51 有一个螺旋结构。而且他注意到螺旋臂的末端有一个小型的迷你漩涡，所以 M51 有时被形象地称为罗斯伯爵的"问号星云"。罗斯伯爵的素描震撼了整个欧洲，甚至有人猜想它启发了**梵高**的名画"星夜"（成于 1889 年），画中似乎显示一个类似的螺旋星云与伴随的小漩涡。

图 3.2.2　罗斯伯爵手绘的漩涡星云（M51），以及现代美国国家航空航天局拍摄的图像，显示罗斯的望远镜和观察力的精确度

　　这些观察使罗斯伯爵得到了一个明显的结论："这样一个复杂系统，在没有内部运动的条件下能够存在，似乎是高度不可能的。"此外他认为，漩涡内的物质不只是气态云："我们观察到，随着望远镜分辨率的提高，更多的恒星在星云的复杂结构中显现出来。"

越来越清楚的是：至少有一些星云是恒星的群体。但这不一定证明康德的理论：即星云相当于我们的银河系，并且独立存在于我们的银河系外。

关键的问题是距离。如果有人可以用某种方式测量到星云的距离，那么便很容易决定他们是否在银河系内，或远远的在银河系外。但视差（天文距离的最佳测量技术）不能应用于星云。毕竟，即使是靠近我们的恒星的视差角度变化，也微小到几乎不可以测量出来，所以利用视差测量来计算距离遥远的模糊星云，是不可能的。

随着现代科技的进步，天文学家们投入了更多的资金来建造更强力的望远镜，它们位于高海拔的山上，那里有理想的晴朗天气，更适宜于天文观察。天文学家急于通过测量星云的距离，或是通过发现一些其他的重要线索，以暴露星云的真正身份。

第3节 近代巨型望远镜的建造狂魔——黑尔

在 20 世纪初，大西洋的另一边，美国的工商业日益发达，国力蒸蒸日上。新世纪是属于这个年轻的国家，也是属于它的天文学家。接下来的一个望远镜建设大师是百万富豪公子哥，乔治·埃勒里·黑尔（George Ellery Hale，1868—1938），在建造望远镜上，他甚至比罗斯伯爵更疯狂。

黑尔被视为 20 世纪美国天文学界最有效的行政管理人才和企业家，近代巨型望远镜的建造者。他是一位颇有天赋的科学研究工作者，但他真正的天赋是在人事组织和项目管理上。他将资本主义工业家的一套经营方法成功地运用到科学行政管理上，先后建造了三台有史以来最伟大的望远镜，并启动了第四台、位于加州帕洛玛山（Mount Palomar）的 200 英寸望远镜的工程，虽然他没有在有生之年看到它的完成。同时他又是现代太阳天文物理学的开路先锋，发明了研究太阳活动的新仪器和方法。他发明了太阳光谱仪，随后发现太阳黑子磁场，这成就几乎为他赢得了诺贝尔奖。黑尔曾被提名为诺贝尔物理学奖候选人，只因诺贝尔本人不喜欢天文学家，所以不想让天文学家赢得这个奖项，这种偏见直到 20 世纪 70 年代才被更正。

1868 年，黑尔出生在美国芝加哥。1871 年芝加哥的一场大火，烧毁了 18000 栋建筑，包括黑尔家的老房子。此后，这座城市成为建筑师们的乐园，首先是一栋 9 层高的大楼成为世界上第一座摩天大楼。跟着，一栋比一栋高的摩天大楼，犹如雨后春笋般的出现，成为芝加哥和许多其他美国城市的建筑设计新趋势。

黑尔的父亲，威廉，本是一个普通的的推销员，但他眼光尖锐，把握商机，拿到银行贷款，成立了一家以供应芝加哥摩天大楼所必需电梯的公司。

最终，他甚至成为法国巴黎埃菲尔（Eiffel）铁塔的电梯供应商。

黑尔的家庭富裕起来，能负担得起他对科学、显微镜和望远镜的兴趣。黑尔成长为一个极其勤奋好学和早熟的少年。在熟练掌握他父亲提供的仪器后，他在自己后院的"实验室"建造了第一台望远镜。在成年后，黑尔成为一个顶级的望远镜建设师，他将先后4次建造世界上最大的望远镜。

1890年，黑尔毕业于麻省理工学院，获得物理学学士学位，但他发现正式的课程不如研究工作有趣，所以在他大四时便开始在哈佛大学天文台当志愿的研究助理。黑尔在天文物理学上扮演了先锋的角色，这种天文学超越了传统对恒星的识别和描绘星图。他把物理学中对光和运动的了解应用于恒星分析研究，以理解遥远恒星的化学和物理特征。黑尔特别感兴趣的是与我们最接近的恒星——太阳。在此期间，他发明了太阳光谱仪，建立了他的科学声誉。1892年，他被聘为芝加哥大学天体物理学副教授（不久后提升为教授）。

童年的爱好演变为成人后的执着，黑尔的第一个大型项目是从直径40英寸（102厘米）的折射望远镜开始的。

加入芝加哥大学后，黑尔没有承担任何教学或行政职务，他被指派负责规划威斯康星州日内瓦湖沿岸威廉斯湾（Williams Bay，Wisconsin）的新天文台。1895年，他成为组织在威廉斯湾建立耶克斯天文台（Yerkes Observatory）的项目主任，负责向一位因建设芝加哥的高架轨道交通系统而致富的大亨查尔斯·泰森·耶克斯（Charles Tyson Yerkes），筹募新望远镜和天文台的资金。这位富豪早年曾因行骗被定罪，因此黑尔以赞助新天文台将有助他被芝加哥上流社会接受来游说，终于打动耶克斯捐献了50万美元。

自1897年建成后，耶克斯天文台一直是芝加哥大学重要的一部分。望远镜由20吨的机械操控，轻松地指挥它指向天空中的任何方向，并能与地球的自转同步。这样被观察的恒星或星云能长时间固定在望远镜的视野内。从1897年到1908年，它是世界上任何类型中最大的望远镜。

然而，黑尔显然并不满足。是时，他父亲愿意捐赠一个 60 英寸的反射镜镜头，黑尔在 1896 年敦促芝加哥大学为镜头提供安装经费。当他的努力失败时，新成立的卡内基研究所（Carnegie Institution）承诺满足黑尔的要求，使他摆脱了在芝加哥遇到的预算限制。他用从钢铁大王卡内基（Andrew Carnegie，1835—1919）处募捐来的资金，进一步突破望远镜工程科技的上限。

黑尔在南加州的一个牧场和度假小镇度过 1903 年的夏天，从此，这位土生土长的芝加哥人爱上了南加州温暖和充满阳光的天气。他看上了南加州帕萨迪纳（Pasadena）附近海拔高达 1740 米的威尔逊山（Mount Wilson）作为下一个望远镜项目的选址，一方面为了寻找计划中望远镜的最佳地点，另一方面是因为他女儿在威斯康星州恶劣严寒的气候下哮喘病恶化，于是这一年的冬天，黑尔把全家搬到了帕萨迪纳。

黑尔于 1905 年从芝加哥大学辞职，将时间投入到他在前一年创立的威尔逊山太阳观测站。到 1908 年，世界上最大的威尔逊山 60 英寸望远镜投入使用。

1908 年 12 月 13 日的晚上，黑尔第一次通过威尔逊山天文台的 60 英寸（152 厘米）反射望远镜凝视着天空。在它建成的时候，它是地球上最大的玻璃透镜望远镜。制造这 1900 磅重的透镜是当时重要的技术突破，它为大型精密控制反射望远镜树立了新的标准。

但在这 60 英寸的反射望远镜在威尔逊山开始运作前，黑尔就已经把目光投向了更大的 100 英寸（254 厘米）的反射望远镜。这一次，黑尔得到洛杉矶当地的慈善家大亨约翰·胡克（John Hooker）的支持。

不幸的是，黑尔对完美的渴望和追求，加上管理重大项目的责任和压力，使他承受不了身体和精神上的负荷，头痛、失眠、被噩梦惊醒等精神崩溃和忧郁症状，不断地困扰着他。他住进疗养院调养了好几个月。终其一生，黑尔断断续续的被他幻想中的"恶魔"困扰。

由于生产反射镜技术的瓶颈，以及第一次世界大战的严峻挑战，100英寸的胡克望远镜延至1917年才能完成。在11月1日晚，黑尔是第一个用该望远镜注视天空的幸运儿，但他震惊地看到与木星重叠的六个行星鬼影。一些人立即把这光学缺陷的责任归咎于反射镜玻璃可能存在的小气泡上，但头脑冷静的黑尔想到了另一种可能的理由：工人们完成安装后离开，没有把天文台的圆顶关上，以至被南加州阳光加热的镜片有可能出现轻微的扭曲变形，因此，天文学家们一直等到深夜，希望寒夜冷却能解决这个问题。果然不出所料，凌晨3点，黑尔看到的星云比以前任何其他的望远镜更清晰。胡克望远镜是如此的敏感，它可以观察到在15000公里距离之外的蜡烛。这是黑尔第三次建造了世界上最大的望远镜。

不过，黑尔仍然不满足。在天文学家奉为圭臬的"更多光"原则指导下，他开始计划下一个更大的200英寸（5米）的望远镜。到1928年，该项目获得600万美元的拨款，用于建造一台位于加利福尼亚州圣迭戈（San Diego）北部帕洛玛山顶上200英寸的望远镜。经过经济大萧条和二次世界大战的困难日子，20多年后终于在1949年，这座巨无霸望远镜才为科学家所使用。

黑尔没能看到他的200英寸望远镜项目完成。然而，他见证了他的40英寸、60英寸和100英寸望远镜对天文学的贡献，它们进一步揭露了宇宙中更多数量的星云和它们的丰富内涵。

不过，在20世纪20年代初，这些星云的确切位置仍然是一个谜，它们到底是我们银河系中的一成员，还是遥远的星系呢？

第4节 夜空中的魔眼——变星

要揭晓星云确切位置之谜，一方面有待巨大望远镜的投入使用，另一方面和夜空中的一种奇异现象有关。

纳撒尼尔·皮戈特（Nathaniel Pigott，1725—1804）来自一个富裕的英国约克郡（York）家庭，是一位典型的绅士天文学家。他有着良好的社会关系，是著名天文学家威廉·赫歇尔的密友，所以他能购买到一些最好的科学仪器和望远镜。皮戈特仔细观察了两次日食和1769年的金星凌日。他建立了在18世纪晚期英格兰的三个有名的天文观测站之一。他的儿子爱德华·皮戈特（Edward Pigott，1753—1825）从小在望远镜和天文仪器中长大，养成了对夜空的迷恋，成年后，他的天文专业知识和热情超过他的父亲。

二十多岁时，爱德华·皮戈特与失聪少年约翰·古德里克（John Goodricke，1764—1786）相逢，结为莫逆之交。古德里克是一个对科学有强烈兴趣的聋哑人，在成长期间，他受教育于英国的第一家聋哑学校，14岁后，他才能够与听力正常的同学一起学习。他的老师形容他是一个非常优秀的数学家材料。毕业后他回到约克郡的家，在爱德华·皮戈特的指导下，他继续他的学习与科学研究，皮戈特指导他关于天文学的知识，特别是"变星"的重要性。

爱德华·皮戈特的主要兴趣是变星（variable stars）。天文学家长期观测星空，发现有一些恒星的亮度会在一段时期内发生变化，它们或变亮，或变暗，有的有规律可循，有的却变幻莫测，有的在突然爆发后逐渐淡出，回复到从前的昏暗。这些现象，在中国古代史籍中也有不少记载，它们被通称为"客星"或变星。变星在天文学中占有重要地位，因为它们直接与西方古代认

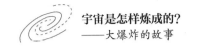

为"恒星是不可变"的观点相矛盾,为黑夜的苍穹增添不少神秘感。

古德里克被爱德华·皮戈特培养成为一位具有非凡能力的天文学家。他无与伦比的视觉敏锐,能精确的分辨和评估变星亮度每夜的变化。这是一种惊人的能力,因为他要考虑到每天大气条件的变化和不同月亮光照的影响,才能获得足够精准的判断。为了帮助他测量可变恒星的亮度,古德里克比较它与周围非变星的亮度。爱德华·皮戈特和古德里克的第一个研究对象是大陵五(Algol 英仙座内第二颗最亮的恒星)。大陵五的英语名为 Algol,意思是"恶魔之星",它的亮度会忽明忽暗,活像一颗神秘莫测的魔眼。早在1672 年它被意大利天文学家蒙大拿里(Geminiano Montanari)发现。古德里克的观察从 1782 年 11 月到 1783 年 5 月,他仔细绘制了大陵五亮度与时间的关系图,显示大陵五亮度的变化是对称和具有周期性的,其周期为 68 小时50 分钟,如图 3.4.1。

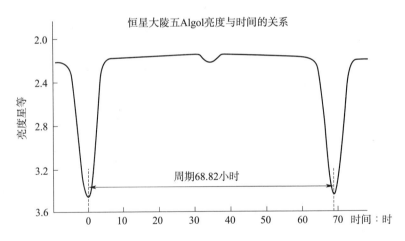

图 3.4.1 古德里克在 1783 年绘制的大陵五亮度与时间的关系图,显示大陵五亮度的变化是对称和具有周期性的,其周期为 68.82 小时(2.867 天)

古德里克的头脑和他的视力一样锋利。他推断,这不是一颗孤独的恒星,而是一个双星系统,一对恒星彼此互相吸引旋转运动,现在我们知道这是一种相当常见的恒星系统。他提出假说:双星系统中一颗恒星比另一颗暗(甚至是看不见的伴星),整体亮度的变化是恒星在他们相互旋转的轨道上,昏暗恒星周期性地阻挡了明亮恒星的结果。亮度的变异性是一种"双星食"效应。古德里克发表于《皇家学会哲学学报》的报告中还提到其他的可能性：如恒星表面黑斑的变化。

这些假说可能起源于爱德华·皮戈特，因为他是更有经验的观察者和理论家。不过，正式报告是古德里克写的，因此 1783 年 8 月，当时只有 18 岁的古德里克被授予皇家学会的科普利奖章（Copley Medal）。这个荣誉三年前为著名天文学家威廉·赫歇尔赢得，日后爱因斯坦也因为他的相对论工作而获得此奖。

一个世纪后，1889 年，古德里克的"双星食"假设被光谱分析证实。较亮的恒星（Algol A）的直径大约是太阳的 3 倍，较暗的伴星（Algol B）大约比太阳大 20%。这两颗星以 68.8 小时的周期互相旋转，星食导致亮度星等从 2.2 下降到 3.5（如上图 3.4.1）。"双星食"现象是天文学史上的一个重大发现，虽然它并没有在星云确切位置的大论战中发挥作用，不过，古德里克和爱德华·皮戈特在 1784 年的另一组观察将最终解决这一场大辩论。

同年的 9 月 10 日晚，爱德华·皮戈特观察到天鹰座 η（Eta Aquilae）的恒星亮度变化。一个月后，10 月 10 日，古德里克发现仙王座 δ（Delta Cephei）也有亮度变异性。这是从来没有人注意到的。

古德里克绘制了这两颗恒星的亮度变化与时间关系的图表，显示天鹰座 η 的变异周期为 7 天，而仙王座 δ 的只是 5 天，如图 3.4.2，与大陵五相比，两者都有一个明显的较长的变异周期。

最引人注目的特征是恒星亮度变化缺乏对称性。仙王座 δ 从谷底加速达到亮度峰值只仅仅要一天，然后逐渐淡出到最低亮度的过程需要 4 日。天鹰座 η 表现出类似的锯齿模式。这种模式无法以任何形式的双星食效果解释，因此这两位年轻人假设：是这两颗恒星固有的内部性质，导致亮度的变化。他们认定仙王座 δ 和天鹰座 η 属于一类新的变星，我们现在称之为"仙王座类变星"，简称为仙王变星。

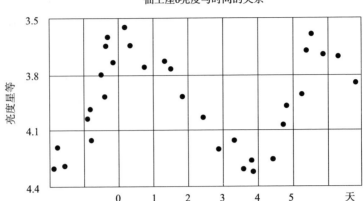

图 3.4.2　古德里克在 1784 年绘制的仙王座 δ 不对称的亮度变化。亮度从谷底快速增加，然后从峰值缓慢减弱。其周期为 5 天 8 小时 48 分（5.3661 天）

今天，我们知道一颗仙王变星内发生了什么，是什么原因导致其不对称的亮导变异性，以及是什么使它不同于其他恒星。

大多数的恒星，如太阳，是处于稳定平衡状态下的。基本上，每一颗恒星在本身的巨大质量的重力作用下都会往内坍塌，在自身的重力下向内收缩，但这强烈的压力常常被来自恒星内部核聚变反应产生的热膨胀抵消。它有点像一个气球的平衡，外面的橡胶皮想向内收缩，而内部的空气压力要往外推。如果把气球放在冰箱里过夜，气球中的空气冷却，里面的气压减小，气球收缩到一个新的平衡状态。

然而，仙王变星并不是在恒稳的平衡中，而是在波动。当恒星温度相对低时，它无法反抗引力引起的坍塌，导致恒星收缩，压缩恒星核心中的核反应燃料，引起中心温度上升，产生更多的核聚变，释放更多能量，从而再加热恒星，迫使它膨胀。在星体扩展期间和之后，能量向外逃逸，以致恒星冷却和再度收缩，这个过程不断重复。关键是，收缩期间恒星的外层被压缩，导致它在这阶段变得更加不透明和变暗。

虽然古德里克不知道仙王座变星的亮度变异背后的物理现象，但这种新类型变星的发现本身就是一项伟大的成就。21 岁的他被授予了新的荣誉：英国皇家学会的院士。然而不幸的是，天妒英才，在被授予院士的 14 天后，这位才华横溢的年轻天文学家便因在漫长的寒夜工作，得肺炎而去世。

他的好友、导师、痛失千里马的伯乐哀叹："这位年轻的天才去世，不仅是许多朋友的，也是天文学的重大损失。"在短短数年的职业生涯中，古德里克完成了一位杰出天文学家对天文学的伟大贡献。他无意中发现的仙王座变星将成为解决天文学星云大辩论的关键，把人类对宇宙的认识往前推进一大步。

第5节 天文学的摄影革命——哈佛天文台的妇女团队

一个问题长期困扰着变星的研究：观察者的主观性。事实上，长久以来在整个天文学中，这个问题是挥之不去的。假如观察者看到天空中的某现象或东西，他会不可避免地带着一定程度的主观偏见来描述它和解释它，特别是如果这种事物是转瞬即逝，因为事件的文字描述或草图记录，完全依赖于观察者的记忆，这样实在难以保证观测的客观性和准确性。

幸而，一项近代科技的发明解决了这个问题。法国人路易斯·达盖尔（Louis Daguerre，1787—1851）在1839年，公开了他发明的在金属板上以化学方法摄取影像的过程。这种原始的照相术，马上引起了全世界的广泛关注。时任英国皇家天文学会主席，约翰·赫歇尔（John Herschel，1792—1871，威廉·赫歇尔的儿子）是第一批采用这种新技术的人之一。在达盖尔宣布这一消息的数周内，他便能够成功复制这个过程，并在玻璃上拍摄了第一张照片，照片展示了他父亲所建的世界最大望远镜在拆除前不久的真面目。此后，他继续为改进摄影过程作出了巨大贡献。

摄影为天文学家提供了他们一直在追求的客观性。约翰·赫歇尔只是众多应用新摄影技术以捕捉亮度微弱的天体的天文学家之一。

现在天文学者普遍认为，照片是准确和客观记录观测结果的最好方法，但更重要的是它能检测以前不可见的天体。如果望远镜指向一个非常遥远的星体，那么到达人眼的光，即使用具有宽孔径的望远镜，也可能因为光线太微弱而至不被感知。不过，如果眼睛被一块摄影板取代，它可以在星光下曝光几分钟甚至数小时，捕捉越来越多的光。因为虽然人眼的结构能感光，但它要在一定的时间内处理所得的图像讯息，然后再从头开始，而摄影板可以积累光能，随着曝光时间的增加，建立一张越来越清晰的图像。

总之，人的眼睛灵敏度有限，具有宽孔径的望远镜可以提高人眼的灵敏度。不过，相同的望远镜加上摄影板会更加敏感。例如，昴星团（Pleiades，常被称为七姊妹星团）包含肉眼可见的 7 颗星，但伽利略用望远镜可以看到它附近的 47 颗恒星。在 19 世纪 80 年代末，法国天文摄影先驱，保罗和普罗斯珀·亨利兄弟（Paul，1848—1905，Prosper Henry，1849—1903）用长时间把照片曝光，发现这一部分的天空合计有 2326 颗星。

天文学的摄影革命中心是哈佛大学天文台，这部分归功于其第一任台长威廉·邦德（William Cranch Bond，1789—1859）。早在 1850 年，他用达盖尔的方法拍取第一个幅织女星（Vega）的照片。此外，业余天文学家亨利·德雷珀（Henry Draper，1837—1882）在 1880 年第一个拍摄到猎户星云（Orion，M42），他的父亲约翰·德雷珀（John Draper）在 1840 年拍取了月球的第一张照片，他把个人财富遗赠给哈佛，以支持哈佛拍摄所有可观察到的恒星和编辑目录。

1877 年，爱德华·皮克林（Edward Pickering，1846—1919）继任成为哈佛天文台台长，开始一项野心勃勃的天体摄影计划。他要在十年内完成摄影 50 万张天体照片底板。皮克林最大的挑战是：如何建立一个工业规模的系统来分析这些照片。每张底片板块有数百颗恒星的影像，每个光源点都需要评估其亮度并测量其位置。皮克林招募了一队年轻人来负责做这些繁重的计算工作。

然而，他很快就失望了，因为这一全男性的团队工作懒散，缺乏敬业精神，不注意细节。终于有一天，他忍无可忍脱口而出说，他的苏格兰女佣可以做得更好。为了证明他的观点，他把这些男性年轻人都解雇了，雇来了一群妇女来干这些活，取代以前的团队，并由他的女管家来负责领导。威廉娜·弗莱明（Williamina Fleming）在移民美国之前在苏格兰当过老师。在美国，她被丈夫遗弃，迫使她接受一份女管家的工作。现在她领导皮克林的

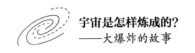

"妇女团队",如图 3.5.1,她们的工作是比较一块摄影板与另一块之间的恒星位置和亮度,仔细地研究和处理从世界上最大的天文图像库提取出来的数据。她们大约在 1875 年开始工作。

图 3.5.1　哈佛大学天文台台长皮克林(左)和他的分析天文图像的"妇女团队"

皮克林的招聘政策超越他的时代,备受当时社会精英的尊重。但在某种程度意义上,他有十分实际的动机。妇女一般比她们取代的男性会更努力地工作和一丝不苟,她们愿意接受每小时 0.25 美元至 0.30 美元的工资,而男性的工资要求高达 0.50 美元。此外,妇女能满足在处理数据和计算的工作岗位上,不会主动争取晋升的机会,成为天文学家的一员。部分的原因是望远镜和仪器都位于寒冷幽暗的天文台,一般认为这是不适合女性的工作环境。何况在那个时代,在浪漫的星空下,男女一起工作到深夜,是敏感的事情。但至少皮克林使这些妇女可以分析夜间观测的摄影结果,为天文学作出贡献。

虽然皮克林的妇女团队本来只应该专注于从照片中收集数据的繁琐差事,以便男性天文学家能够从容的进行科学探索研究。但日复一日的盯着摄影板中的影像,使她们对测量的恒星物体了如指掌,不久她们居然也通过独立思考分析得出自己的科学结论。

团队中有名的一员，安妮坎农（Annie J. Cannon，1863—1941）从 1911 年至 1915 之间的每月，编辑约有 5000 颗恒星的目录，计算它们的位置、亮度和每一颗恒星光的颜色。坎农小时候得过猩红热，病好后她几乎完全聋了，但就像发现仙王座变星的先驱约翰·古德里克一样，上天似乎特别对她有所补偿，听力的损失转化为敏锐的视力，从而让她看到别人错过的细节。坎农总结了她的实践经验，作出了一个对恒星分类系统的重要贡献。她将恒星分成七类（O、B、A、F、G、K、M），该分类法一直沿用至今。1925 年，坎农成为第一位获得牛津大学的荣誉博士学位的女性，以表彰这一有见地和艰苦的工作成果。1931 年，她被选为十二位最伟大的美国妇女之一，并在同年成为第一位获得美国国家科学院享有盛名的德雷珀金奖章（Draper Gold Medal）的女性。

无独有偶，皮克林团队中最有名的成员亨利埃塔·利维特（Henrietta Leavitt，1868—1921，图 3.5.2）也是个聋子，1868 年生于美国马萨诸塞州。利维特在摄影板上发现的变星特性，使天文学家可以测量星云的距离，解决星云确切位置的大论战，她的发现深深地影响了宇宙学以后几十年的发展。

图 3.5.2　利维特从哈佛大学天文台的无偿志愿者开始，最终取得了 20 世纪天文学中最重要的突破之一

1892 年，利维特毕业于哈佛大学拉德克利夫学院（Radcliffe College）后，不幸染上脑膜炎，两年后她才康复。但这个疾病导致她的听力受到严重

损失。此后她以一名志愿者的身份在哈佛大学天文台工作，随后在1907年被聘为正式雇员。她的任务是负责编辑变星目录，通过比较摄影玻璃板上的恒星影像的亮度寻找变星。摄影技术大大地方便了变星的研究，因为不同夜晚得到的两块摄影玻璃板可以互相覆盖和直接比较，使研究工作者更容易发现亮度的任何变化。利维特充分利用这种新技术，发现超过2400颗变星，约为在她那时代已知总数的一半。

利维特对仙王变星特别情有独钟。经过几个月的测量和编辑目录工作后，她想进一步寻求获得更多的理解和洞察力，究竟是什么因素决定它们变化波动的节奏。为了解开谜团，很自然的，她的关注集中在仙王变星唯一的两个信息：变化的周期和亮度。在理想情况下，她希望能看到周期和亮度之间是否有任何关系，也许更亮的恒星可能有更长的变化期。不幸的是，任何恒星亮度数据几乎不可能从它的影像获得。因为一颗看似明亮的变星，有可能实际上是在太阳系附近一颗昏暗的星，而一颗看似昏暗的变星可能实际上是一颗相当遥远但实际上很亮的恒星。

天文学家早就知道，他们只能观察到恒星的外观亮度，而不是它的实际亮度。情况似乎是绝望的，大多数天文学家会选择放弃。但利维特的耐心和坚持，导致她想出一个绝妙的主意，取得了她的突破点。她将注意力聚焦在被称为小麦哲伦云（Small Magellanic Cloud）的恒星团中，这是16世纪航海探险家费迪南·麦哲伦（Ferdinand Magellan）航行在南半球的海洋时发现的。

小麦哲伦云只有在南半球可以观察到，幸运的是，利维特可以依靠哈佛天文台在秘鲁的观察站拍摄的照片。利维特识别了25颗在小麦哲伦云中的仙王变星中。她虽然不知道从地球到小麦哲伦云的距离，但她有理由相信这是相当遥远的，换句话说，所有这25颗变星差不多与地球同一距离。突然间，利维特完全有了她所需要的数据。如果小麦哲伦云中的变星都与地球有大致相同的距离，那么，如果其中一颗变星比另一颗更明亮，是因为它本质上更亮，不单是看起来更亮。

　　小麦哲伦云中的恒星大致与地球等距是非常合理的一个假设。利维特的思路类似于一个观察者看到一群 25 只鸟在天空中飞翔，便假设鸟之间的距离与观察者之间的距离相比较小。因此，如果一只鸟似乎比其他鸟小，那么它很可能是真的比较小。然而，如果你看到 25 只鸟散布在整个天空，有一只似乎比其他的小，那么你便不能确定那只鸟是真的更小，还是它在更远之处。

　　基于上述的假设，利维特现在可以探索变星亮度与周期的关系。用小麦哲伦云中的 25 颗变星的数据，利维特绘制了一幅亮度与周期变化关系的图形。其结果是一个简单的规律：较长波动周期的变星是通常更亮的。而更重要的是，数据点以很小的偏差，跟随着平滑的曲线而变化。

　　图 3.5.3 是利维特对小麦哲伦云变星的观测结果，显示亮度（纵轴）与周期（横轴）间的关系。为了更清楚地揭示亮度和周期之间的关系，周期以天的对数为单位，每数据点表示一颗变星。图中有两直条线，上一条代表最高亮度，下一条代表最低亮度。

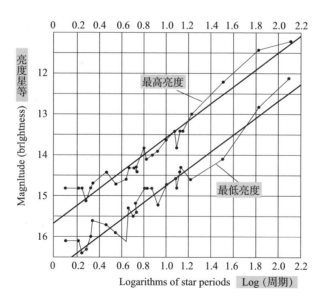

图 3.5.3　利维特对小麦哲伦云中仙王变星的观测结果：显示亮度（垂直轴）与周期的关系，周期以天的对数（水平轴）为单位测量，每点表示一颗仙王变星。图中有两条线：一条表示每颗变星的最高亮度，另一条表示其最低亮度

1912 年，利维特宣布她的结论。她发现了仙王变星的真正亮度及其亮度变化周期之间的数学关系：仙王变星的亮度越强，它的周期会越长。这规则可以适用于宇宙中任何仙王变星，这是一个影响深远的惊人结果。用美国可变星观察家协会（American Association of Variable Star Observers，AAVSO）的利维特传记中的话来说，她成了"发现如何测量宇宙大小的人"。

然而，利维特的工作当时很少得到赞扬。据 AAVSO 报道说，皮克林用他自己的名字发表了利维特所发现的定律，仅提到利维特是数据工作者。几年后，新的哈佛天文台台长哈洛·沙普利（Harlow Shapley，1885—1972）利用利维特的成果来计算银河系的距离，也没有给利维特带来多少荣誉。

1924 年，瑞典科学院的格斯塔·米塔格 - 勒夫勒教授（Gösta Mittag-Leffler）准备提名利维特为诺贝尔奖的候选人。然而，他震惊地发现，三年前，即 1921 年 12 月利维特因癌症去世，享年 53 岁。利维特不是一位高调的天文学家，她不会周游世界参与研讨会，她是一位低调的研究人员，闷声不响地勤奋工作和研究，所以她的去世几乎被人忽视。她不仅没有活到获得应有的认可，也没有机会目睹她的成果对星云本质大辩论的决定性贡献。

利维特定律的威力是：天文学家可以比较天空中的任何两颗仙王变星的亮度，从而找出它们的相对距离。例如，如果在天空的不同位置找到两颗仙王变星，它们的亮度变化周期一样，那么我们知道它们有同样的真实亮度，假如一颗变星看起来似乎是比另一颗微弱，那么它必然离地球更远。事实上如果一颗变星是另一颗亮度的 1/9，那么它的距离必须正好是另一颗距离的 3 倍，因为亮度与距离的平方成反比。

利维特去世后，她发现的仙王变星周期 - 亮度关系，很快使天文学家对宇宙的新认识。除了沙普利的工作外，另一位美国天文学家埃德温·哈勃（Edwin Hubble）利用利维特的成果来帮助他确定仙女座星系（Andromeda Galaxy，更正式地被称为 M31）与地球的距离。

随着天文摄影技术的不断改进，仙王变星周期—亮度的关系越来越精确。如图 3.5.4，使用美国国家航空航天局的最新数据绘制与地球比较近的仙王变星（银河系和大麦哲伦云）亮度与周期的关系。它们之间存在着一种明显而简单的关系。这关系一直被用来确定恒星与地球的距离，因此仙王变星被称为"标准烛光"，我们用它来确定宇宙的膨胀等现象。当然，这些星并不完全是百分之百的遵循这种关系。有些比预期的要亮一些，而有些则要暗一些。这意味着当我们在一个遥远的星系中观测到一个仙王变星时，该星系的距离会有一点不确定性。

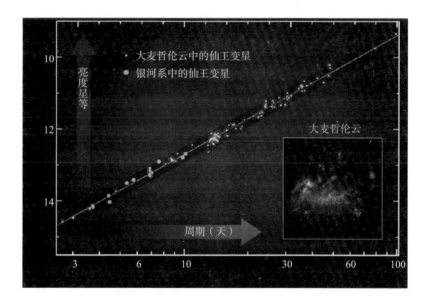

图 3.5.4　以美国国家航空航天局的最新数据绘制，地球附近（包括银河系和大麦哲伦云）的仙王变星亮度星等（纵轴）与周期（横轴）的关系，它们之间存在着一种明显而简单的关系。这种关系一直被用来确定恒星与地球的距离，因此仙王变星被称为"标准烛光"

【来源：NASA，https://www.spitzer.caltech.edu/image/ssc2012-13a-cepheids-as-cosmology-tools】

幸好北极星是离我们最近的一颗仙王变星，它的亮度变化不是很大，少于 20%，周期约 4 天。所以知道它的距离可以帮助我们把仙王变星用来作为一个可靠的标准烛光。使用视差和其他方法产生不同的结果，估计的距离从 320 光年到 800 光年不等。最好的结果倾向于聚集在 430 光年左右，但有一

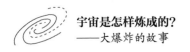

些不确定性。

最近（2018 年），天文学家们利用欧洲航天局（ESA）盖亚空间观测站的数据，精确地确定北极星距离地球 447.08 光年。这使仙王变星周期 – 亮度的关系更精确。盖亚空间观测站的任务是观测超过 10 亿颗恒星，以记录它们的亮度、位置和速度。

第 6 节 巨人天文学家——哈勃

埃德温·鲍威尔·哈勃（Edwin Powell Hubble）可以说是 20 世纪著名天文学家中的巨人。这位充分把利维特定律发扬光大的天文学家，1889 年出生在美国密苏里州。8 岁生日时，祖父马丁·哈勃送他一部天文望远镜，启发他对天文学的兴趣。祖父还说服他的父母让哈勃熬夜至深宵，以便观看漆黑而密布无数恒星亮点的天空。他对天文变得越来越着迷，在高中时代便写了一篇关于火星的文章，发表在当地的报纸上。他的老师目睹哈勃对天文学的热情不断升温，曾预言："埃德温·哈勃将是他这一代最有成就的人之一。"可能每个老师对他们最喜欢的学生都会说大致相同的话，但对哈勃来说，他真正实现了老师的预言。

哈勃本来计划进芝加哥大学天文系，但强势而顽固的父亲迫他读法律学位，因为这样会保证哈勃日后稳定的收入。父亲年轻时曾历尽艰苦，方可养家糊口，中年后成为保险推销员，赚取优厚的报酬，才获得经济保障，使他们一家人过着令人羡慕的中产阶级生活。

为了安抚父亲，哈勃正式学习法律，解决了和父亲的冲突，但为了保持他成为天文学家的梦想，他也努力完成足够的物理课程。当时芝加哥物理系由 1907 年赢得了美国第一个诺贝尔物理学奖的米歇尔森（Albert Michelson）领导。这所大学也是即将成为美国第二位诺贝尔物理学奖得主罗伯特·米利坎（Robert Millikan）藏龙之地。当哈勃还是个本科生时，他便兼职米利坎的实验室助理，这是一个短暂但很关键的关系，因为米利坎帮助哈勃拿到去牛津大学深造的罗兹奖学金（Rhodes scholarship），为他的下一个目标迈进提供了保障。

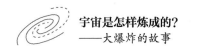

罗兹奖学金设立于 1903 年，由英国维多利亚帝国功臣塞西尔·罗兹（Cecil Rhodes）捐赠成立，授予那些杰出的、可能成为美国总统、最高法院大法官或美国驻英国大使等的年轻美国精英。米利坎为哈勃写了一封高度赞扬的推荐信："哈勃是一个体格宏伟，性格可爱，令人钦佩的学者……很难找到一个比哈勃先生更有资格，满足罗兹奖学金条件的人选。"

1910 年夏天，哈勃从芝加哥大学毕业，9 月离开美国，踏上征途，他唯一的失望是，因为父亲的压力，他在牛津的主修科目仍然是法律。

在牛津大学的两年里，哈勃转变成了一个彻头彻尾的英国绅士，从衣着服装到口音，一切与英伦的时尚看齐。但很不幸，1913 年 1 月，他的父亲病重逝世。哈勃在英国的逗留也就骤然结束，他带着他的牛津斗篷和英国口音回到了家。父亲去世前投资失败，家庭经济陷入困境，他被迫负起支持母亲和四个兄弟姐妹生计的重担。哈勃先找到一份高中教师工作，其后，得到一些兼职的法律工作，他的法律执业资格，果然足以使家庭的财政回到一个安稳的水平。

对家庭尽了他的责任后，刚刚从霸道父亲的桎梏中解放出来的哈勃，突然发现他现在可以自由地追寻他童年的梦想——成为一个天文学家了。他决意："我宁愿当一个二流天文学家，也不愿做一个一流的律师。"我们无从得知，哈勃是不是一个一流的律师，但我们现在知道他确实是一个超一流的天文学家。

哈勃需要弥补他在法律上浪费的时光，开始向专业天文学家的道路出发。凭着他和芝加哥大学的特殊关系，他获得了芝加哥大学耶尔克斯天文台（Yerkes Observatory）的研究生职位。芝加哥大学耶尔克斯天文台拥有近代巨型望远镜的建造者乔治·黑尔所建的第一台大型望远镜，虽然该望远镜在当时已经不是天文学界最先进的望远镜，但依然是一台创新的 24 英寸（61 厘米）现代反射望远镜。哈勃如鱼得水，接着完成了他的博士论文《星云摄影概论》，为他日后的工作，奠定了基础。

　　巧合的是，正当哈勃完成他的研究生学业之时，加州威尔逊山天文台的主任黑尔正在招兵买马，寻找年轻的研究人员。黑尔早已知道哈勃的潜力，热衷于延揽他成为威尔逊山天文台的一员。威尔逊山的 100 英寸（254 厘米）胡克望远镜接近完成，那里正是哈勃理想的去处。两人一拍即合，哈勃欣然接受了黑尔的聘书，但在他上任之前，美国于 1917 年 4 月 6 日向德国宣战，加入第一世界大战。作为一个"哈英族"，哈勃觉得责无旁贷，要保卫英国。不过他到达欧洲时为时已晚，不能参与战斗，只能成为占领军的一员。

　　在德国逗留了 4 个月后，1919 年秋天，哈勃最终到达威尔逊山天文台，展开他的天文生涯。虽然他还是一个经验较浅的初级天文学家，但很快就成为威尔逊山上的一个突出人物，如图 3.6.1。

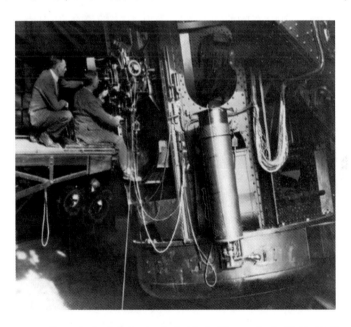

图 3.6.1　1924 年，哈勃（左）在威尔逊山的 100 英寸望远镜前工作，不久之后，他证明了遥远的星系的存在

他的一个助手，生动地描绘哈勃站在 100 英寸望远镜旁的风采：

　　苍苍暮色，从圆顶的开口照在望远镜上，衬托出他含着烟斗、高大而帅气的轮廓。飒飒山风鞭策着他裹上的军用风衣，偶尔从他的烟斗冒出的火花，冉冉上升，进入望远镜圆顶的黑暗中。那天晚上的"能观度"算是威尔逊山上极差的级别，但当哈勃从山上回来，在暗房冲印他的摄影板后，他却是欢欣鼓舞的说：如果这是一个很差的"能观度"样本，我将一定能从威尔逊山得到可用的照片。他展示的自信和热情，是他处理所有问题的典型方式。他总是信心十足的。

谈到星云是否在银河系内的大辩论，哈勃的意见偏向星云是独立的星系。在威尔逊山上持这个观点是有点尴尬的，因为大部分的本地专家认为：银河系是唯一的星系，星云位于银河系内。

哈勃逐渐获得较多的望远镜使用时间，他决定把精力放在螺旋状星云的观察上，这是他博士论文的研究对象。100英寸的威尔逊山望远镜是世界上最强力的，使他可以摄取最好的星云照片。哈勃试图寻找螺旋星云中的新星或变星。如果有足够的数量，他可以从它们的平均外观亮度，估计它们的距离，为未来的重大突破铺路。

每次望远镜值班之前，他要沿着陡峭蜿蜒的山路，登上1740米的威尔逊山主峰。他会留在山上好几天，过着修道院中苦行僧般的生活，放弃与外面世界的接触。这很易给世人一种错误的浪漫印象，以为天文学家老是盯着天空，沉醉在冥想和静思中。但在现实中，天文观察是一项艰苦的工作。它要求观察者在夜间持续好几个小时的专注，随着睡眠被剥夺的感觉越来越强烈，集中注意力的难度也跟着增加。更糟的是，威尔逊山巅的温度入夜后往往可以下降到冰点。这意味着，有需要的话，观察者必须用麻木的手指，忍着疼痛来微调望远镜的方向。另一些时候，观察者的睫毛可能会因为泪水结冰，粘在目镜上。

天文台的日志本上提供了一些醒目的警告："当你累了，寒冷和困倦的时候，在任何意图移动望远镜或圆顶之前，要先停下来思考。"在这个行业中，最有纪律和意志坚忍的观察者才能成功。也只有意志最坚强的天文学家才能够抑制自己身体的颤抖，避免摄影设备的随之振动，才能一窥宇宙的卢山真面目。

在威尔逊山的第四年，1923 年 10 月 4 日晚，哈勃坐在 100 英寸的望远镜下，例行值班观察天象。那天晚上的"能观度"被评为 1，是很差的条件，这是在天气太坏，圆顶关闭之前的最低读数。不过，他依然设法争取得到 M31（仙女座星云，如图 3.6.2）40 分钟曝光的照片。第二天影片冲洗后，在仙女座星云螺旋臂上中，他发现了一个新的斑点在闪烁着，凭经验推断，这个斑点如果不是摄影故障便是一颗**新星**（nova）。第二天晚上的天气要好得多，哈勃重复曝光操作，把曝光时间增加了 5 分钟，希望新星会得到确认。斑点果然在同样位置再度次出现，这一次，他还发现另外两颗可能的新星。他在每颗可能的新星旁边都标志上"N"（即新星 Nova）的记号。在他望远镜上的时段结束后，他马上下山回到办公室和天文台的图书馆。

图 3.6.2　2000 年在拉帕尔马天文台（La Palma Observatory）拍摄的仙女座星系（M31）照片，它距离地球 2.48 百万光年，比银河系更大，由数千亿颗恒星组成，是我们用肉眼能看到的最遥远的天体，它的宽看起来像与满月差不多

哈勃急于比较他刚拍到的仙女座星云摄影板与以前的有何异同，确认他发现的新星是否属实。威尔逊山天文台所有的摄影板记录都储存在一个抗地震的仓库内，每个图像都仔细编目和归档，所以要找到他需要的摄影板不是难事。好消息是：其中两个斑点确实是新星。更好的消息是，第三颗不是新星，而是一颗仙王变星。第三颗星出现在一些早期的板上，但不在另一些上，这显示了它的变异性。他划掉了"N"，小心翼翼地写上"VAR!"。这一张仙女座星云的摄影底片注定成为天文学史上最重要的文献之一。如图3.6.3。

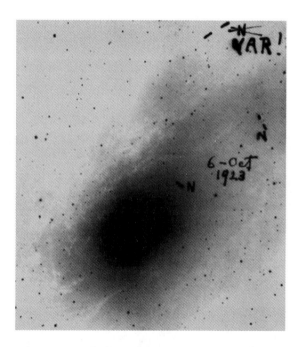

图3.6.3　1923年10月，哈勃在仙女座星云的摄影图像底片中找到了三个疑为新星的亮点（底片中的黑点），每个标记有一个"N"。其中一个疑是新星的亮点原来是一颗仙王变星，所以"N"被划掉，重新标签"VAR!"（变星Variable star）。这一张底片是天文学史上最重要的文献之一

这是哈勃富有成果的职业生涯中第一个伟大的发现，第一颗在星云中发现的仙王变星。

经过数星期的观察，他确定这一颗仙王变星的明暗周期为31.415天，所

以哈勃可以用利维特的公式来计算恒星的绝对亮度。他发现这颗仙王变星亮度是太阳的 7000 倍以上。通过比较它的绝对亮度和外观亮度，哈勃现在可以推断仙女座星云的距离，从而最终解决星云大辩论：仙女座星云是我们银河系内的一员，还是自成一个独立的星系，在银河系之外？

结果是惊人的！这一颗仙王变星，连同它所在的仙女座星云，大约距离地球 90 万光年。当时银河系的最大直径估计约为 30 万光年，所以仙女座显然不是我们银河系的一部分。如果仙女座距离地球如此的遥远，仍然为肉眼所见，它必须有令人难以置信的光亮，这种亮度意味着一个包含至少数百亿颗恒星的系统。仙女座星云本身必须是自成一个星系。

如此耸人听闻的距离使哈勃大为震惊。他决定在他有更多的证据之前，暂时不公开结果。在威尔逊山，他被"银河系即宇宙"的信徒包围着，所以他要以巨大的自律和耐心，慎之又慎地拍摄更多的仙女座照片，直到发现另一颗较暗的仙王变星，验证了他最初的结果。

哈勃新发现的消息很快便遍传天文界，普林斯顿大学天文台台长罗素（Russell）在 1924 年 12 月写信给哈勃："这是一项美丽的工作和结果，它无疑会给你带来伟大的荣誉。你打算什么时候宣布研究结果的细节？"

1925 年 2 月，哈勃在首都华盛顿举行的美国科学促进协会（AAAS，American Association for the Advancement of Science）会议上宣读论文正式宣布他的发现。美国天文学协会理事会选择此论文作为向 AAAS 推荐的年度最佳论文奖得主，并起草一封信强调哈勃这项工作的影响："这论文的作者，是一位被公认为具有异常能力的年轻人，他独力开创了这一新领域。本文拓展了天文学以前无法观察的深度空间，并承诺在不久的将来极可能取得更大的进展。同时，它使我们已知的宇宙体积膨胀了 100 倍，一举而解决了天文学上有关螺旋状星云性质的长期争论，显示它们是可与我们自己的银河系相媲美的巨大恒星群体。"。

有关星云的大辩论结束了。昨日的仙女座星云现在被改称为仙女座星

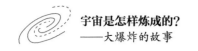
系，它和其他螺旋状星云一样，确实是独立的星系。我们的银河系不再是整个宇宙，它在宇宙中更像海滩上的一小粒沙子。

仙女座星系的当前最准确的距离估计为 248 万光年，这距离是基于天文学家对仙王变星周期与亮度之间关系的最新数据估计。它比银河系更大，由上万亿颗恒星组成，是人类用肉眼能看到的最遥远的天体。天文学家们发现：仙女座星系与我们的银河系和其他三十多个较小的星系，组成一个**本地星系团**（Local Group）。我们现在还知道，**本地星系团**位于一个由几千个星系组成的巨型星系团的外围，天文学家称之为**处女座星团**（Virgo Cluster）。

哈勃改变了我们对宇宙的看法，迫使我们重新评估我们在宇宙中的位置。小小的地球现在似乎比以往更微不足道，它只是太阳系中许多行星之一，而太阳是银河系中上千亿颗恒星之一。我们的银河系只是宇宙数百，甚至数万亿个星系中的一个，每个星系都包含数十至数千亿颗恒星。哈勃发现的宇宙比人类在他之前想象的要大得多。今天，我们可以看到一些数十亿光年之外的星系。

人类生存在一个虚空、浩瀚的宇宙空间中。天文学家早已习惯太阳系行星之间的巨大距离，他们也熟悉银河系恒星之间更大的距离，但现在他们必须面对星系之间的巨大空虚。20 世纪的天文学家、科普作家卡尔萨根（Carl Sagan）这样写道："没有一个行星、恒星或星系是典型的，因为宇宙绝大多的空间是虚空的。宇宙唯一典型的地方是浩瀚广袤、寒冷和漆黑的真空。星系间的空间是永恒的黑夜，是如此乏味的诡异和荒凉。相比之下，行星、恒星和星系是如此的罕见和令人喜爱。"

哈勃很快成为大众传媒报道的主角。报刊称他为"巨人天文学家"。他得到国内外众多的奖项和同业们的称赞。牛津大学的天文学教授赫伯特·特纳（Herbert Turner）对他有这样的评价："埃德温·哈勃应该意识到，这样重要的震撼性成果，对多数成功的科学家而言，一生中只能碰到一次，他们是幸运的一群。"

　　不过，哈勃的这一项成果，只是一个令人难以置信的科学生涯的开端。他注定要再度彻底改变我们对宇宙的认识，使他的名字与一个永垂不朽的定律紧密联系在一起。这一次，他将甚至震撼了阿尔伯特·爱因斯坦，迫使宇宙学家重新评估他们对永恒静态宇宙的假设。

　　为了实现下一个突破，他需要一种比较新的仪器，可以充分利用望远镜的力量和和摄影技术的灵敏度。这一种起源于19世纪的科学设备，称为光谱仪，它让天文学家榨取微弱星光中包含的每一点滴信息。

第 7 节　星光中的奥秘

物理学家认为光是电和磁的振动，这就是为什么可见光和不可见光被统称为电磁辐射。简单地说，我们可以想象电磁辐射或光是一种波。光波中两个相邻波峰之间的距离（或连续两个低谷），称为波长，它告诉我们需要知道有关光波的一切。例如，光是一种能量的形式，能量的大小与光波的波长成反比。换句话说，波长越长，光的能量越低。在人类日常生活层面上，我们很少担心光波的能量，而是用颜色作为区分光波的基本性质。蓝和紫的光相对应波长短和能量较高的光波，而橙色和红色对应于波长更长、能量较低的光波，绿色、黄色对应于中间波长和能量。

更科学地来说，紫光的波长约为 0.0004 毫米，红色波长约为 0.0007 毫米。我们的眼睛对更短或更长的波长都不敏感。大多数人使用"光"一词来描述那些我们可以看到的光，但物理学家用这个词松散地描述任何形式的电磁辐射，包括肉眼可见或不可见的。比紫光波长更短、能量更高的有紫外线和 X 射线辐射，而比红光线波长更长、能量更低的有红外辐射和微波。

对天文学家来说，关键是他们希望星光的波长可以告诉他们一些关于恒星的物理或化学信息，例如它的温度。

任何物体表面温度达到 500℃，它便有足够的能量发出可见的红光，随着温度的升高，物体拥有更多能量和释放更大比例的更高能量、更短波长、更蓝的光。物体于是慢慢从红热转变为白热，因为它释放从红色光到蓝色光发出各种波长。标准的灯泡丝的温度大约是 3000℃，使它成为白热。通过评估星光的颜色和由恒星发射不同波长的比例，天文学家可以估计恒星的表面温度。

此外，天文学家们发现如何分析星光，以确定恒星的化学成分。这种技术可以追溯到 1752 年，苏格兰物理学家托马斯·梅尔维尔（Thomas Melvill）做了一个奇怪的实验。他把各种物质放在火焰中燃烧，并观察到，每一种物质都会产生独特的火焰颜色。

例如，如果把微量食盐洒在煤气炉的火焰上，可以很容易地观察到食盐的明亮橙黄色特征焰光。这种独特焰光可以追溯到盐的化学结构。食盐的化学名称是氯化钠，橙色光是由氯化钠晶体中的钠原子受热发射的。这也解释了为什么常见的路灯是橙黄色的，因为路灯光是由激发钠原子而生的。钠光通过棱镜后产生的光谱，可以确切地分析它的波长，钠光的两条主要"光谱线"都在光谱的橙黄色区域（图 3.7.1 中显示了钠和其他元素的光谱）。

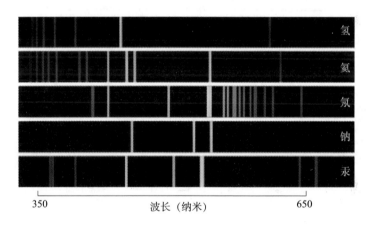

图 3.7.1 光谱图犹如元素的指纹，每种元素都有自己的独特指纹。钠发出的主要可见光显示在图中的第四个光谱图，主要由两条橙黄色光谱线组成，其波长约为 589 纳米
【来源：NASA】

霓虹（氖）灯发出的主要波长位于光谱的红色末端，这就是我们看到的霓虹灯照明颜色。另一方面汞原子发射好几条更蓝的光谱线，这解释了汞灯的照明偏蓝。除了照明设计师外，为了创造他们渴望的效果，烟花制造商也对不同物质发射的光波感兴趣，例如包含钡（barium）的烟花发出绿光，而含有锶（strontium）的烟花则发出红光。

每种元素的原子都能够发出特定的波长（或颜色）的光波（称为"光谱

线"),这取决于元素特定的原子结构,它的理论框架要等待20世纪的量子力学出现后才能完善。但是,这不妨事,科学家还是可以利用每种元素发出的独特光谱线充当指纹。因此,通过研究加热物质发出的光谱线,可以识别该物质中的元素成分。

物质发光的过程产生**发射光谱**。相反的过程,会产生**吸收光谱**,这是特定波长的光波被原子吸收。因此,如果所有波长的光通过食盐的蒸气,大部分的光会不受影响的通过,但特殊波长的光波将被食盐中的钠原子吸收,钠的吸收光谱线与其发射光谱线相同。对所有元素来说,吸收光谱和发射光谱之间都有同样的对称性。如图3.7.2所示,在太阳光谱中存在着不少的细黑线,显示缺少了特定波长的光波,其中D是钠的两条位于橙黄色波段的主要吸收光谱线。

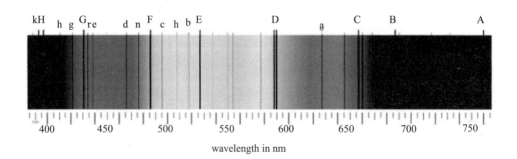

图3.7.2 太阳光谱中的弗劳恩霍夫线。太阳光从太阳外层的光球中产生,它的光谱接近于温度约为5800K的黑体辐射,其中最强的辐射输出是在可见光范围内的500纳米附近。当太阳光经过温度较低的太阳大气层时,部分辐射被其中的原子吸收,产生弗劳恩霍夫线。图中的A和B是太阳光经过地球大气层被氧气吸收产生的暗线,C是当太阳光经过温度较低的太阳大气层时被氢原子吸收产生的光谱线,D是两条位于橙黄色波段钠的主要吸收光谱线。详细研究发现,太阳光中有数百条缺失的光谱线。这些波长的光波被太阳大气中的各种元素的原子吸收。通过测量这些暗吸收线的波长,可以识别构成太阳的化学元素采图【来源:NASA】

事实上,引起天文学家注意的是吸收光谱而不是发射光谱。他们知道吸收光谱中隐藏着恒星化学元素组成的线索。

太阳有足够高的温度，可以在整个可见光范围内发射光波，但物理学家在 19 世纪初便注意到，太阳光谱中存在着不少的细黑线，显示缺少了特定波长的光波。1802 年，英国化学家威廉·沃拉斯顿（William Wollaston，1766—1828）是第一个注意到太阳光谱中出现一些暗线特征的科学家。

其后，德国光学先驱约瑟夫·冯·弗劳恩霍夫（Joseph von Fraunhofer，1787—1826）在 1814 年重新发现了这些线，并开始做系统性的研究和测量这些特征的波长。他确认了 570 多条线，完成了大部分的基础工作。如图 3.7.2 中所示，后人称之为弗劳恩霍夫线。现代仪器观测到的太阳光谱可以看到数千条的暗线。

大约 45 年后，德国化学家罗伯特·邦森（Robert Bunsen，1811—1899）和物理学家古斯塔夫·基尔霍夫（Gustav Kirchhoff，1824—1887）指出，好几条弗劳恩霍夫线与元素发射光谱中确定的特征发射线相吻合。他们正确地推断出太阳光谱中大部分的暗线是由太阳大气中化学元素的吸收引起的。还有一些观测到的暗线被确定为源自地球大气中的氧分子所吸收（图 3.7.2 中的 A 和 B）。

不过更大的突破是：他们一起设计和创造了"光谱仪"，一种专门用于精确测量物体发射出各种光波长的仪器。如图 3.7.3 显示基尔霍夫如何用光学设备引导火焰光通过玻璃棱镜折射，以便展示光谱中的所有波长供人辨识。基尔霍夫用光谱仪来分析太阳光，并识别其中的两条钠的吸收光谱线，从而得出结论，钠必然存在于太阳表面的大气层。

基尔霍夫继续努力探索，想在太阳的大气层寻找其他重金属元素。他的银行家朋友很不解地问："在太阳上找到的黄金，如果不能把它运回地球，能有啥用途？"多年后，因为基尔霍夫的研究成果，他被授予金牌奖励，基尔霍夫拿着金牌，笑对这位朋友说："这就是来自太阳的黄金。"

虽然基尔霍夫在太阳光中没有找到黄金，但在 1868 年，法国天文学家朱尔斯·詹森（Jules Janssen，1824—1907）和英国人诺曼·洛克耶（Norman

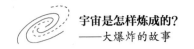
Lockyer，1836—1920）差不多同时在太阳光的吸收光谱线中识别了一种新的，不能与任何已知的元素的光谱线指纹匹配的元素，所以詹森和洛克耶把这作为一种新元素存在的证据。洛克耶和英国化学家爱德华·弗兰克兰（Edward Frankland，1825—1899）以希腊太阳神的名字 Helios 命名此新元素，中文称之为氦。有一段时间，氦被认为只存在于太阳中。一直到 1882年，意大利物理学家路易吉·帕尔米耶里（Luigi Palmieri，1807—1896）在分析维苏威火山熔岩时，才证明氦气的存在。虽然氦占太阳质量的 1/4，它在地球上却是非常罕见的，因为它是氢以外最轻的元素，又是惰性气体，不能长久存在于地球的大气层。

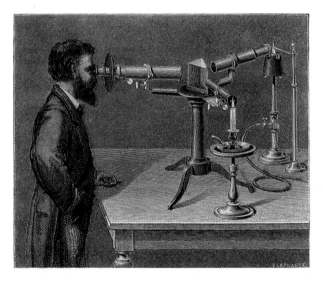

图 3.7.3　基尔霍夫使用他改进的早期光谱仪工作。燃烧中的火焰可以在整个可见波长范围内（从紫外线到红外线）发射光波。基尔霍夫用光学设备引导火焰光通过玻璃棱镜，以便展示光谱中的所有波长供人辨识。现代的光谱仪中，人眼一般已经被天文学家的摄影板所代替

19 世纪 60 年代，威廉·哈金斯（William Huggins，1824—1910）是一位把光谱应用于恒星观察的天文学先驱。年轻的哈金斯曾被迫接管他父亲的窗帘店业务，但他决心追求他的科学梦想，终于用出售家族企业得到的钱，在伦敦南郊的山上，建立了一所私人天文台。在听说邦森和基尔霍夫

的光谱发现时，哈金斯欣喜若狂："这个消息犹如是在干燥的沙漠中发现泉水一样。"

哈金斯的工作是证明恒星也是由与地球相同的元素构成的。例如，参宿四（Betelgeuse），又称猎户座 α 星（α Orionis），是一颗处于猎户座的超级红巨星，它是天空中除太阳外亮度排行榜上第九位的恒星。哈金斯从参宿四的吸收光谱中发现了钠、镁、钙、铁和铋等元素。

古代希腊哲学家相信：天上的恒星是"第五元素"构成的，这第五元素是超越地球上人世间平凡的空气、水、火、土等四种元素的神圣物质，但哈金斯成功地证明了参宿四，以至整个宇宙，是和地球一样的材料构成。

哈金斯也第一个发现星云和星系的光谱有着显著的不同，星云（如猎户座星云）具有气体的纯发射光谱特征，

而另一些像仙女座星系则具有恒星般的光谱特征。哈金斯一生中获得无数奖项和荣誉，1865 年 6 月，他当选为英国皇家学会院士，从 1900 年至 1905 年担任皇家学会主席。

哈金斯的妻子玛格丽特·哈金斯（Margaret Huggins）也是一位有成就的天文学家。在妻子的帮助下，哈金斯以他的余生继续研究恒星。玛格丽特比威廉小 24 岁，因此，当 84 岁高龄的威廉接近他天文学家职业生涯的终点时，他还可以依靠 60 岁的妻子爬上望远镜，为他做必要的调整。

哈金斯夫妇俩合作开拓了一个新的光谱应用方向，他们发现了如何利用光谱来测量恒星的运动速度，这将大大地改变我们对宇宙的看法。

宁静的夜空给人一种强烈的印象：宇宙是亘古不变的。没错，每晚恒星围绕北极星旋转，在更长的时间中，月的盈亏，月亮和行星在恒星的背景中移动。但在哥白尼之后的天文学家都知道，这种表面上的运动是由于地球的自旋和公转引起的现象。恒星在西方古代一向被称为"固定星"（fixed star），一般人认为恒星是固定的，特别是他们相信恒星之间的相对位置保持不变。

中国古代有物换星移的说法。不过，西方要到 16 世纪，英国天文学家埃德蒙·哈雷才开始质疑恒星是固定的信仰。在 1718 年他指出：即使考虑到地球的运动，他发觉他那时看到的恒星位置，与数世纪前由托勒密进行的测量记录也有着微妙的差异，其中以天狼星、大角（Arcturus 西方天文学中称为牧夫座 α）和南河三（Procyon 小犬座 α 星）等尤为突出。哈雷意识到这些差异可能不是由于不准确的测量，极可能是随着时间的推移，这些恒星位置有着真正变化的结果。

即使天文学家具有无限精确的测量工具和无限强力的望远镜，他们也只能够测量恒星所谓的"**适当运动**"①，如图 3.7.4。但在现实观测中，恒星位置的改变极小，所以就算是现代天文学家，也很难能直接观测到恒星位置的变化。即使是适当运动可以观测到，也只能提供恒星横越天空运动的信息。如今，通过重叠多年来在天空中同一区域拍摄的底片，很容易观察到适当运动。如图 3.7.5 所示，对比两张拍摄时间相差近半世纪的照片，可以观测到**巴纳德恒星**②跨越天空移动的速度。

如果恒星的运动是直接向着或背离地球，沿视线做径向运动的话，它的径向速度用肉眼看不出来，便难以测量了。我们对宇宙膨胀的知识是完全基于天文学家能够测量发光天体在沿视线方向的运动，比他们可以测量与视线垂直方向的运动准确得多。

哈金斯的伟大贡献是：他绕过观察恒星适当运动的困难，发现如何利用光谱直接测量恒星沿视线方向运动的方法。而且不单是恒星，这种光谱技术可以用来准确地测量任何星系沿视线的速度，应用于最遥远的星系。他的方

---

① 适当运动，Proper motion，在天文学上的定义为：从太阳系的质量中心观测到的恒星在天空中明显位置变化，如图 3.7.4 所示，这是以太阳系中心测量的恒星角向运动。

② 巴纳德恒星，Barnard's Star，距太阳系大约 6 光年的一颗红矮星，位于蛇夫座 β 星附近。巴纳德恒星是在夜空中有着最大适当运动的恒星，每年以 10 弧秒的弧度横越天空，实际上，它以约 89 公里 / 秒（32 万公里 / 小时）的速度运动，在人类的平均寿命中，这颗恒星移动了大约 1/4 度，或大约是满月直径的一半。

法是将光谱技术与奥地利人多普勒（Christian Doppler，1803—1853）的物理定律，结合在一起来应用。

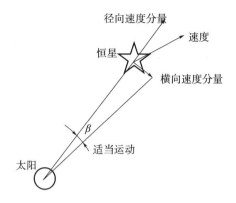

图 3.7.4　星体的适当运动和速度分量之间的关系。显示物体在切线方向单位时间中扫出的角度 β

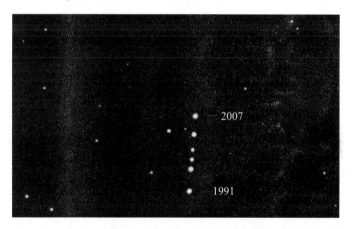

图 3.7.5　巴纳德恒星（Barnard's Star）是第二颗离地球最近的恒星，距太阳系大约 6 光年，位于蛇夫座 β 星附近的红矮星，是最大适当运动的恒星，每年以 10 弧秒的弧度横越天空。这张图片显示了它从 1991 年到 2007 年位置的移动。2018 年 11 月 14 日，天文学家宣布在它周围发现了一颗比地球更大的行星
【来源：NASA，https://socisi.com/at-last-a-planet-for-barnards-star/】

　　当观察者相对于波的源头做相对运动时，观察者观察到的波频率会发生变化，这称为多普勒效应（或称多普勒移位）。如果发射波的物体（波源）向着观察者移动时，观察者测到的波长会减少，而当波源远离观察者而去，观察者测出来的波长会增加。这一现象在 1842 年由物理学家多普勒发现。

多普勒效应可以做以下直观式的解释：当波源向观察者逼近时，每个连续的波峰的发射位置，都比上一波波峰更接近观察者。因此，每个波到达观察者所需要的时间比上一个波稍少，从而，观察者测量到的连续波峰到达之间的时间减少，导致频率的增加。反之，则会导致频率的降低。波长和频率的变化可以用多普勒的方程预测。简单来说，波长或频率的变化百分比与波源速度和波速的比率成正比。这定律可以应用在所有的波上，不管是声波或光波。

一个日常生活的例子可以用来阐明这种效应。比较一下这两种情况：当救护车（或火车）从远处迎面以高速向我们逼近，与当它离开我们绝尘而去的时候，我们可以听到在前者的情形下，救护车（或火车）的警笛音调更高亢（波长较短，频率较高），而在后者，它的声调会显得低沉（较长的波，频率较低）。假如救护车（或火车）的速度是声速的10%，那么在救护车（或火车）逼近观察者时，观察者听到的音频会高出原来的10%，当救护车（或火车）离开观察者时，他听到的音频会比原来的低了10%。类似的计算可以为我们提供波长的变化。

按理来说，观察者看到的救护车蓝色闪烁灯光，也会有同样的效应。但是，因为光波的速度大约是300000公里/秒，就算救护车的速度是3公里/秒（3×3600公里/小时，比一般超声速战斗机更快的速度），波长的变化仅为0.001%。这种波长和颜色的差异，人眼是难以察觉的。事实上，在日常生活中，我们从来没有观察到任何形式与光有关的多普勒效应，因为我们的日常速度与光速相比，最快的速度也是微不足道的。然而，光波的多普勒效应是真实的，只要光源运动速度够快，设备足够灵敏，是一定可以检测到效应的。

对大多数人来说，使用多普勒移位测量速度好像是一种神秘的高科技。但事实上，现代微波雷达技术已经不算是什么高科技了。今天的城市中，交通警察也依靠多普勒移位来测量和识别超速的驾驶者。悬挂在大马路中的遥感器向接近的汽车发射无线电波脉冲，从汽车返射的脉冲波长移位大小取决于汽车的速度，通过遥感器比较发射电波与返射波之间的波长差异，便能计算出汽车速度。汽车越快，波长差异越大，超速罚款就越高。

多普勒本来认为，他的效应可以解释不同的恒星的颜色。来自背离地球而去恒星的光，将转移向更长的波长，这样的恒星可能看起来比较红。同样，来自朝地球运动的恒星的光，会往更短的波长位移，所以恒星可能会显得比较蓝。但是，很快便有人指出：如果蓝光从一颗后退的恒星转移到红色，在同一时间，一些通常看不见的紫外线会转移到可见光谱的蓝色部分，所以整体颜色几乎不改变。恒星有不同的颜色，主要是因为它们的表面温度不同。多普勒效应与恒星的颜色基本上没有关系。

不过，假如我们不是看星光的颜色，而是测量它的吸收光谱线，情况便不同了。

果然，在1868年哈金斯夫妇成功地观察到天狼星光谱线中的多普勒效应。天狼星的吸收光谱线与太阳的几乎相同，唯一的差别是每条线的波长增加了0.015%。这完全符合光学多普勒效应的解释：因为天狼星正以光速的0.015%的速度背离地球运动。在光学多普勒效应中，波长的增加通常被称为红移，因为红色位于可见光谱的长波末端。同样，由快速逼近的光源体引起的波长减少被称为蓝移，因为蓝光位于可见光谱的短波端。

这样，利用吸收光谱线的多普勒移位，便可以算出天狼星相对地球沿视线方向的径向速度。

哈金斯方法的巨大潜力是：任何恒星，或星云，都可以用光谱仪观察分析，以多普勒移位测量其速度。除了恒星横越天空的适当运动，现在有可能测量恒星的径向速度，决定恒星是否走近或远离地球。

通过观察多普勒移位来测量恒星速度是一种十分准确的技术，因为光谱线的波长测量可以达到非常高的精度；准确度高达八位数字的光谱线波长物理数据表并不罕见。因此，只要有足够的恒星亮光来识别光谱线，无论光源的距离远近，这种技术的精度维持不变。

第 8 节　哈勃定律——膨胀中的宇宙

　　20 世纪初，光谱仪已发展成为一种成熟的技术，可以与新建的巨型望远镜和最新的、高度敏感的摄影板相结合。这三种科技为天文学家提供了一个历史性的机会，探索恒星的化学组成及速度。通过测量恒星的吸收光谱线波长，天文学家可以识别其中的化学组成，证明氢和氦是恒星的主要成分。

　　之后，通过测量这些光谱线的多普勒移位，天文学家可以判别，恒星是否朝向地球迎面而来，还是正在离开地球。有些恒星慢悠悠地移动，有些恒星速度高达 100 公里 / 秒。如果飞机可以飞的速度和最快的恒星一样，那么它能够在 1 分钟内跨越太平洋。

　　问题是，同样的技术，能否应用在星云上，特别是那些具有螺旋结构的星云？

　　在埃德温·哈勃一锤定音，彻底解决仙女座星云是否在银河系之外的问题前 11 年，也就是 1912 年，美国人维斯托·斯利珀（Vesto Slipher，1875—1969）成为第一位成功测量星云的多普勒移位的天文学家。他远离世界学术中心，在沙漠小镇亚利桑那州弗拉格斯塔夫市（Flagstaff，Arizona），用洛威尔天文台（Lowell Observatory）的 24 英寸的折射望远镜，经过数夜的耐心守候，对仙女座星系的微弱光辉，共累积了 40 小时的曝光，测量到相当于 300 公里 / 秒的多普勒蓝移效应，这速度比当时所知恒星的速度高出 10 倍。加上那时的主流意见认为仙女座星云在我们的银河系内，因此天文学家难以相信，这样的一个银河系内星云物体，会有这样高的速度。斯利珀也对自己的测量结果产生怀疑，反复检查他的仪器和数据。在肯定没有错误后，斯利珀把他的望远镜瞄向另一个被称为"墨西哥帽星系"（Sombrero Galaxy，

M104，离地球 31.1 百万光年，它的样子有如一顶墨西哥帽）的天体。这一次的结果更为惊人，他发现更极端的多普勒红移效应。桑布雷罗星系的红移显示它以 1000 公里 / 秒的速度飞离地球，这速度接近光速的 1%。如果飞机可以飞得这么快，它可以在数秒内从北京飞到拉萨。

在接下来的几年里，斯利珀测量了越来越多星系的多普勒移位，结果很明显，它们的确以惊人的速度运动。然而，虽然斯利珀开始的两个测量显示，一个星系正在接近地球（蓝移），另一个星系正在离开地球（红移），但其后的测量结果显示，红移的星系远远比蓝移的多。到了 1917 年，斯利珀共测量了 25 个星系，其中 21 个星系呈现多普勒红移，只有 4 个蓝移。再过 10 年，斯利珀测量的星系又增加了二十多个，每一个都显示多普勒红移。看来，几乎每个星系都在以高速告别银河系，仿佛我们的银河系是宇宙中的坏蛋，大家都不约而同往外逃跑，远远的躲避大坏蛋，实在不可思议。

20 世纪初，天文学家的主流共识认为，宇宙中的星系大致上是静态的，它们漂泊在宇宙的虚空中。另一些人则认为星系的平均速度应该是平衡的，即使有一些星系逼近我们，另一些还会远离。斯利珀测量到的星系显然与这两种意见都不一样。斯利珀和其他的天文学家提出各种猜测，试图解释这现象，始终没有达成合理的共识。

在哈勃出现之前，大多数星系以高速飞离银河系这一发现，一直是个猜不透的谜团。哈勃的律师背景，造就了他的务实的性格，他信奉的格言很简单："在还有办法可以获得更多经验数据来了解现象的时候，我们不需要闭门造车，瞎编出一些虚无缥缈的理论。"哈勃认为空想的理论没有实际的意义，特别是当强力的 100 英寸威尔逊山望远镜具有获得更多新数据的潜力。他像一个侦探一样，要收集更多的证据，找出真相。

在这过程中，无心插柳的哈勃为斯利珀的谜团提供了缺失的链接。结果是惊人的：膨胀宇宙模型先行者弗里德曼和莱梅特二人"众里寻它千百度"的重要证据，被哈勃顺手拾来，全不费功夫。

自从证明了仙女座星云确实是独立的星系，远在我们的银河系之外，不是银河系的一部分，埃德温·哈勃奠定了他在天文界的权威地位。同时，他的私人生活也起了很大的变化，因为他遇到和爱上了当地一位百万富豪银行家的女儿格蕾丝·伯克（Grace Burke，1889—）。根据格蕾丝的说法，一次她参观威尔逊山，在图书馆碰到哈勃正聚精会神目不转睛地盯着一块满是恒星光辉的摄影板沉思，便给她留下了很深的印象。据她后来回忆："他看来像一个古希腊的俊男，高大，强壮，潇洒，英伟的肩膀……有一种力量感。他对工作专注，志向高雅。"

其实在她第一眼看到哈勃时，格蕾丝已是有夫之妇。她的丈夫厄尔·莱布（Earl Leib）是一名地质学家，1921年，不幸在一个矿井中收集矿物样本时摔死。文君新寡的格蕾丝，不久在另一次社交场合中与哈勃重逢，两人经过一段时间的交往后，感情发展得很快，于在1924年2月结婚。

由于哈勃的名气，加上格蕾丝的父亲是洛杉矶"第一国民银行"的副行长，而且威尔逊山距离洛杉矶只有25公里，埃德温和格蕾丝很自然地成为好莱坞社交圈中的座上客。作为世界著名的天文学家，哈勃陶醉于他受到粉丝崇拜的红人地位，他喜欢在上流社交圈的贵宾和记者中炫耀他多姿多彩的过去，例如他如何在欧洲以剑决斗的故事。

不过，哈勃从来没有忘记，他首先是一个天文学家。他认为自己只是站在巨人的肩膀上，继承以前被哥白尼、伽利略和赫歇尔等前辈坐过的宝座。在意大利度蜜月期间，他甚至带妻子格蕾丝到伽利略的坟墓瞻仰，以表敬意。

自然，当哈勃听到斯利珀的诡异发现——星系争相逃跑时，作为当时最负盛名的星系研究天文学者，他有责无旁贷的感觉，于是他开始战斗，凭着威尔逊山100英寸望远镜收集的光是洛威尔天文台望远镜的17倍的优势，誓要解开奥秘。他夜复一夜的工作，持续的黑暗，使他的眼睛对夜空格外敏感。

哈勃此时的助手，米尔顿·胡马森（Milton Humason），有一段传奇的人生经历。和电磁物理学大师法拉第一样，他从卑微的开始上升，成为世界上最顶级的天文摄影师。胡马森在 14 岁辍学，在威尔逊山酒店做跑腿的工作，那是一家为到访的天文学家提供住宿的酒店。后来，他被雇为天文台的驴夫，负责用驴把装备运上山顶。他的下一个岗位是天文台的清洁工。在工作之余，每天晚上通过他和越来越多的天文学家的友好关系，他学会了天文摄影技术，他的天文知识也迅速增长，甚至说服了其中一名研究生给他补数学课。威尔逊山有一个聪明好学的清洁工的消息，逐渐传开了。3 年后，他正式进入天文台的摄影部门工作。过了两年，他晋升成为一名天文研究助理员。

哈勃欣赏胡马森的工作能力，两人成为一对各有特色的伙伴。哈勃是一派典型的英国绅士风度，而胡马森则是吊儿郎当，每每在阴云之夜以打扑克牌和喝啤酒来消磨时光。但当胡马森需要长曝光时间拍摄一个星系时，他会一丝不苟的以他灵敏的手指放在按钮上，引导望远镜，补偿追踪机制任何可能的失误，使目标星系稳稳地固定在望远镜的视野中。哈勃钦佩胡马森的耐心和注重细节的专业精神。他们的关系是建立在胡马森能够提供最清晰的摄影图像，让哈勃能看到比任何人更远的宇宙。

为了破解斯利珀的星系红移之谜，他们两人分工合作。胡马森负责耐心地测量星系的多普勒移位，哈勃则测量它们的距离，因为测量星系距离正是哈勃的拿手好戏。

威尔逊山望远镜装上新的相机和光谱仪，以前需要几个晚上曝光才可以拍摄到的照片，现在只需要几个小时。哈勃和胡马森首先证实了斯利珀测量的星系红移。到了 1929 年，他们共测量和确认了 46 个星系的红移和距离。不过，约有一半测量的数据误差幅度太大。为了谨慎起见，哈勃只采用了那些他最有信心的星系数据，绘制了一幅以多普勒位移算出来速度与星系距离的关系图，如图 3.8.1。

在几乎所有情况下，星系光谱都是多普勒红移的，这表示它们正在离开我们。此外，图表上的数据点似乎显示星系离开我们的速度在很大程度上取

决于它与地球间的距离。哈勃可以用一条直线通过多数的数据，表明星系的速度与它的距离大致成正比。换句话说，如果一个星系与地球的距离是另一星系的两倍，那么，前者移动速度大约是后者的两倍。

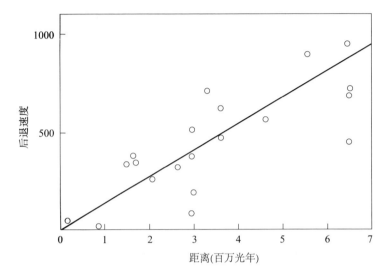

图3.8.1　哈勃1929年的数据，显示星系的多普勒位移速度与距离的关系。水平轴表示星系与地球的距离（至7百万光年），垂直轴表示用多普勒位移计算的星系后退速度（公里/秒）。虽然数据点并不都落在直线上，但它们有一个总体趋势，表明星系的速度与其距离成正比

星系速度和距离之间的比例关系日后被称为哈勃定律。它不是一条精确的定律，而是一个广泛的描述性规则，通常成立，但也有少数的异常。例如，在早期，斯利珀发现的一些蓝移星系，它们完全违背了哈勃定律。这些星系很接近我们的银河系，是**本地星系团**（Local Group）的成员，如果一个星系的速度与到它的距离是成比例的，那么它们应该有一个相对较小的后退速度。然而，如果它们的预期速度足够小，那么我们的银河系或其他相邻星系的引力可以逆转它的速度。简言之，略带蓝移的星系可以视为局部异常而忽略，不需要符合哈勃定律。

如果哈勃发现的定律是正确的话，它的影响是深远巨大的。星系不是漫无目的地在宇宙中乱跑，它们的运动有一定的数学规律，即其速度与距离成

正比。这样的关系，使科学家看到更深层次的意义：往前（未来）看宇宙是在膨胀，但往后看，在过去历史上的一点，宇宙中所有的星系都被压缩在一个很小很小的空间。这是科学家寻找到的宇宙膨胀的观察证据，它暗示宇宙可能有一霎那的"创造瞬间"，同时暗示宇宙起源于一个"大爆炸"。

哈勃的观察数据和创造时刻之间的联系可以很简单地看出来。随便找一个今天正以某种速度远离我们而去的星系，如果我们回头看，同一个星系，它昨天必然比它目前更接近我们，上一周，去年，它会更接近……。事实上，通过当前星系距离与速度的商，我们可以估计在过去什么时候该星系会与我们的银河系重叠在一起（假设其速度保持恒定）。接下来，我们选择另一个星系，它的距离是前一个星系的两倍远，应用相同的推理过程，它也会在过去的同一时刻与我们的银河系重叠在一起。

事实上，如果每个星系往外奔的速度与到地球的距离都成正比，那么在过去的某一时刻，它们都与我们的银河系同时重叠在一起。

这样，宇宙中的一切显然都来自在创造的瞬刻一个高密度的空间。如果时间以此作为开始点，那么其后果是一个不断演变和膨胀的宇宙。这正是莱马特和弗里德曼根据爱因斯坦相对论的理论预言。这就是后来称为的"宇宙大爆炸"。

虽然暗示宇宙大爆炸的数据是哈勃观察收集的，但他本人并没有到处宣扬或鼓吹大爆炸的含义。哈勃在一篇只有6页的论文中，以简单的"银河系外星系径向速度与距离之间的关系"作为标题，低调地发表了他的观测结果。头脑冷静、务实的哈勃对以冥想、猜测的方式解决宇宙起源的哲学问题不感兴趣，他只是想做好一个天文学家的本份，获得准确的观测数据。

同样的情形出现在他以前的突破中。那一次他的观测证明了仙女座星云远远存在于银河系之外。但他留给其他人得出衍生的结论：这星云本身是与银河系差不多一样大小的星系。

但在任何人认真地考虑哈勃定律隐含的意义之前，他们首先要能相信他的测量是准确的。这是一个重要的问题，因为许多同行的天文学家不相信哈勃的定律。毕竟，许多数据点离他的直线相当远。也许这些点并没有真正位于同一直线上，而是在一曲线上，也许甚至没有任何直线或曲线的关系，数据点实际上是随机的。

因为哈勃定律的潜在重要性，他需要更好地测量和更具说服力的数据。哈勃和胡马森继续投入两年艰苦工作，把望远镜技术推到极限。他们的努力得到了回报，1931 年，哈勃发表另一篇论文。这一次，如图 3.8.2 所示，这些数据点驯服地紧靠着哈勃的直线。它们传递的信息是无法逃避的：宇宙真的在膨胀，而且是有系统地膨胀。

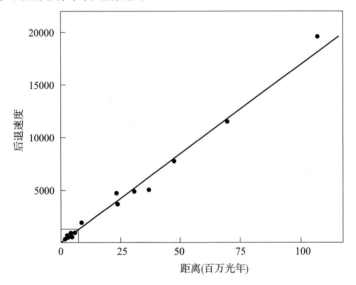

图 3.8.2　在哈勃 1931 年论文报告中，星系的多普勒位移速度与距离的关系。本图更明确地显示所有数据点位于一条直线上。数据延至更远距离（100 百万光年）的星系。与哈勃 1929 年的论文（图 3.8.1）相比，有了很大的改进（1929年论文的所有数据点都包含在左下角的小方格内）

从我们的观点说来，宇宙中的星系正在从地球（太阳系，银河系）的周边后退，消失在浩瀚的宇宙虚空中，其后退速度与其距离成正比。哈勃定律可以体现为一个简单的公式：$V = HD$，其中 V 与 D 是星系的后退速度和距离，H 是常数，被称为哈勃常数。

　　虽然已经去世的弗里德曼没有办法听到哈勃的观测结果，然而，幸运的莱梅特，在他1927年的论文提出宇宙大爆炸模型时，他预测星系应该是以与其距离成正比的后退速度离开我们。最初，他的工作成果被忽视，因为这结果太违背我们的经验，实在是匪夷所思；更重要的原因是没有证据支持。但两年后哈勃发表了他的观察：星系确实在后退中。莱梅特的预言终于被证实了。

　　莱梅特早在1927年曾写信给剑桥的艾丁顿，向他宣传他的大爆炸模型，但没有得到答复。当哈勃的发现成为头条新闻时，莱梅特再次写信给艾丁顿，希望这位天体物理泰斗会同意他的理论为哈勃数据提供完美的阐释。艾丁顿后来承认，虽然他在1927年看过莱梅特的论文，但他跟其他人一样，觉得不靠谱，很快便完全忘记了，直到他再收到莱梅特的信那一刻，他终于被莱梅特的大爆炸模型说服。于是艾丁顿马上行动，1930年6月，他发信给著名的《自然》杂志，推荐莱梅特3年前的辉煌工作成绩。

　　接着，艾丁顿还翻译了莱梅特的论文，把它刊登在皇家天文学会的月刊上，他称之为"出色的解决方案"和"宇宙模型的完整答案"。通过艾丁顿的努力宣传，宇宙学家们逐渐地接受莱梅特的理论，以及它为哈勃的观测结果提供的完美解释。至少有部分人从爱因斯坦的永恒静态宇宙模型解放出来，开始认同莱梅特的大爆炸模型。

　　总结来说，哈勃观察到的是，宇宙中所有星系正在以一系统性的，或被部分天文学家称为"哈勃流"（Hubble flow）的速度离开地球，就像大爆炸模型预测的那样。但大爆炸的理论家对"哈勃流"却有微妙的不同看法，从相对论的观点出发，他们一致认为，星系实际上并没有穿过空间移动，只是随着空间膨胀而移动。换言之，星系没有运动，只是空间在膨胀。

　　艾丁顿以一简单的例子，解释这种看法。如图3.8.3所示，假如我们想象把三维空间的宇宙简化为二维的封闭橡胶气球的表面，气球表面覆盖着代表星系的点，球体表面星系的纬度和经度位置保持不变，但随着球体半径的

增加，它们之间的距离在扩张。如果气球直径膨胀到原来的两倍，那么点与点之间的距离将会是原来的两倍。关键是，星系没有在球面移动，点与点之间的距离增加只是因为气球本身正在膨胀。我们从其中任何一个星系观察，其他星系似乎都正在从我们的四面八方后退，离开我们，就像哈勃观察到的，越远的星系移动得越快，这就是哈勃定律。星系光谱线的多普勒红移也是因为宇宙空间膨胀的直接结果：空间膨胀把光波的波长拉长了。

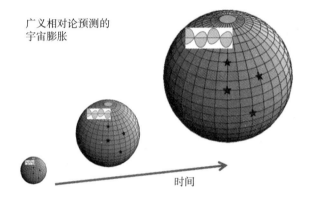

图 3.8.3　广义相对论所预测的宇宙膨胀。从图中几何模型来看，如果球面代表宇宙在大爆炸后某一特定时刻的三维体积，你会发现空间的体积在随时间增加，分布在球体表面的星系并没有移动。它们的经纬度位置保持不变，但随着球体半径的增加，它们之间的距离在增加。从其中任何一个星系观察，其他星系似乎都正在从四面八方后退离去，就像哈勃观察到的，越远的星系移动得越快，这称为哈勃定律。星系光谱线的多普勒红移也是因为宇宙空间膨胀的直接结果，空间膨胀把光的波长拉长了。本图只能以三维的球和二维的球面来表达宇宙膨胀的观念，事实上，广义相对论的宇宙方程所描绘的膨胀是发生在一个具有三维表面的四维球体上

也许有人会问，如果所有的空间都在膨胀，星系是否也会膨胀。从理论上讲，这是可能发生的，但在实践中，星系内存在的巨大万有引力，使空间膨胀的影响变成微不足道。因此，宇宙膨胀在星系间可以明显的观察到，但在局部的星系内空间并不明显。

另外一个常见的问题是：如果所有的星系都越来越远离我们（地球、太阳系、银河系），这是不是意味着我们（地球、太阳系、银河系）是在宇宙

的中心？我们真的在宇宙中占有特殊的位置吗？事实上，不管观察者位于宇宙的任何角落，都会存在这种宇宙中心的错觉。可以想象，我们的银河系是图 3.8.3 中的一点，当气球膨胀时，所有其他点似乎都远离我们。然而从任何另一点的位置，所有其他点一样是看起来远离该点。换句话说，任何一点都可以认为它处于宇宙的中心。宇宙没有中心——或者可以说，每个星系都可以声称它处于宇宙的中心。

爱因斯坦的兴趣在 20 世纪 20 年代中期后已经不在宇宙学上，但在哈勃的观察发现，加强了大爆炸模型的可信性后，他重新参与宇宙学的讨论。1931 年，他和第二任妻子艾尔莎在加州理工学院休假访问期间，成为哈勃的贵宾，参观了威尔逊山天文台巨大的 100 英寸望远镜，如图 3.8.4。当地天文学家解释这台巨大的望远镜对于探索宇宙的重要性。不过，艾尔莎对此并没有留下特别深刻的印象，她说："嗯嗯，我的丈夫在一个旧信封的背面也可以做同样的探索。"

图 3.8.4　1931 年，爱因斯坦作为哈勃的贵宾，参观了威尔逊山天文台巨大的 100 英寸望远镜

在威尔逊山，爱因斯坦和哈勃的助手胡马森，一起捡看各种星系摄影板，胡马森还向爱因斯坦展示了星系光谱系统性的红移。爱因斯坦早已经读过哈勃和胡马森的论文，现在他可以亲自看到实在的数据。宇宙膨胀的结论

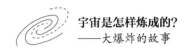

似乎不可避免。

1931年2月3日，爱因斯坦向聚集在威尔逊山天文台图书馆的记者们宣布了这一消息。他公开放弃了自己的静态宇宙观，赞同宇宙膨胀模型。简言之，他发现哈勃的观测是令人信服的，并承认莱梅特和弗里德曼一直是对的。

爱因斯坦不仅放弃了静态宇宙模型，而且重新考虑他的广义相对论方程。本来，爱因斯坦的原始方程准确地解释了我们熟悉的万有引力，不过很不幸，这种吸引力最终会导致整个宇宙坍塌崩溃。基于宇宙应该是永恒和静态的信念，他特意将一个所谓的"宇宙常数"添加到他的方程中，以模拟在远距离上的排斥力，从而排除坍塌的严重后果。但是，现在既然宇宙不再是静止的，爱因斯坦抛弃了宇宙常数，回到了原来的广义相对论方程。

爱因斯坦一直对只为了符合静态宇宙观而引入的"宇宙常数"感到忐忑不安。在他的创造力高峰期间，他总是蔑视权威，遵循他的直觉本能从事物理学的探索。这一次，他在主流意见的压力下屈服了，在原来的广义相对论方程中引入"宇宙常数"，结果被证明是错误的。

后来，他多次慨叹：宇宙常数是他一生最大的错误。正如他在一封写给莱梅特的信中写道："自从我引入了这个宇宙常数，我一直良心不安，我无法相信这样一个丑陋的东西是现实的反映。"

虽然爱因斯坦放弃了他的"宇宙常数"，但是一些深信永恒静态宇宙的学院派仍然相信宇宙常数是广义相对论的基本和有效部分。宇宙常数代表一种反重力效应，它使宇宙可以膨胀得更快，所以甚至一些大爆炸宇宙学者也变得很习惯和不愿意失去它。通过一个可以调整的宇宙常数，他们可以修改、微调宇宙的膨胀速度。20世纪末暗能量的发现，更证明宇宙常数的重要性。当然，这是后来的事了。在20世纪30年代，爱因斯坦不得不狼狈地与它划清界线。

1933年，在加州帕萨迪纳市的一个研讨会上，如图3.8.5。莱梅特向参与的天文学家和宇宙学家们介绍了他的大爆炸模型，他形象化地描述说："宇宙开始于一个大爆炸，它有难以想象的美丽火花，随着是漫天烟雾。我们来得太迟，只能通过想象力来重温创造一刻的辉煌！"

图 3.8.5　1933 年，莱梅特在加州帕萨迪纳市的一次研讨会上与爱因斯坦讨论了他的大爆炸模型

尽管爱因斯坦希望大爆炸模型能有更多的数学细节，少一些编织在物理中的诗情画意，他仍然赞扬莱梅特的开拓性努力："这是我曾经听过的宇宙创造中，最美丽和令人满意对的解释。"

爱因斯坦的祝福，标志着莱梅特成为一个超越科学之外的名人的开始。谁有这么大的远见？毕竟，天才如爱因斯坦，也被他证明错了。他在望远镜能力足以探测到逃跑的星系、宇宙膨胀之前，便预见这一切。

莱梅特被邀请到世界各地演讲发言，获得许多国际奖项。他的人气、魅力和地位，很大一部分来自他作为牧师和物理学家的双重角色。报道 1933 年帕萨迪纳会议的《纽约时报》记者邓肯·艾克曼（Duncan Aikman）这样写道："他观点具有的吸引力和重要性，不是因为他是一位天主教牧师，不是因为他是当代领先的数学物理学家之一，是因为他同时属于这两个角色。"

不过，对宇宙膨胀持审慎态度的天文学家是存在的，其中最有名的是在1929年哈勃的论文报告出现后，瑞士天体物理学家弗里茨·兹威克（Fritz Zwicky，1898—1974），也是哈勃的同事，揣测光子在漫漫长路的旅程中，通过类似**康普顿散射**[①]的过程，逐渐将能量转移到星系间物质上，引起光子逐渐变红。此外还有其他的猜想，这些都只是模棱两可地建议各种机制，导致红移与光源距离有关（如光子受到重力的影响），统称为"疲劳光"（tired light）假说，不能提供可信的物理解释。这些建议从未受到主流科学界的广泛关注。20世纪30年代，天文学家和宇宙学家越来越接受宇宙膨胀的事实。有趣的是，兹威克是推断暗物质（dark matter）存在的首位天文学家。

为了使大爆炸模型更加可信、更有说服力，科学家的目光转向一个不容忽视的问题：为什么宇宙中有些物质比别的更常见？如果我们分析我们脚下的行星，会发现地球的核心的主要成分是铁，地壳以氧、硅、铝、铁为主，海洋主要由氢和氧（即 H_2O，水）组成，大气中主要是氮气和氧气。但在更远的地方，如太阳、恒星、星系，等等，我们发现，这种化学元素分布不是宇宙的典型。通过利用光谱学来研究从恒星和星系来的光，天文学家们知道氢是宇宙中最丰富的元素。其次丰富的元素是氦，氢和氦压倒性地主宰着整个宇宙。两者也是化学元素周期表中两个最小和最轻的元素，所以天文学家不得不面对一个奇怪的事实，宇宙主要由轻、小和简单的元素组成，而不是结构复杂的重元素。

到了20世纪30年代，天文学家渐渐从恒星和星系光谱积累的数据中得出结论，在宇宙所有的物质中，氢和氦合计约占99.9%。轻至中等重量的元素不太常见，化学元素周期表最后最重的元素，如银、金和铂等重金属，更是极其罕见。

[①] 康普顿散射（Compton scattering），即光子与空间等离子体中的电子相互作用，使光子失去能量，频率降低，波长增加。

　　科学家不禁疑问：为什么宇宙物质中的轻元素和重元素含量之间有如此极端的差异？永恒静态宇宙模型的支持者无法给出一个明确的答案。他们只能推说：宇宙一直便是这个样子，包含目前的元素比例，这比例在将来也不会变，是宇宙的固有属性。勉强给出这样一个答案，显然不能令人满意，只是聊胜于无。

　　然而，对大爆炸的支持者来说，宇宙元素的比例之谜更成问题。如果宇宙从一个创造时刻开始演化，为什么它在演化的过程中，产生大量的氢和氦，而不是金、银、铜、汞等重元素？是什么过程优先创造轻元素，而不是重元素？大爆炸模型的支持者必须找到合理的解释，并证明它与大爆炸模型兼容。任何可信的宇宙模型必须能准确地解释宇宙为什么是现在的样子。

　　要解决这个问题需要非常不同的方法。过去，宇宙学者曾集中研究非常大的宏观尺度，例如，他们用广义相对论，描述巨大天体之间的远程重力理论。他们用巨大的望远镜观看非常遥远的星系。但要解决宇宙轻元素和重元素含量之间为什么有如此极端的差异，科学家需要新的理论和设备，来描述和探测非常非常小的微观世界。

参考文献

\Jeremiah P. Ostriker and Simon Mitton, "Heart of Darkness, Unraveling the Mysteries of the Invisible Universe", Princeton University Press (2013)

Gale E. Christianson, "Edwin Hubble: Mariner of the Nebulae", Farrar Straus & Giroux (1995)

James J Kolata, "Elementary Cosmology: From Aristotle's Universe to the Big Bang and Beyond", Morgan & Claypool Publishers (2015)

Malcolm S. Longair, "The cosmic century: a history of astrophysics and cosmology", Cambridge University Press (2006)

Helen Wright, "Explorer of the Universe: A Biography of George Ellery Hale"

第四章
其小无内？
——电子、质子、原子中的世界

在继续宇宙大爆炸故事之前，我们要回顾过去，重温现代物理学的另一重要分支：原子和核子物理学的发展史。

本章将讲述奠定原子核子物理学基础的物理学家的故事，他们的工作成果使宇宙大爆炸的支持者解开为什么宇宙中充满了氢和氦之迷。

第1节　葡萄干布丁，还是微型太阳系？
　　　　——原子的结构

　　1895 年 11 月 8 日，德国巴伐利亚州伍尔茨堡（Würzburg）的物理学教授威廉·伦特根（Wilhelm Röntgen，1845—1923）在测试阴极射线能否穿过玻璃时意外地发现了 X 射线。他用厚厚的黑纸覆阴极管，当一种绿光竟能逃出并投射到附近的荧光屏上时，他感到十分惊讶。通过实验，他发现这种神秘的光会穿透大多数物质，但会留下固体物体的阴影。因为他不知道这是什么，所以他称这个辐射为"X"，以表明它是一种未知类型的辐射。这名称一直沿用到今天。伦特根在 1895 年 12 月 28 日提交一份报告给伍尔茨堡的物理医学学会杂志。这是有关 X 光的第一篇论文。新发现的 X 射线能穿透人体软组织，医学界立即想到这种成像方法的医学应用。1901 年第一届诺贝尔物理学奖授予伦特根，"以表彰他发现这非凡的光线"。

　　然而，这只是故事的序幕。

　　在伦特根发现 X 光几个月后，1896 年 3 月的一个阴天，法国物理学家亨利·贝克雷尔（Henri Becquerel，1852—1908）打开一个抽屉，发现了自发的放射性。这是物理学史上另一个著名的意外发现。

　　1896 年初，最新发现的神秘的 X 辐射哄动欧洲科学界。那年 1 月，正在研究磷光铀化合物的贝克雷尔在法国科学院的一次会议上首次听到了伦特根的发现，他开始思考他的工作和 X 光之间可能存在的联系。铀的原子序数是 92，是一种超级的重金属。贝克雷尔臆测，磷光铀化合物可能会吸收阳光，然后重新发射为 X 射线。

　　为了验证这个（错误的）想法，贝克雷尔用黑纸包裹着感光照相板，使阳光无法照射到它们。然后，他把铀盐的晶体放在被包裹着的感光板上，再把整个装置放在外面的太阳下。照相感光板被显映后，他看到了晶体的轮廓。他不断实验，还在铀盐晶体和照相板之间放置硬币或不同形状的金属物体，发现可以在感光板上复制这些形状的轮廓。

贝克雷尔认为这证明了他的想法是正确的，磷光铀化合物吸收了阳光后发射出类似于 X 射线的穿透性辐射。他在 1896 年 2 月 24 日的法国科学院会议上报告了这一结果。

为了进一步证实他的发现，他计划继续他的研究。但巴黎的天气不和他合作，2 月下旬接下来的几天都是阴天。贝克雷尔认为没有明亮的阳光，他便无法做任何有意义的实验，所以他把铀盐晶体和照相板一起放在抽屉里。3 月 1 日，他打开抽屉，按习惯操作，感光板显映后，本来没有期待看到任何图像的他被惊呆了，照相板上的图像竟骇人的清晰。

第二天，3 月 2 日，贝克雷尔在科学院报告说，铀盐发射的辐射与阳光没有关系。

也许我们会好奇地问：为什么贝克雷尔在没期望会看到任何东西的情形下，还是把感光板显映了？他可能是出于简单的科学好奇心。也许他有在第二天的会议上作报告的压力，或者他只是不耐烦。不管什么原因，贝克雷尔意识到他观察到了一个重要的现象。不过他还抱一线希望，以为这是由于特别持久的磷光作用引起的。他做进一步的测试，以证实阳光确实没有必要，铀化合物本身具有辐射性。他很快发现非磷光铀化合物也表现出相同的作用。他在 5 月宣布，铀元素确实是辐射的源头。

贝克雷尔最初认为他的射线类似于 X 射线，但是他进一步的实验表明，与中性的 X 射线不同，他的射线会受到电场或磁场的偏转。

1898 年，玛丽·居里和皮埃尔·居里（Marie，1867—1934 and Pierre Curie，1859—1906）开始研究这种奇怪的铀射线。玛丽·居里发现这些射线与铀的化合物形式无关，而是依赖于铀的原子结构。她称这一新现象为"放

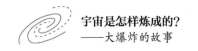
射性"。他们夫妇两人解决了如何测量放射性强度的问题，并发现了其他放射
性元素：钋、钍和镭。他们发现镭的放射性是铀的 100 万倍，1 公斤镭产生
的辐射能量足够在半小时内煮沸一升水。更令人惊讶的是，镭的放射性几乎
不会减弱，一公斤的镭可以继续每三十分钟煮沸一升水，并达数千年之久。
虽然与炸药相比，镭释放能量的速度非常缓慢，但它最终释放的能量是同等
重量炸药的 100 万倍。没有人知道这种巨大的能量从何而来。

1903 年的诺贝尔物理学奖的一半授予贝克雷尔"以表彰他发现自发放射
性"，另一半授予皮埃尔·居里和玛丽·居里"以表彰他们共同研究贝克雷尔
教授发现的辐射现象的贡献"。如图 4.1.1。

图 4.1.1　1903 年的诺贝尔物理学奖的一半授予贝克雷尔（左），另一半授予皮
埃尔·居里（中）和玛丽·居里（右）

皮埃尔·居里于 1904 年被任命为巴黎大学物理系主任，居里夫人继续
努力分离纯正的镭。1906 年 4 月 19 日，皮埃尔·居里在巴黎街头的一次车
祸中不幸丧生。居里夫人虽然极度悲伤，但发誓要继续她的工作，1906 年 5
月，她被任命为巴黎大学的第一位女教授。1910 年，终于成功地分离了纯金
属镭。由于这一成就，她获得了 1911 年诺贝尔化学奖，使她成为第一位获得
两个诺贝尔奖的学者。

居里夫妇两人长期在危险的放射性环境下继续他们的研究。他们的实验
室笔记本也变得具有高度的放射性，今天，它们必须存储在一个铅衬里框的

匣内。1934 年居里夫人最终死于因多年接触放射性物质造成的白血病。

在那个年代，没有人能充分认识到放射性的危险，人们以天真与乐观的态度看待镭之类的放射性物质。例如，一种镭漆的发明者兼一家美国公司 Radium Corporation 的总裁萨宾·冯·索乔基（Sabin von Sochocky，1883—1928）甚至预言，镭可以用作家庭内的电源："未来，房子内的灯光完全用镭作为能源，墙壁和天花板上的含镭漆发出像月光一般柔和的灯光。"不过，索乔基也是死于因为放射性物质造成的肿瘤。

居里夫妇两人的发现证明，原子内部深处隐藏着巨大的能源，但没有人能真正了解这到底是怎么一回事，包括居里夫妇。放射性辐射是什么东西？是什么原因造成的？19 世纪的科学家曾把原子看成是简单的球体，但从放射性的现象看来，原子内部必然有更复杂的结构。

原子内部结构的奥秘首先在贝克雷尔发现放射性现象后一年（1897 年）露出端倪。那一年，英国剑桥卡文迪什实验室（Cavendish Laboratory）物理学家汤姆森（J. J. Thomson，1856—1940）证明**阴极射线**[①]是由以前未知的带负电荷粒子（现称为电子）组成，他推算出这些粒子必须比原子小得多。他的实验不仅表明构成阴极射线的粒子比氢原子轻 1000 倍以上，而且无论它们来自哪种原子，其质量都相同。他的结论是：阴极射线由非常轻的带负电粒子组成，这些粒子是构建原子的基础部分。

通过比较电场和磁场对阴极射线束的偏转，汤姆森获得了可靠的电子质量-电荷比的测量结果，证实了他先前的估计。这成为测量电子电荷质量比的经典方法。1904 年，汤姆森提出"葡萄干布丁"复合原子模型，每个原子由正电荷的物质（布丁）和一些嵌入的负电荷电子（葡萄干）组成，电子可以从原子中剥离或者窃取，这样便可以解释静电的现象。此模型广为当时科学界所接受。因为他"对气体导电的理论和实验研究的伟大贡献"，1906 年

[①] 接近真空的放电管中，由阴极发射的电子流，在阳极后面的玻璃出现发光现象，在汤姆森之前，因为还不知道电子的存在，被称为阴极射线

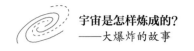
的诺贝尔物理学奖授予汤姆森。如图 4.1.2。

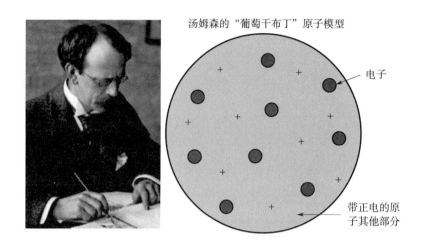

图 4.1.2　汤姆森（左）和他的"葡萄干布丁"原子模型横截面（右），每个原子由正电荷的面团（布丁）和一些嵌入的负电荷电子（葡萄干）组成。氢原子只有一个电子嵌入在少量的正电荷面团中，而重元素如金的原子由许多电子嵌入在更大的正电荷面团中

1895 年 10 月，24 岁出生于纽西兰农家的天才少年欧内斯特·卢瑟福（Ernest Rutherford，1871—1937）获得奖学金到英国剑桥大学学习，成为汤姆森的研究生。

年轻的卢瑟福在他父亲的锯木厂和亚麻厂工作，在勤劳的乡村小镇生活中苗壮成长，远离大英帝国殖民势力的中心。在英国，他是剑桥大学第一位"研究学生"（research student），即第一位直接进入著名的卡文迪什实验室参与研究的非剑桥大学本科毕业生。他很快成为汤姆森圈子中的一员大将。

卢瑟福雄心勃勃，专门找硬骨头来啃。1896 年，贝克雷尔在法国发现了放射性后，卢瑟福从研究 X 射线电离转向研究放射性物质的辐射线。他把铀放置在金属薄箔旁边，证明贝克雷尔发现的辐射不是这样简单：其中一部分很容易被非常薄的铝箔吸收或阻挡，而另一部分往往穿透相同的薄箔。为了方便起见，他分别命名了这些不同性质的辐射类型为 α 和 β。后来他的实验确定 α 粒子结构与普通氦原子核相同，由两个质子和两个中子组成，而 β 粒子结构与电子相同。

1898 年，卢瑟福 27 岁，离开英国前往加拿大蒙特利尔就任麦吉尔大学（McGill University）的物理学教授。汤姆森为卢瑟福写的推荐信这样说："我从未有过比卢瑟福先生更热衷和更具有原创研究能力的学生。我相信，他会在蒙特利尔建立一所杰出的物理学府。"

当年的麦吉尔大学拥有西半球装备最精良的物理实验室。在那里，他取得了一连串的开创性结果：发现了氡（一种放射性的稀有气体元素），证明 α 粒子可能在电场和磁场中偏离，因此可能是少了两个电子的氦原子。1902 年至 1903 年，卢瑟福和他的研究助手弗雷德里克·索迪（Frederick Soddy，1877—1956，1912 年诺贝尔化学奖得主）证明放射性是一些重元素的自然转化，涉及高原子序数的原子自发性分解成为其他元素。

这些结果的背后是一个耸人听闻的发现：原子不一定是永恒的，它们可以彼此转换，称为元素的**核嬗变**（nuclear transmutation），这是一个革命性的观点。尽管当时原子核的概念还没有出现，现在我们知道放射性现象与原子核有密切的关系。

在卢瑟福之前的近代化学中，原子被认为是稳定的，是所有物质坚不可摧的基础。当放射性被发现之初，没有人能了解这是什么现象。尽管居里夫人认为放射性是一种原子现象，但放射性物质原子的自发性分解、分裂和转化是一个全新的概念。虽然古代的炼金术及其相关的元素转化理论，早已被科学界抛弃，卢瑟福和索迪的仔细研究工作证明在放射性过程中，原子的分裂和转化实际上的确发生。放射性的能量来自原子内部，而 α 或 β 粒子的发射标志着从一个元素到另一个元素的转化。因为他对"元素的分解和放射性物质的化学成分"的贡献，1908 年的诺贝尔化学奖授予卢瑟福。如图 4.1.3。

大多数的诺贝尔奖得主最重要的科研成果都是在拿奖之前成就的。不过，卢瑟福更大的贡献是在他拿了诺贝尔化学奖以后的事。

图 4.1.3　1908 年的诺贝尔化学奖得主卢瑟福，他更大的贡献是以金箔实验证明原子的正电荷集中在一个极微小的原子"核"中（卢瑟福原子模型）

那时世界的物理研究中心还在欧洲，所以 1907 年，卢瑟福欣然接受了英国曼彻斯特大学的教授席位，继续他的实验研究工作。在曼彻斯特，卢瑟福与他的德国助手汉斯·盖革（Hans Geiger）合作，研制出测量电离粒子数目的计数器。直到今天，"盖革计数器"（Geiger counter）还是测量放射性强度的重要工具。

卢瑟福对 α 粒子的兴趣一直不减。他注意到，一束 α 粒子通过空气或一片薄薄的铝箔后，会被偏转和散射到不同的方向，变得模糊不清。这现象和汤姆森的"葡萄干布丁"原子模型看来相矛盾，因为放射性现象产生的 α 粒子有很高的能量，穿透力很强。在汤姆森模型内，原子中的正电荷均匀地分布在整个原子，估计应该没有足够的电场可以使 α 粒子的路径做大角度偏转。因此卢瑟福认为"原子中的正电荷必定存在一个很小的空间，能产生非常强烈的电场"。

有名的卢瑟福金箔实验是在 1908 年至 1913 年之间进行的，目的是希望从带正电荷的 α 粒子和金原子之间的相互碰撞，以了解电荷在金原子内的分布。在卢瑟福的指导下，盖格很快就展开这项工作，他的任务是对被薄金箔散射的 α 粒子数量进行精确测量。1909 年，20 岁尚未获得学士学位的本科生欧内斯特·马斯登（Ernest Marsden）刚好需要一个研究项目以满足他的学士学位要求时，卢瑟福建议他帮助盖格寻找大角度偏转散射的 α 粒子。

根据汤姆森的模型，如果 α 粒子与"葡萄干布丁"原子相撞，它很大概率地直接穿过，其路径最多偏转一点点。在金箔实验中，盖革和马斯登发现，大部分 α 粒子都以相当小的角度散射通过，但是其中很小一部分的粒子以非常大的角度偏转，到处散射，甚至接近180°（即它们向后反冲），导致卢瑟福惊呼："这几乎是令人难以置信的，好像你向一张纸巾发射炮弹，它反弹回来！"如图 4.1.4。

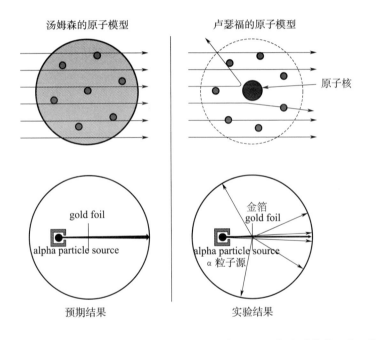

图 4.1.4 卢瑟福的金箔实验设置和模型说明：根据汤姆森的"葡萄干布丁"原子模型（左上），α 粒子通过金箔后的偏转可以忽略不计，预期结果如（左下）。实验结果（右下）显示一小部分 α 粒子以非常大的角度偏转散射，表示正电荷集中在一个极微小的原子"核"中（右上），验证了卢瑟福的原子模型采图

这样重、带电的高能 α 粒子如何能被静电排斥而做这么大角度的偏转？
1911 年的一天，卢瑟福兴奋地告诉盖革，他已经搞清楚了原子是什么样子的。

卢瑟福认为原子不是一个均匀的个体，而是由大部分虚空的空间构成。

大部分质量，所有的正电荷都集中在一个只有 1/1000 之一大小的"核"结构内。由于原子是中性的，总电荷为零，所以原子核的总电荷决定带负电荷的电子数目。正负电荷之间的吸引力把电子绑定到核周围的空间，并围绕着原子核运转，就像行星围绕太阳旋转的轨道一样，这个模型被称为卢瑟福原子模型。

这种洞察力，结合支持它的实验证据，是后世评价卢瑟福对科学最大的贡献，一些评论家甚至认为他是法拉第以后英国最伟大的实验物理学家。

但在当时，卢瑟福原子模型很少受到曼彻斯特以外的关注。原因是从稳定性的角度考虑，它有严重的缺点：所有的正电荷都集中在中央的核结构内，每颗电子围绕原子核运转。表面上情形与稳定的太阳系一样，实际上，一方面是因为电子间的互相排斥，另一方面是根据经典电磁学理论，电子运转的加速度会引起电磁波辐射，消耗能量，电子轨道最终坍塌掉到原子核上。

最坏的情况是只有一个电子的氢。它不像有两个电子的氦，每个氦核外围的电子可以吸收来自另一电子的辐射能量，维持稳定。氢原子唯一的电子只会辐射而没有可以吸收的能量，能量耗尽后，它的螺旋运动会迅速掉到氢的原子核心。所以根据经典电磁学理论，卢瑟福模型的氢原子根本不能存在宇宙中。

解释氢原子能存在的原因，成为卢瑟福实验室里一位来自丹麦，名叫尼尔斯·波尔（Niels Bohr，1885—1962，1922 年诺贝尔物理奖得主）的博士后的重要任务。

1911 年 9 月，刚刚从哥本哈根大学完成博士论文后，波尔到达英国剑桥，受到汤姆森的接待，但是在他对汤姆森的"葡萄干布丁"原子模型提出一些不同的意见后，汤姆森对他的热情便冷下来。波尔于是便转去曼彻斯特大学的卢瑟福实验室，本来只是想了解关于放射性实验的最新发展，结果他立即被卢瑟福说服，卷入了挽救氢原子核模型的奋斗中。卢瑟福需要波尔的大脑工作。

波尔的父亲是哥本哈根大学的生理学教授，母亲出身于一个富有的犹太人家庭，从小受到良好的家庭教育。

1912 年波尔在卢瑟福的实验室做博士后研究中，创造性地把卢瑟福的原子模型与普朗克的量子辐射理念相结合，为推进量子物理学往前迈进一大步，作出重要的贡献。他指出，放射性起源于原子核，而元素的化学性质则是由原子核外层轨道电子决定的。化学变化产生的分子只不过是核外轨道电子的重新组合，原子核不受影响。他在 1913 年发表的理论（波尔原子模型）将量子的新概念融入到电子轨道的电动力学中：不同轨道的电子有不同的能量，原子的光谱线可以解释为电子从一轨道跳到另一轨道时释放或吸收的光子能量。这样，卢瑟福原子模型的量子版本便可以准确预测氢（和单独电离的氦）光谱线的颜色。

1913 年，卢瑟福的一名学生助教，亨利·莫斯利（Henry Moseley，1887—1915）测量各种化学元素（主要是金属）的 X 射线光谱。他发现了 X 射线的波长和用作 X 射线管标靶的金属原子序数之间的数学关系。这后来被称为莫斯利定律。

在莫斯利和他的定律之前，原子序数被认为是一个大概的排序数字，随着原子质量而增加，但并没有严格定义。莫斯利的发现表明，原子序数是有一定的物理基础。他基于原子核中的正电荷而重新定义原子序数，从大约的数字标记，到一个严谨的顺序以帮助排序元素，使周期表更为精确。原子序数决定元素的化学性质，因为化学反应只与原子核外的电子有关。正如波尔指出，莫斯利定律提供了一套相当完整的实验数据，支持了卢瑟福的原子核构想，其中原子序数被理解为原子核中正电荷（后来称为质子）的确切数目。

很不幸，1915 年 8 月 10 日，年仅 27 岁的莫斯利在第一次世界大战中激烈的加里波利战役（Battle of Gallipoli）中阵亡。物理界在婉惜之余臆测，要不是因为英年早逝，莫斯利很有可能获得 1916 年的诺贝尔物理学奖。

卢瑟福的另一重要贡献是质子的发现。1917 年，卢瑟福将 α 粒子束发射

到纯氮（或其他轻元素）的气体中，观察到产生了很多的氢原子核。他的结论是氢核起源于氮原子，证明氢原子核是其他原子的一部分。这实验是历史上第一个原子核反应的实验，可以用以下的核反应方程式来表示：$^{14}N + \alpha \rightarrow$ $^{17}O + p$ [①]。

氢原子核后来被命名为"质子"，被公认为构建原子核的基本粒子之一。卢瑟福证明了氢的原子核（即质子）存在于所有其他原子的核中。

因为电子的质量大约只有质子的 1/2000，所以 1920 年卢瑟福预言原子核中应该有一种质量与质子相当的中性粒子，他称之为中子，才可以解释原子质量的观测结果。1932 年，卢瑟福的许多学生中之一，詹姆斯·查德威克（James Chadwick，1891—1974）在用 α 粒子轰击铍（beryllium）的实验中发现中子，因此而获得 1935 年诺贝尔物理学奖。这一发现和卢瑟福脱离不了关系。

事实上，早在 1930 年，德国物理学家瓦尔特·博特（Walther Bothe，1891—1957，1954 年诺贝尔物理学奖得主之一）和贝克尔（H. Becker）发现，当铍被 α 粒子轰击时，会产生一种高穿透力的辐射，尽管这辐射的能量比一般从他们所观察的核过程中所预期的要大，他们仍然将这辐射解释为伽马射线（光子）。查德威克在进行了类似的实验后，大胆地提出需要一新的中性粒子来解释这个结果。查德威克证明，这种所谓"辐射"是一种全新的粒子，即中子。两位德国科学家错过了发现一种新的基本粒子的机会。

中子的发现对核物理学的发展有深远的影响。首先，它立即澄清了原子核的结构。突然间，每个原子核都可以被理解为质子和中子的集合体。此外，中子还为核探索提供了一种强有力的新工具。由于它不带电，中子不受原子核所带的正电荷的影响，它很容易穿透原子核。在 1938 年，这一特性使

---

① 其中 ^{14}N 代表质量数为 14（7 个质子和 7 个中子）的氮原子核，^{17}O 代表质量数为 17（8 个质子和 9 个中子）的氧原子核，α 是包含两个质子和两个中子的 α 粒子，而 p 是一个质子。

它成为打开核裂变能源大门的钥匙。

汤姆森在 1919 年被任命为剑桥大学三一学院的院长后，卢瑟福成为接替汤姆森掌管剑桥卡文迪什实验室的不二之选。卢瑟福从 1919 年开始领导卡文迪什实验室，直到 1937 年去世。20 世纪 20 年代至 30 年代的卡文迪什实验室经常被认为是现代"大科学"的开始。数十名科学家的研究团队，琢磨着相互关联的课题。然而，大部分实验使用的都是简单、廉价的设备，卢瑟福也以此闻名。

30 年后，约翰·科克罗夫特（John Cockcroft，1897—1967，1951 年诺贝尔物理学奖得主）这样回顾 1932 年的卡文迪什实验室："这是一个'奇迹年'，这个月是中子的发现，另一个月是轻元素的转化，再过一个月，云雾室中正负电子对的轨迹被强大的磁场弯曲到左右两边，验证物质与辐射的转变，和正电子的存在！"

卢瑟福和他的实验室团队的一系列研究成果，为近代原子以及核物理学奠下基础。卢瑟福在 1908 年以后的其他成就本来足以使他（像居里夫人一样）获得另一面诺贝尔物理学奖牌。可惜的是，诺贝尔物理学奖始终与他无缘。原因是 1920 年前后是现代物理知识暴发的黄金年代，量子力学的出现，改变了我们对微观世界的认识，物理界的人才辈出，后浪推前浪，卢瑟福也只好让贤了。

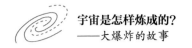

第 2 节　地狱之火——裂变核能的发现

有了正确的原子结构模型，物理学家终于可以解释放射性现象的根本原因。每个原子的原子核是由个别的质子和中子组成，这些成分可以与其他原子核的交换，或因为自身的稳定性，变成另一个，从而将一种原子变成另一种原子。这是放射性和核嬗变背后的机制。西方古代炼金术士的梦想终于在20 世纪的核物理实验室中实现。

重原子的原子核，例如，居里夫人发现的镭，是非常大的。镭核含有 88个质子和 138 个中子。要把这么多的带正电的质子挤在原子核内一起，往往是不稳定的，因此容易转化为更小的核。镭核有点像消化不良，会自然而然地吐出一个 α 粒子（一对质子和一对中子，即氦原子的核），从而转化为由86 个质子和 136 个中子组成，由卢瑟福发现的氡原子核。

1906 年，卢瑟福在麦吉尔大学的研究团队中一员，德国籍博士后奥托·哈恩（Otto Hahn，1879—1968，1944 年诺贝尔化学奖得主）回到德国柏林大学化学研究所，不久，哈恩与奥地利出生的犹太裔女物理学家莉丝·梅特纳（Lise Meitner，1878—1968）一起合作。他们在同一研究所合作了 31年。然而，他们之间从未有过爱情火花。

1906 年，梅特纳从维也纳大学得到物理博士学位后，来到柏林进修，认识了大名鼎鼎的普朗克。普朗克热爱音乐，而且造诣极佳。柏林的物理学家是一个小社交圈子，常常在普朗克家办起小型音乐会，普朗克弹钢琴，访客们拉小提琴，爱因斯坦也是这种社交活动的常客兼合奏者。在普朗克的私人音乐会里，还有另一位参加者——哈恩，他热爱交际、不拘小节，没想太多就邀梅特纳一起进行放射性研究。

5 年后，他们加入新成立的德王威廉化学研究所。在那里，哈恩成为了一个独立的放射化学系的主管。第一次世界大战后，他们继续放射性化学的研究。20 世纪 20 年代，梅特纳另辟蹊径，将研究重心转向蓬勃发展的核物理领域，跟哈恩专长的放射性化学区分开来。虽然这个选择是基于科学考虑，但对她的专业也有好处：少了哈恩的光芒，莉丝才得以树立自己独立科学家的身份。这段期间，莉丝靠着自己的研究工作，逐渐跻身世界一流科学家之列。因为她和哈恩的贡献，使德王威廉化学研究所受到全世界的广泛认可。1926 年，她担任柏林大学兼任物理教授，成为全德国屈指可数的女教授。

纳粹在 1933 年掌权后，梅特纳旋即被柏林大学免职，不过因为她是奥地利公民，加上普朗克和哈恩都是反对纳粹的，在某种程度上还能保护她。

1934 年，意大利物理学家恩里科·费米（Enrico Fermi，1901—1954，1938 年诺贝尔物理奖得主）发现当最重的天然元素铀被中子轰击时，会形成好几种放射性产品。费米认为这些产品是类似于铀的人造的跨铀元素（transuranic elements）。哈恩对此发现感到非常有兴趣，他在年轻的弗里茨·斯特拉斯曼（Fritz Strassmann）的协助下，重复费米的实验，取得了一些结果，起初似乎符合费米的解释，后来却越来越觉得扑朔迷离。

当德国在 1938 年 3 月吞并奥地利后，梅特纳奥地利国籍的地位在纳粹德国消失了，她成为一个实质上的德国公民。哈恩也无法再承担那股压力，对她表示：希望她不再进入德王威廉研究所，这对每个人都是最好的。老朋友态度的转变使她失望透了。7 月，梅特纳逃离德国，以躲避纳粹对犹太人的迫害。她首先前往哥本哈根的波尔研究所，并从那里到瑞典首都斯德哥尔摩的诺贝尔物理研究所的一份新工作上班。但在柏林的哈恩和斯特拉斯曼继续他们的研究工作。

1938 年 12 月，哈恩和斯特拉斯曼进行了核裂变历史上决定性的实验。他们用缓慢的中子束轰击铀，结果却难以理解。哈恩用困惑的语气给梅特纳

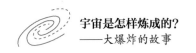

写了一封求助信。他们的结果似乎显示，元素钡是实验的产品之一。原子序数 92 的铀究竟如何能产生原子序数 56 的钡？哈恩就像丈二金刚摸不着头脑，询问梅特纳是否有办法解开谜团。

在此之前，俄国物理学家乔治·加莫（George Gamow，1904—1968）和波尔提出原子核可能类似于一滴液体（Liquid Drop Model），将原子核看成一水滴；水滴靠表面张力凝聚，原子核内部也存在某种内聚力，能够将质子和中子结合在一起。现在梅特纳推想在液滴核模型中，一个大的液滴是否可能分裂成两个较小的液滴？

1938 年 12 月底，她的外甥奥托·弗里施（Otto Frisch，1904—1979，波尔的博士后）从哥本哈根波尔研究所来探望她。他们在瑞典的雪地上散步，讨论哈恩的实验数据。他们猜测，铀原子核内部的电斥力相当强大，几乎足以将凝聚原子核的力全数抵销，铀原子核就像极度不稳定的水滴，只要稍微受到一点刺激就可能分裂。梅特纳突然的灵机一触，坐在树林里开始计算：铀裂变后的核分开时携带的能量。她计算出的能量是惊人的。能量来源是爱因斯坦著名的方程：$E = mc^2$，即核分裂产生的质量损失必须转化为能量，正好跟哈恩实验数据中的新生成原子核的运动能量相符，一切都天衣无缝地连接上了！弗里施借用了生物学中细胞分裂的术语，把此过程命名为裂变。

很快，梅特纳和弗里施合作写了一篇论文，他们提交给了《自然》杂志。梅特纳把她的计算告诉在德国的哈恩。

弗里施回到哥本哈根，将热腾腾的研究成果告诉波尔。只见波尔敲着自己的额头："我们多蠢呀！这太美妙了！"

波尔本来已经计划要到普林斯顿高等研究所作讲座，并与他的好朋友爱因斯坦（当时是该研究所的教授）讨论量子力学的问题。1939 年 1 月中，波尔如期到美国访问，波尔把核裂变的消息传到了美国，这个消息像野火般的速度传播开来。不久，各地的物理实验室都进行了同样的实验，以确认核裂变的现象和它产生的巨大能量。从此，不管这个世界是否准备好，在人类使用木材等化学能源数千年后，一种巨大的、崭新的能源——"裂变"原子核分裂释放的能量，横空出世。它很快便改变了人类战争的模式。

1905 年才被爱因斯坦发现的质量与能量可以互相转化的关系，现在有了实验证明。1938 年后的 7 年，1945 年 8 月 6 日，美国在日本广岛投掷原子弹。核裂变能源的应用，迅速结束了第二次世界大战。

对梅特纳来说，不幸的是，在她非法离开纳粹德国后，哈恩选择淡化她在发现核裂变中的角色，以保护自己，因为在纳粹德国把他们的名字联系起来是危险的。在哈恩的论文中不但没有将梅特纳列为共同作者，甚至没有感谢她的贡献。即使在第二次世界大战后，他似乎还是继续忽略她的贡献。

尽管波尔努力确保梅特纳的发现得到认可，不过顽固的诺贝尔委员会还是决定，哈恩个人因发现核裂变而独得 1944 年的诺贝尔化学奖。梅特纳为自己受到的不公平待遇而深深的感到失望与沮丧，许多其他科学家也纷纷为她鸣不平。虽然没有得到诺贝尔奖，梅特纳的贡献却毋庸置疑。战后，她获得数不清的奖项与邀请，甚至有些人将她形容为"原子弹的犹太母亲"，虽然她基于人道主义精神，断然拒绝了同盟国研发原子弹的邀请。

1997 年，梅特纳以更特殊的方式获得了荣誉，元素 109 以她的名字被命名为 Meitnerium。人们怀念、尊敬她，有甚于居礼夫人。

第3节　聚变——天上的火焰

太阳年纪多大了？是什么东西让太阳照耀四方？太阳如何产生维持地球上生命所需的大量能量？这些问题是同一问题的不同层面。对科学家而言，它是一个长达一百多年的挑战。理论物理学家、地质学家和进化论生物学家就谁的答案正确，展开了激烈的争论。

太阳在它生命中辐射出的总能量大约是它当前能量释放的速率，即所谓的太阳亮度（luminosity）与太阳年龄的乘积。太阳年纪越老，辐射出太阳能的总量就越大，就越难找到太阳能来源的解释。

19世纪物理学家认为太阳辐射能量的来源是万有引力。在1854年的一次演讲中，德国物理教授赫尔曼·赫尔姆霍尔茨（Hermann Helmholtz，1821—1894）提出太阳的辐射能量起源于它巨大质量的引力收缩释放的位能。

另一方面，生物学家和地质学家则考虑太阳辐射的影响。1859年，达尔文（Charles Darwin，1809—1882）在《物种起源》第一版中对地球的年龄做了一粗略的计算。他通过估计以他观测到的侵蚀速度，需要多长时间的风化作用，才能冲积出一个横跨英格兰南部的大山沟，他获得了一个大概是3亿年的估计，如果地球的年龄至少比这数字大，显然有足够长的时间让自然选择产生了地球上惊人的物种数量。因此，达尔文对地球上地质风化活动最低年龄的估计，意味着对太阳辐射能量的最低估计。

威廉·汤普森（后来的开尔文勋爵）是英国格拉斯哥大学（University of Glasgow）的教授和19世纪的物理学大家之一，也是热力学的奠基者。和赫尔姆霍尔茨一样，汤普森相信太阳的亮度是由引力能量转化为热量而产生的，认为太阳可用能量的主要来源是生成太阳的原始星云和流星的引力能量。

开尔文勋爵在 1862 年权威地宣布："考虑到下列的因素：1）除了化学反应产生的能量外，难以有其他自然的解释；2）化学能量是极不足够的，因为我们知道，即使相当于整个太阳质量的物质之间发生最强力的化学作用，只会产生大约 3000 年的太阳辐射能量；3）用星云和流星理论来计算，供应两千万年的太阳辐射能是没有困难的。我认为某种形式的星云和流星引力收缩理论是对太阳能量来源的无可置疑的解释。"

开尔文勋爵认为达尔文对地球年龄的估计是错误的，也认为达尔文的进化论在自然选择历史时间长度上是错误的。

开尔文勋爵是如何估计太阳寿命的？他计算了相当于太阳质量的物质从本来很大的空间引力收缩，坍塌成为半径等于太阳半径的物体后所释放的引力能量，除以太阳辐射能量的速率，结果便是太阳寿命的简单估计。根据这种推理，开尔文勋爵认为太阳最多只有几千万年的历史。但是许多 19 世纪的地质学家和生物学家却认为太阳至少已经照耀了几亿年，才可以解释地质变化和生物进化，因为这两者都依赖来自太阳的能量。太阳年龄和太阳能的来源不仅是物理学和天文学的重要问题，也是地质学和生物学的重要问题。

达尔文可能是被开尔文勋爵的分析能力和物理大师的地位所震撼，也可能是对开尔文勋爵的贵族爵位有所顾忌，以至在最后一版《物种起源》中，他删除了所有关于生物进化所需时间的讨论。他在 1869 年给进化论的另一发现者阿尔弗雷德·拉塞尔·华莱士（Alfred Russel Wallace，1823—1913）的信中抱怨开尔文勋爵："近年来，汤普森对地球年龄的看法，一直是我最头痛的烦恼之一。"

今天我们知道开尔文勋爵错了，地质学家和进化生物学家是对的。陨石的放射性年代测定表明，太阳大概有 46 亿年的历史。

1920 年，有名的天文学家亚瑟·艾丁顿（Arthur Eddington，1882—1944）相信他找到了太阳年龄的重要线索。据说当时除了爱因斯坦之外，艾丁顿是唯一能了解相对论的物理学家。他的线索来自爱因斯坦的质量与能量

可以互相转化的著名公式。那一年 8 月，艾丁顿在英国科学促进协会举行的年会中，就太阳能来源的问题发言，解释恒星如何从氢到氦的融合过程中，可以得到差不多无穷的能量。

他对在座的听众说："恒星发光发热的能量来自我们还不太了解的巨大能源。从最近放射性科学的新发现看来，这巨大能源很可能是来自物质本身。卢瑟福在他的实验室已经把氧和氮原子打散，释放出氦原子，在实验室可以发生的事情，在太阳内部应该也不会太困难。"

在 20 世纪 20 年代，物理学家已经知道氢原子的质量（正确地来说，是氢核）是 1.008；4 个氢原子（核）可能结合成一个氦原子（核），但氦原子的质量是 4.004。借鉴了最近发现存储在原子核内的能量，艾丁顿指出，结合过程中"丢失"的质量可以转化为能量来为太阳（恒星）提供发光发热的能源。如果太阳质量的 5%（最初是氢的形式）逐渐转化为氦，甚至更重的元素，就足以提供所有的能量。这过程现在称为核聚变。

与核聚变相比，裂变（原子弹）释放的能量，简直是小儿科。

困扰物理学家的主要问题是，太阳内部的条件是否可以触发聚变。在一般情况下，聚变反应是不能自发产生的，它须要高温和高压的状态。这是因为氢原子核是具有正电荷的质子，因此它会排斥另一个带正电荷的氢核。所以，要引发两个氢核的融合，需要能量来克服它们之间的静电排斥力。

当两颗质子能够与对方足够接近的时候，那么宇宙中有一种更强的吸引力，称为"强核力"（strong nuclear force），将静电排斥力压下去，把两个氢核（质子）捆绑在一起。不过真的要形成氦核，两个质子是不够的，还要有中子的帮忙。质子和中子间同样有"强核力"的存在，但没有静电排斥，所以氢以外的原子核都需要有中子。质子越多，需要越多的中子来平衡。自然界存在最简单的氦核是"氦 3"，由两个质子和一个中子组成，但是它不稳定，所以在地球上根本找不到，一般在地球上找到的是"氦 4"，由两个质子和两个中子组成。

在中子被发现（1932 年）前，物理学家对核聚变只能有一个模糊的概念。尽管如此，1929 年，罗伯特·阿特金森（Robert Atkinson）和弗里茨·胡特曼斯（Fritz Houtermans）在德国物理杂志（Zeitschrift für Physik）上发表了他们的核聚变理论。根据他们的计算，如果两个氢核可以彼此接近到 10^{-15} 米的关键距离，聚变可以发生。胡特曼斯和阿特金森深信，在太阳内部的高压和高温下，迫使氢核达到这个临界距离，导致聚变，从而释放能量，提高温度，引起持续的聚变。但是他们不知道详细的聚变反应过程。

完成这一详细研究的是汉斯·贝瑟（Hans Bethe，1906—2005，1967 年诺贝尔物理奖得主）。1933 年，因为母亲是犹太人而被纳粹德国解雇的贝瑟逃到英国，不久后他在美国找到了避难所，后来成为洛斯阿拉莫斯（Los Alamos）的美国原子弹项目理论部门的负责人。鉴于太阳内部的高温高压，1939 年，贝瑟在理论上确定了两条将氢转化为氦核的反应途径。

到了 20 世纪 40 年代，从观察得到的数据显示，贝瑟提出的核反应很明显地在太阳中心产生能量。天体物理学家估计太阳每秒钟转换 5.84 亿吨氢成为 5.8 亿吨氦，将损失的质量转化为阳光能量。尽管这样巨大的消耗速度，太阳目前仍有大约 2×10^{27} 吨氢气，可以继续维持它数十亿年的生命。贝瑟的理论解释了太阳内的核聚变过程，为核反应理论作出了贡献，因此他获得了 1967 年诺贝尔物理学奖。

经过多年核物理学者们的努力，已经清楚证明，在恒星的核心可以把简单的原子，如氢，转化为较重的原子，如氦，这过程中损失的质量转化为能量，泄露了恒星如何可以万古长存，照耀苍穹的天机。但是在恒星的核聚变过程进行得太慢，无法解释宇宙中观察到的氦**丰度**[①]（每 10 个氢原子中便有大概 1 个氦原子）。因此，大爆炸宇宙学家希望核物理可以帮助他们解决一个更大的问题：宇宙是如何进化成当前的状态？早期宇宙的条件是否能够产生

---

① 丰度（abundance），宇宙物质组成的化学元素成分的百分比。

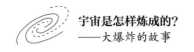
观测到的氦和其他的轻元素的丰度？

乔治·加莫（George Gamow，1904—1968），1904年生于俄国乌克兰的奥德萨（Odessa, Ukraine）。1923年，加莫进入列宁格勒大学念物理，先师从宇宙膨胀论的始创者弗里德曼（Alexander Friedmann），虽然弗里德曼没法能看到哈勃1929年的发现，但是他给加莫灌输对宇宙论的兴趣，激励他日后探索早期宇宙的努力。

1925年弗里德曼去世后，加莫只好更换论文导师，他的兴趣转向量子理论。在大学里，加莫与其他理论物理系的学生，如列夫·兰道（Lev Landau，1908—1968，1962年诺贝尔物理奖得主）等人成为好友。他们常常一起讨论和分析当年发表的量子力学突破性论文。1928年毕业后，加莫到德国哥廷根大学（Göttingen）继续从事量子理论研究，发展放射性量子隧道理论，成功地解释了放射性元素的 α 衰变行为。他的成就为他赢得了哥本哈根理论物理研究所的奖学金（1928年至1929年），师从氢原子模型之父波尔继续他的理论核物理研究。在那里，他提出了原子核"液滴"模型，作为现代核裂变和核聚变理论的基础。

1929年，加莫在英国剑桥大学卡文迪什实验室访问期间，应用 α 衰变隧道机制的反向过程计算热核反应率，说服科克罗夫特和卢瑟福在实验室证明核聚变的可行性。1934年卡文迪什实验室的首次核聚变实验成功，加莫功不可没。

1931年，加莫回国任列宁格勒大学教授。当时，自命为"坚持唯物主义"的李森科派（Lysenkoism）正称霸苏联科学界，不仅与李森科（Trofim Lysenko，1898—1976）持不同看法的遗传学家和生物学家受到逼害，就连物理界也受到巨大冲击：凡是支持爱因斯坦的相对论和海森伯的测不准原理的人，都一律被视为反动分子。在这种恶劣的氛围下，加莫觉得他在苏联已无发展前途，而且随时有生命危险，终于在1933年借一次物理学国际会议的机会离开苏联。1934年，他移居美国，任乔治·华盛顿大学教授，最后在科罗拉多大学从事研究和教学工作。在此，他探索和捍卫大爆炸假说。特别是，加莫想利用核物理来探讨大爆炸能否解释观测到的宇宙元素丰度。

但在他开始研究大爆炸的核物理之前，加莫要先了解阿特金森 - 胡特曼斯和贝瑟的工作，找出究竟恒星核聚变如何能够将氢变成较重的氦。他发现恒星聚变有一个关键的限制：恒星生产氦的速率过于缓慢。太阳每秒生产 5.8×10^8 吨的氦，这听起来好像很多，但太阳目前共有 5×10^{26} 吨氦气。以恒星生产氦的速度，须要超过 270 亿年，才能生产这个数量的氦。但根据当时的大爆炸模型，宇宙的历史应该远远没有这样长。因此，加莫的结论是，大多数宇宙中的氦在恒星（太阳）形成前已经一直存在，所以这些氦也许是在大爆炸中产生的。

如果加莫能将氦和更重的元素的合成与大爆炸拉上关系，这将是大爆炸模型强有力的证据。如果他不能，这个宇宙创造理论将面临重大的尴尬。在 20 世纪 40 年代初，当加莫开始他的探索，想要解释大爆炸后元素的产生，他很快注意到：他是在美国（甚至全世界）探索大爆炸核合成问题的唯一一个物理学家，因为几乎每个对核物理有深入了解背景的人，都被秘密招募到美国洛斯阿拉莫斯（Los Alamos）的曼哈顿计划（Manhattan Project）中，从事原子弹建造工作。

加莫没有从乔治华盛顿大学被招募的唯一原因是：他未能获得最高级别的安全许可，因为他曾经是一个苏联红军军官。负责签发安全许可证的美国官僚不明白，加莫的军衔，只是因为他曾经是红军中科学课程的教师。事实上，加莫因叛逃离开苏联，被缺席审判，处以死刑。

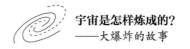
参考文献

J. L. Heilbron, "Ernest Rutherford: And the Explosion of Atoms", Oxford University Press (2003)

John N. Bahcall, Nobel Proze Lecture "How the sun shines" Beam Line, Winter 2001, SLAC. https://www.slac.stanford.edu/pubs/beamline/31/1/31-1-bahcall.pdf

第五章
"有物混成，先天地生"
——宇宙大爆炸

如果宇宙在一次大爆炸中开始，它会为宇宙带来什么？

相信宇宙正在膨胀是一回事，但相信宇宙起源于一个大爆炸是另一回事。要证明宇宙起源于一个大爆炸，科学家需要寻找大爆炸的直接证据。

第 1 节 最初的 5 分钟——氦是怎样炼成的?

天文学家利用多年来观察宇宙恒星和星系的分布数据,可以估计整个宇宙物质的平均密度,大概是每千个地球体积中有一克物质。接下来,加莫用哈勃测量的宇宙膨胀速度,设想时光倒流,宇宙收缩。越接近大爆炸的创造时刻,宇宙密度变得越高,他可以使用简单的数学计算出在过去任何时刻的平均密度。物质被压缩后会产生热量,这是中学生都懂的物理学定律。因此,早期压缩的宇宙会比今天的宇宙热得多。总之,加莫发现,他可以很容易地解决宇宙在任何时间点的温度和密度,从大爆炸开始的一刻,一直到今天。

确定早期宇宙的温度和密度是关键的一步,因为任何核反应的速率和结果几乎完全取决于它们。密度越高,两个原子核碰撞和引起聚变的可能性越高。随着温度上升,原子运动速度更快,这也意味着原子核更容易克服它们间的静电排斥力,更可能融合。天体物理学家知道太阳内部的温度和密度,所以他们可以找出哪些核反应能在恒星内部发生。现在加莫希望,利用早期宇宙的类似信息,他也可以找出哪些核反应能在大爆炸后不久发生。

早期宇宙的极端温度会把所有物质分解到最基本的形式。单独的质子就是一个氢核,假如它能捕获一个电子,就成为一个完整的氢原子。然而,早期的宇宙是如此热,如此充满能量,以致高速运动的电子,难以被任何质子的吸引力绑定成一个稳定的氢原子。不光是分子、原子不能存在,连氢以外的其他原子核,如氦,也不能单独存在,因为在高温高速的碰撞中,氦核也会被分解。因此,加莫为研究大爆炸建模的第一步是假设:宇宙的初始成分是单独的质子、中子和电子等最基本的粒子。除了物质的粒子外,早期的宇宙还有大量的光子，因为高速带电粒子间的碰撞不可避免会产生电磁辐射。高能量的质子、中子、电子和光子，组合成早期的宇宙，成为一团高温高压的高能粒子"液浆"体，犹如一锅热腾腾的浓粥。

从这个"混沌初开"的宇宙开始，随着时光如流水般的向前走，加莫希望能了解这些基本粒子如何开始聚合在一起，形成目前我们熟悉的原子核。最终，他的野心是展示这些原子如何会形成恒星和星系，进化成我们晚上看到星光灿烂的宇宙。简言之，加莫想证明大爆炸模型可以解释我们的宇宙是如何从混沌初开演变到达今天。

不过，当他开始计算可能发生的核反应时，加莫被摆在他面前的艰巨任务难倒了。他本来可以应付在一组特定条件下的静态计算，但大爆炸模型的困难是，它是动态的，不断变化发展的。在某一时刻，宇宙有一个特定温度，密度和粒子的组合，但1秒后，宇宙会膨涨扩大，导致一个较低的温度、密度和略有不同的粒子组成混合物，一切取决于已经发生的核反应。加莫挣扎着，举步维艰。他是一流的物理学家，但计算是他的短板。这是一个计算机还不存在的时代，所以他的进展很慢。

最终，在1945年，正当加莫一筹莫展的时候，他遇到一个年轻有为的学生，拉尔夫·阿尔弗（Ralph Alpher，1921—2007），正在为建立自己的学术前途而努力苦干。

1937年，16岁神童阿尔弗获得麻省理工学院奖学金。不幸的是，在与麻省理工学院校友访问的聊天中，他无意中泄露了他的犹太血统。当时美国社会对犹太人是充满歧视的，于是奖学金被迅速撤回。对于一个有抱负的少年来说，这是一个可怕的打击。

阿尔弗继续学业的唯一办法是白天工作，下班后他在乔治华盛顿大学上夜校，最终完成了他的学士学位。在此期间，阿尔弗得到加莫的青睐，一方面是因为阿尔弗的父亲也来自乌克兰的奥德萨，加莫的老乡，另一方面是加莫慧眼识珠，看出阿尔弗是一个思想绵密又能兼顾细节的数学天才，这正好

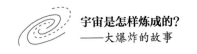

与他的数学缺陷互补。加莫立即把阿尔弗收为他的博士生，指导阿尔弗以早期宇宙核合成的问题作为博士论文的题材。

加莫指出，大爆炸核合成（nucleosynthesis）只能局限在一个相对较短的时间和温度窗口。早期宇宙是如此的热和高能，质子和中子运动太快，以致彼此擦肩而过，没有反应的机会。然而，时间太久后，宇宙冷却，温度下降到质子和中子不再有足够的能量达到核聚变反应条件，两者反应便停止。简言之，核合成只能在宇宙温度在万亿度至百万度之间的时候，才能发生。

核合成窗口的另一个限制是："自由"中子是不稳定的，除非它被约束在氦原子核内，否则中子会衰变成质子。因此，在早期宇宙中的自由中子在没有形成原子核之前，有一部分会消失。自由中子有一个所谓的"半衰期"，大约是10分钟，意思是一半的自由中子会在10分钟后因为衰变而消失，剩下一半的一半在另外10分钟后消失，如此类推。因此，除非中子已经与质子聚合反应形成稳定的核，否则不到2%的原始中子在一个小时后还会留下来。另一方面，有些核反应也可以产生中子，使情况进一步复杂化。因为中子是核合成中的重要成分，中子半衰期和中子的产生速率是确定大爆炸后核合成所需时间的关键因素。

加莫和阿尔弗花了三年时间完成计算工作。在这期间他们不断完善他们的假设，更新他们的核反应速率。这是一项前无古人的努力。他们将已知的物理学原理应用于一直是概念模糊的大爆炸理论，尝试对早期宇宙的条件和状况进行数学建模。他们估计初始条件，应用核物理定律，来推算核合成过程如何进展，宇宙如何一步步地随着时间演化。

艰苦过后，阿尔弗越来越有信心，他可以为大爆炸发生后数分钟的氦原子形成过程准确地建模。

阿尔弗估计在大爆炸核合成阶段结束时的氢与氦核比例大概是十比一。这比例与现代天文学家观察宇宙的结论一致。换句话说，大爆炸可以解释我们今天看到宇宙中的氢和氦。阿尔弗还没有认真尝试模拟其他元素的形成，但预测氢和氦在宇宙观察到的比例本身就是一项重大成就。毕竟，这两个元素占宇宙中所有原子的 99.99%。

在此前数年，通过天体物理学家汉斯·贝瑟等人的努力，已经能够证明，恒星内部能把氢燃料变成氦，但恒星的核反应速度过于缓慢，所以恒星核合成只可以解释宇宙中已知存在的氦的一小部分。现在，阿尔弗可以用大爆炸来解释氦的丰度。

这是哈勃发现星系红移以来，大爆炸模型的第一个重大胜利。

在提交给《物理评论》（Physical Review）杂志于 1948 年 4 月 1 日出版，题为"化学元素的起源"的论文中，加莫和阿尔弗宣布他们的突破。也许是一时心血来潮，或是出于玩世不恭，加莫一直在秘密地考虑，把贝瑟的名字添加到作者名单上。添加额外作者的动机纯粹是开玩笑性质：贝瑟是加莫的好友，又是著名的恒星核反应物理学家，即使贝瑟没有对这篇研究论文作任何特殊贡献，把阿尔弗、贝瑟和加莫的名字放在一起，成为一个与首三个希腊字母 α、β 和 γ 的双关语，加莫开的玩笑使这篇论文日后更容易被物理界回忆。

作为一个还没有成名的博士生，阿尔弗担心增加贝瑟的名字会掩盖过他自己的贡献，减少他应该获得的认可。但尽管阿尔弗反对，加莫还是坚持他的意见。

论文发表后，阿尔弗仍然不得不面对获取博士学位过程中的最后一重障碍，捍卫毕业论文的口试。由于科学界和新闻界早就听到阿尔弗 - 贝瑟 - 加莫的成果，1948 年春末，300 多人挤进乔治华盛顿大学，来听阿尔弗的博士论文答辩。《华盛顿邮报》记者听到阿尔弗关于在宇宙大爆炸中完成从氢制造氦的结论，大胆地以头条新闻报道了"世界在五分钟内创造完成"。

阿尔弗被授予博士学位，但他 15 分钟的名声很快就结束了。正如阿尔弗所预料的，在杰出合著者（加莫和贝瑟）的阴影下，他失去了在大爆炸模型发展中起着关键作用应得的光荣。当物理学家阅读这篇阿尔弗 - 贝瑟 - 加莫

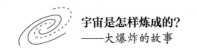

（αβγ）论文时，他们往往被误导，以为突破是由加莫和贝瑟主导的，阿尔弗的名字被忽视了。

在完成博士学位后，阿尔弗和罗伯特·赫尔曼继续研究早期宇宙的工作。这项研究导致他们预测宇宙微波背景，但他们的预测被忽视，他们的成就没有得到适当的认可，宇宙微波背景在 1964 年被发现。阿尔弗后来成为通用电气公司的研究员。加莫继续研究其他主题，涉足 DNA 的化学。阿尔弗在 2007 年获得国家科学奖章后不久去世。

今天，现代计算机可以更准确地重复进行阿尔弗的计算，并发现氦并不是唯一被大爆炸创造的元素。加莫-阿尔弗的大爆炸核合成理论也预测大约每 30 万个原子中就有 1 个应该是重氢，大约每 50 亿个原子中就有 1 个是锂——两者现在都已经被观察证实。这些最轻元素的相对丰度，有力地支持宇宙曾经比现在热得多、密度更大的假设和大爆炸核合成理论。

第2节 大爆炸的余晖——宇宙微波背景辐射

这篇阿尔弗-贝瑟-加莫的论文，是大爆炸与永恒宇宙辩论的一个里程碑。它表明，在大爆炸之后可能发生的核反应过程，可以通过实际计算来估计，从而测试这个创造理论。大爆炸的支持者现在可以指出两件观察证据：由哈勃检测到宇宙膨胀和氢氦的丰度，都是与宇宙大爆炸模型完全一致的。

大爆炸理论的批评者不甘示弱，作出反击。他们的第一反应是：加莫和阿尔弗的计算和观察到氦丰度的一致只是巧合。第二个批评是针对加莫和阿尔弗的计算未能解释如何产生比氢和氦更重的核。

加莫和阿尔弗在很大程度上把这个问题先搁在一边，打算在他们的论文发表以后再解决它。但事实上，他们很快便意识到他们的研究已经达到了一个障碍重重的死胡同：试图在大爆炸中合成比氦重的核，看起来几乎不可能。

阿尔弗和加莫最初提出的理论是，所有的氢以外的原子核都是通过"连续捕获"中子产生的，每一次增加一个质量单位。然而，后来的研究对"连续捕获理论"的普遍性提出了挑战，因为在自然界中从没有发现任何元素具有原子质量为 5 或 8 的稳定"同位素[①]"，从而阻碍氦以后的元素的产生。

最大的困难是一个所谓的"5-核子决口"（5-nucleon crevasse）。核子（nucleon）是质子和中子的通称，它们的质量差不多，都是组成原子核的基本粒子。一个质子就是普通的氢原子核，一个质子加一个中子构成氘（即重氢）的核，一个质子和两个中子构成氚（超重氢）的核，氘和氚都是普通氢

[①] 同位素——在元素周期表中占同一位置的元素，它们的原子核有同数量的质子，但不同的中子数，外围也有同数量的电子，所以化学性质相同。

的同位素。两个质子和两个中子构成氦的核。这些元素在自然界都是存在的。

不过奇怪的是，由于原子核中的强作用力的复杂性质，在自然界中没有5个核子组成的原子核，有点像没有5个轮子的汽车，因为它本质上是极不稳定的，这现象被称为"5-核子决口"。在核物理学实验室中，从氦4可能形成5个核子的核是氦5（2质子+3中子）和锂5（3质子+2中子），但这两种元素都是超级不稳定，它们的半衰期都在 10^{-24} 秒左右。但是，核子总数大于5的稳定的核却有很多，如锂6（3质子+3中子）。

天文学家最终认识到，在目前宇宙中观察到氦以后的重元素大部分是恒星核合成的结果，这一理论后来主要由弗雷德·霍伊尔（Fred Hoyle，1915—2001）和威廉·福勒（William Fowler，1911—1995，1983年获诺贝尔物理学奖）发展而来。福勒因为"他的核反应理论和实验研究对宇宙中化学元素形成的重要贡献"而获得1983年诺贝尔物理学奖。

正当加莫和阿尔弗在重原子的核合成遇到困难时，阿尔弗与约翰霍金斯大学应用物理实验室的同事罗伯特·赫尔曼（Robert Herman，1914—1997）开始了大爆炸理论的另一项更重要的工作。阿尔弗和赫尔曼有很多共同背景，两人都出身俄罗斯犹太移民家庭，同是年轻有为的研究人员。当赫尔曼无意中听到阿尔弗和加莫之间的讨论时，他忍不住加入参与他们的研究。以数学模型推算早期宇宙性质的探索实在是太诱人了。

阿尔弗和赫尔曼开始他们的合作。他们重温大爆炸模型的宇宙早期历史。因为太多能量的关系，大爆炸刚刚过后的宇宙是极端混乱的。接下来的几分钟是关键的时段。不太热不太冷的温度，通过聚变形成大部分的氦和少部分其他轻元素的核。这是阿尔弗-贝瑟-加莫的论文研究的结果。此后，宇宙太冷了，不能继续进行聚变融合反应。不过，宇宙的温度仍然约有100万度，这导致所有物质处于一个称为"等离子体"的状态。

从另一个方向来看，设想像一场电视剧般来观看宇宙的演化历史，但是把时间的方向反过来，宇宙在收缩，其中的气体逐渐变热，它们的密度越来越高，原子间的相互撞击会越来越猛烈，直到它们分解成原子核和自由电子，这个过程称为"电离"。电离可以分为"完全电离"和"部分电离"两种。"完全电离"是原子核外的电子完全变成自由电子，"部分电离"是原子核只失去外围部分的电子。带正电的秃核，或只失去部分外围电子的原子核，统称为正离子。

什么是"等离子体"的状态？

物质的第一和最低温的状态是固体，其中的原子和分子被紧密地锁在一起，成为形状和体积固定的一块，例如冰。第二种状态是比较温暖的液体，其中的原子或分子只有松散的联系，他们之间可以相对流动，体积固定但形状可以改变，例如水。第三种更热的状态是气体，他们的原子或分子间几乎没有关系，可以随意移动，没有固定的体积和形状，像蒸汽。假如我们把蒸汽持续加热，随着温度不断地上升，蒸汽先分解为氢与氧原子，温度再高，气体原子间的撞击越来越猛烈，以致原子核不能保持它们外围的电子，那时的物质是电子和正离子的混合物，在这种状态下的物质称为**等离子体**。大多数人对等离子体状态比较陌生，不过我们中许多人每天通过开关霓虹灯、日光灯或等离子体电视等日用家电，创造等离子体。等离子体也存在于地球大气层外围的电离层和太阳的表面和外围。

在大爆炸后一小时，宇宙充满了氢、氦和其他轻元素的核，温度仍然很高。尽管异电荷互相吸引，带负电荷的电子尝试锁定正电荷的核（或正离子），但他们的运动太快，电子进入不了围绕核的轨道，核和电子一遍又一遍地擦肩而过，宇宙仍然是一团由原子核和自由电子组成的等离子体的热腾腾的"浓粥"。

此时的宇宙当然也包含另一种成分，压倒性数量的光子，情况类似于黑体辐射。然而，令人惊讶的是，初生的宇宙，虽然到处是一片的光芒，但我们不可能看到任何东西。光子很容易被带电粒子（特别是电子）散射。光子被困在等离子体中，被各种粒子反复散射后，导致一个不透明的宇宙。像我

们在雾中不可能看到迎面而来的汽车，因为它的灯光经过无数次被微水滴散射，在到达我们的眼睛前，已经改变方向很多次。由于这种多重散射，等离子体的表现就像雾。

阿尔弗和赫尔曼继续他们的头脑风暴，想弄清楚这个光子海洋和等离子体间还可能发生什么事情。他们推断，因为宇宙随着时间而膨胀，等离子体会渐渐冷却。到了一个关键时刻，当电子锁定到原子核上，便可以形成稳定的中性的氢和氦原子。从等离子体到氢气和氦气的过渡大约发生在3000℃。两人估计，宇宙需要到380000年左右的时间才能冷却到这个温度。此事件通常被称为"重组"（recombination，即电子与原子核重新组合为中性的原子）。

"重组"后，宇宙变得充满中性的气态粒子，这大大地改变了宇宙间光的行为。光很容易与带电粒子相互作用（散射），但在气体中的中性颗粒间，可以通行无阻。因此根据大爆炸模型，"重组"的时刻是第一次在宇宙的历史中，光线可以自由通过空间畅通无阻，仿佛宇宙的浓雾突然消散了。

此刻，阿尔弗和赫尔曼脑中的雾也豁然开朗了，因为他们开始领悟到"重组"对宇宙的意义。如果大爆炸模型是正确的话，那么在重组时存在的光子，今天应该仍然保存在这宇宙中，因为光与中性气体原子没有相互作用。换句话说，在等离子体时代结束时释放的光子目前应该像"化石"一般的存在。这些光子将是大爆炸遗下的证据。

阿尔弗和赫尔曼估计，当等离子雾消散时，宇宙温度约是3000℃，在这时刻释放的黑体辐射波长峰值大约是1/1000毫米，这波长是温度的直接后果。但是，因为宇宙一直在扩张，所有这些光波会被拉长。这类似于被哈勃等人测量到从后退的星系发出的红移光。它的等效黑体温度将随着宇宙的膨胀而继续下降，与宇宙的大小成反比。阿尔弗和赫尔曼自信地预测，大爆炸余晖的波长现在应该大约为1毫米，此波长位于频谱中的微波区域。

在阿尔弗-贝瑟-加莫的论文出版后短短几个月内，阿尔弗和赫尔曼完成了他们的理论突破，该成果可以说比计算大爆炸后的氢氦转化更重要。当阿尔弗和加莫开始早期宇宙的模型计算前，他们已经知道他们要得到的答案，即观察到的氦丰度。所以，批评他们的人曾不公平地说，加莫和阿尔弗用已知的答案来指导他们的计算方向。换句话说，大爆炸的反对派指责他们为了取得预期的结果而建立他们的模型。

相比之下，大爆炸 38 万年后残余光子的存在，是一个明确的预测，完全基于大爆炸模型。探测这种残余光将提供有力的证据，证明宇宙确实在大爆炸后诞生。相反，如果这种残余光不存在，那么大爆炸不曾发生，整个模型崩溃。

阿尔弗和赫尔曼（图 5.2.1）的具体预测是：整个宇宙应该充满一种微弱的微波，波长约为 1 毫米。它应该来自四面八方，存在于任何地方，因为它是宇宙从等离子体"重新组合"成为中性气体的时刻产生的。任何人如果探测到这种所谓的"宇宙微波背景辐射"（cosmic microwave background radiation，CMBR）将证明大爆炸真的曾经发生。这种宇宙背景辐射实际上给我们一张宇宙在大爆炸后 38 万年的快照。

图 5.2.1 拉尔夫·阿尔弗（左）与罗伯特·赫尔曼（右），他们 1948 年预言的宇宙微波背景辐射，终于在 1965 年偶然被发现，证明大爆炸真的曾经发生

1948 年 11 月 13 日，阿尔弗和赫尔曼发表在《自然》杂志上的论文《宇宙的进化》，第一次宣布他们的宇宙微波背景辐射相当于 5K 的黑体辐射。不幸的是，这一个重要的发现完全被科学界忽视了。

阿尔弗在 1997 年 8 月 25 日的一封信中这样说:"加莫对这预测的贡献是强烈地表达他的保留态度,在我们论文第一次出版后(1948 年底)的三年中,他一直怀疑它的正确性和意义。然后,他反过来,发表了几篇论文,承认这种辐射在理论上的存在,但错误地计算了它的属性。这错误混肴了文献有好些年。"

另一方面,雪上加霜的是,阿尔弗和加莫都有形象问题。因为加莫的传奇和另类性格,导致一些物理和天文学家认为他的工作态度不认真,好开玩笑,故作惊人之举。一个著名的案例是所谓的阿尔弗 - 贝瑟 - 加莫论文,通过把阿尔弗的名字连接到更有名的贝瑟和加莫的名字上,导致一些人的误会,认为阿尔弗是一个虚构的物理学家,像虚构的法国数学家**尼古拉斯·布尔巴基**[①](Nicolas Bourbaki)一样。

面对压倒性的冷漠,三人不得已在 1953 年结束他们的大爆炸研究工作,发表了一篇最后论文,总结了他们的工作和最新的计算,估计微波背景辐射的温度。不过,在当时的情况下,这种辐射是很难测量的。

其后,加莫的兴趣也转移到其他研究领域,包括 DNA 遗传密码的化学。

失望之余,1955 年心灰意冷的阿尔弗接受了通用电气公司位于纽约的研发中心研究员的职位。1956 年赫尔曼也前往在密歇根州底特律的通用汽车研究实验室,作为基础科学小组负责人,发展汽车交通流动理论,这一理论现在仍然是最先进的。从此两人分别踏上不同的工业研究方向,与学术界分手。1979 年,赫尔曼加入德克萨斯大学奥斯汀分校(University of Texas at Austin),并被任命为物理和土木工程教授。1986 年,阿尔弗从通用电气退休,1987 年至 2004 年,他在纽约舍内塔迪联合学院(Union College in Schenectady,New York)担任杰出物理学和天文学研究教授。

---

① 尼古拉斯·布尔巴基是一群法国数学家的笔名。20 世纪 30 年代中期,法国的八九位年轻数学家以这个笔名出版了一套广泛使用的权威性数学教科书,代表了"当代数学家"的精髓。

尽管如此，赫尔曼和阿尔弗两人最终还是因他们对宇宙大爆炸开创性的贡献而得到认可。1993 年，美国国家科学院（National Academy of Sciences）宣布，他们分享亨利·德雷珀奖章（Henry Draper Medal），这是该院最古老的奖项，作为对天文物理学贡献的认可。他们因"在开发宇宙演化的物理模型和预测微波背景辐射的存在而得到表扬。在偶然发现这种辐射多年前，他们通过这项工作，成为 20 世纪人类主要知识成就之一的参与者"。

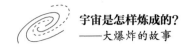
第3节　贝尔实验室与普林斯顿——寻找宇宙微波背景的竞赛

20世纪50年代，现代科技才真正开始。从半导体材料制成的晶体管出现，主导了未来计算机和通信行业的发展，到1953年苏联成功爆炸氢弹，1957年苏联人造卫星上天，突然间，美国与苏联的科技竞赛开始了。

为了支持通信网络以及雷达，微波技术得到迅速的发展。

1960年，美国电话公司的贝尔实验室（Bell Laboratories）在新泽西州霍尔姆德尔（Holmdel，New Jersey）建造了一台20英尺长的喇叭天线，最初设计用于检测来自"回声"（Echo）卫星系统的微波信号。"回声"是一种在发射前被挤压成66厘米的球体，但一旦进入太空轨道后，它会膨胀成一个巨大的银球，直径30米，能够反射从地球发射的无线电信号，让远距离的接收机可以接收。几年后，美国又发射了一颗更新的Telstar卫星，它内置了转发器，与"回声"相比，现代通信卫星具有接收机以接收来自地球的信号，放大信号后再转播它们。"回声"系统过时了。

贝尔实验室有两名员工早已经盯上了这座巨型天线（图5.3.1）。这种喇叭天线特别适合应用于射电天文学：它有很好的屏蔽，免于受到本地无线电波的干扰，它的大小使它可以准确锁定天体无线电信号源的位置。

1958年加入贝尔实验室的阿诺·彭齐亚斯（Arno Penzias，1933年生），是德国出生的犹太人，1940年全家逃到美国后定居纽约市，1962年从哥伦比亚大学物理系获得射电天文学博士学位。彭齐亚斯的博士导师是查尔斯·汤斯（Charles Townes，1915—2015），因为他发明的**微波激射**（maser，相当于微波激光）成为1964年诺贝尔物理学奖得主。彭齐亚斯的博士论文研究使用

图 5.3.1　威尔逊（左）和彭齐亚斯（右）与在新泽西州贝尔实验室的喇叭天线。这台射电望远镜本质上是一台巨大的无线电天线，其孔径为 6 平方米。微波背景辐射被他们在 1965 年无意中发现

通过激发辐射进行微波放大来测量来自星系空间的无线电信号。他很清楚霍尔姆德尔天线也是一台非常好的射电望远镜，并渴望用它来继续他的观察。

1962 年，另一位射电天文学家带着同样的想法来到贝尔实验室。罗伯特·威尔逊（Robert Wilson，1936 年生），土生土长的美国得克萨斯州休斯敦人，父亲是当地油田的化学工程师。他是加州理工学院的博士和博士后，专业探索来自银河系的无线电信号，也是以激发辐射放大微弱的微波信号专家。

1962 年，Telstar 卫星的成功部署，让这两位研究人员都得到他们心仪的巨型喇叭天线，以进行纯粹的基本科学研究。他们抓住机会，希望利用它来分析星系间空间的无线电信号。

彭齐亚斯和威尔逊得到了贝尔实验室的许可，使用喇叭天线扫描天空，他们想测量来自我们的银河系的无线电噪声，实际上这等于是来自天空本身。因此，在他们可以做任何认真的测量之前，他们首先必须充分了解这一

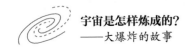
射电望远镜和它所有的特性。尤其是，他们必须消除接收系统的所有可识别的干扰和噪声。

噪声是一技术术语，用来描述任何可能掩盖真实信号的随机干扰。这与我们日常遇到的噪声完全相同。当我们调整收音机来收听某一个特定的电台，电台的信号可能受到其他声音的污染，这就是噪声。信号和噪声之间的斗争总是有的，在理想情况下，信号应该比噪声强很多。我们可以非常清楚的听到本地电台广播，因为信号比噪声强得多，但是，如果调频到远处的电台，信号很可能较弱，噪声将对广播清晰度产生严重的影响。在最坏的情况下，无线电信号完全被噪声淹没，无法听到任何信息。

为了要检查噪声水平，彭齐亚斯和威尔逊把他们的射电望远镜指往天空中已知的非无线电源星系的方向。那里应该几乎没有来自太空的无线电信号，因此检测到的任何东西都可视为噪声。他们本来期待着可以忽略不计的噪声，但是惊讶地发现一个意想不到的和恼人的噪声水平。"我们称之为噪声，因为它完全没有结构，它是随机信号"，威尔逊说。

噪声水平固然令人失望，但没那么高到严重影响他们计划中的测量。事实上，大多数无线电天文学家会选择忽略这个问题。然而，彭齐亚斯和威尔逊决心进行最敏感、最精细的测量，所以他们试图找到噪声源，如果可能的话，减少或完全消除它。

噪声源一般可以分为两种类型。首先，有外围因素的噪声，由射电望远镜以外的一些实体造成的，如地平线上的主要城市或附近的一些电信设备。他们搜寻任何附近地理环境的可疑噪声源，甚至令望远镜指着纽约市的方向，但噪声并没有增加或降低，这排除了"城市干扰"的可能。他们还监测噪声水平与时间变化的关系，但噪声的水平昼夜一样，四季保持不变，所以它不可能来自太阳系，不是来自银河系或外星无线电源的辐射，甚至不可能来自1962年的地面核试验，因为在一年内，核试验沉降物会减少。更详细的分析，将可能的军事试验从他们的名单中一一删除。总之，噪声是绝对恒定的，不管在何时或望远镜指向何方。

这迫使两人探索第二类噪声，即设备固有的噪声。射电望远镜有许多组件，每个组件都有产生自身噪声的潜力。这与我们的收音机出现的问题完全相同：即使广播电台有很强的信号，广播的清晰度可能因收音机的接收器、放大器、扬声器或接线产生的噪声而降低。彭齐亚斯和威尔逊检查了每一个射电望远镜的部件，寻找不良的接口、草率的布线、电子零件故障、接收器中的错位等。他们用液态氦将接收机冷却到 −269℃，仅比绝对零度高 4℃，抑制接收机本身温度（黑体辐射）产生的微波干扰。

最后，他们的注意力集中在一对喇叭天线内筑巢的鸽子上。彭齐亚斯和威尔逊担心鸽子在喇叭上制造的"白色介电材料"沉积和涂抹，可能是噪声的原因。因此，他们把捕获的鸽子，用车送到 50 公里外释放，然后擦洗喇叭天线，直到它闪闪发亮，但鸽子的宿主本能，使他们不久便飞回望远镜的天线，并开始再次沉积白色介电材料。彭齐亚斯说："为了摆脱它们，我们终于发现最人道的方法是：在近距离放一枪，杀了他们。这不是我乐意做的事情，但这似乎是我们走出困境的唯一出路。"枪声过后，鸽子离开了，但噪声依然存在，来自所有方向。

经过一年的检查，清洁和重新布线的射电望远镜，噪声水平略有降低。一些剩余的噪声来自大气层的效果，另一些则来自喇叭的壁，他们不得不接受，这两个噪声来源是不可避免的。然而，这仍然不能完全解释他们检测到的所有噪声。有一个既神秘又不断的噪声源头：不知是什么东西，如何从四面八方发射无线电波。这种残余噪声比他们预期的要强烈 100 倍，均匀地分布在整个天空中，日夜存在。两个沮丧的无线电天文学家一点办法都没有了。

非常巧合，差不多同时在 60 公里外的普林斯顿大学，物理学家罗伯特·迪克（Robert Dicke，1916—1997）和他的博士后詹姆斯·皮布尔斯（James Peebles，1935 年生，2019 年获诺贝尔物理学奖），大卫·威尔金森（David Wilkinson，1935—2002）等，正准备在这个微波区域内寻找微波辐

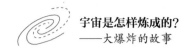
射。迪克和他的同事们认为，大爆炸不仅散开了后来凝结成星系的物质，而且一定会释放巨大的辐射。使用适当的仪器，这种辐射是可以探测到的。由于宇宙膨胀引起的红移，他们估计，今天这种辐射应该是在微波范围内。

罗伯特·迪克是故事的关键人物，没有他的话，也许宇宙微波背景辐射的发现会延迟。迪克是一位多才多艺的物理学家，具有多方面的兴趣。他主业是一名实验物理学家，但他对万有引力理论发展也有重要的贡献。

迪克出生于美国密苏里州圣路易斯市，1939 年毕业于普林斯顿大学，获得学士学位，1941 年获罗切斯特大学（University of Rochester）核物理博士学位。第二次世界大战期间，他在麻省理工学院的辐射实验室（Radiation Laboratory）工作，从事雷达研究和技术开发。1946 年，迪克发明了有名的"迪克微波辐射计"（Dicke microwave radiometer），即微波接收器，也正是彭齐亚斯和威尔逊在贝尔实验室用的接收器。迪克用它测量微波的大气吸收率，这种吸收是战时为了增加雷达分辨力的一个限制因素。在军事雷达研究之暇，迪克还做一点基础科学的研究，使用他的辐射计检测来自月球的热辐射，又在辐射实验室屋顶测量微波背景辐射的温度，证明"宇宙物质"在1 厘米至 1.5 厘米的辐射温度低于 20° K（绝对温度）。

战后，迪克回到普林斯顿大学的物理系当教授。1961 年，他与研究生卡尔·布兰斯（Carl Brans，1935 年生）合作发展出一套新的重力理论，现在称为布兰斯 - 迪克理论。虽然爱因斯坦的广义相对论仍然是公认的重力理论，大多数关于广义相对论的教科书都有讨论布兰斯 - 迪克理论作为一个不容忽视的替代方案。从加拿大来的皮布尔斯也约在此时成为他的研究生，后来还是他的博士后。20 年后，据皮布尔斯在美国物理学会口述历史的采访中回忆：

> "大概是 1964 年夏天，迪克开始对宇宙膨胀发生浓厚的兴趣，常常在研究生和博士后的聚会中讨论，与小组分享他对宇宙早期历史的一些想法……
>
> 然后，他（迪克）注意到高温的早期宇宙会留下残余的黑体辐

射，他说'如果有人能寻找到这辐射残余，这难道不是很有趣吗？'于是，他说服威尔金森和彼得·罗尔（Peter Roll，另一位博士后）开始思考……

首先在文献中寻找可能相关的其他测量结果，然后开始构建仪器。他只是对我（皮布尔斯）说，你有没有兴趣去琢磨一下这背后的理论呢？"

1964 年底，彭齐亚斯参加了一个天文学会议，在会议中与麻省理工学院的同行，伯纳德·伯克（Bernard Burke）交谈，他提到天线噪声问题，和他们徒劳无功的努力。几个月后，伯克收到了一份论文的初稿，介绍迪克和皮布尔斯的新工作，该论文描述普林斯顿大学团队在研究宇宙大爆炸模型中，认为爆炸的残余光辉现在应该演化成为一种低水平的背景辐射，存在于整个宇宙中。该辐射波长峰值约为毫米的微波黑体辐射。迪克和皮布尔斯显然不知道他们在走 17 年前阿尔弗和赫尔曼的老路，重新发现宇宙微波背景辐射。阿尔弗和赫尔曼 1948 年预测的辐射，早已被人忘记了。

伯克兴奋地打电话给彭齐亚斯。顿时，彭齐亚斯恍然大悟。终于，他明白困扰他多时的"天线噪声"原来与宇宙的早期历史有关，无所不在的噪声奥秘终于被揭示。

彭齐亚斯打电话给迪克并告诉他，他已经检测到普林斯顿论文中描述的辐射。彭齐亚斯的电话正好打断了普林斯顿团队安排在午餐时间的聚会，当时他们正在讨论如何建造寻找微波背景辐射的仪器（图 5.3.2）。迪克被这突然的消息惊呆了，通话结束后，他转向他的组员大呼："各位，我们没戏唱了！"

第二天，普林斯顿团队一行驱车北上，到新泽西州北部的霍尔姆德尔，检查射电望远镜和彭齐亚斯的数据，证实了一切。从未开始的寻找宇宙微波背景辐射竞赛戛然结束，贝尔实验室队在不知不觉中击败了普林斯顿队的对手。

在 1965 年夏天，彭齐亚斯和威尔逊在天体物理学杂志（Astrophysical Journal）上公布了他们的成果。他们仅仅 600 字的论文保守地宣布他们检测到

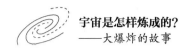

的微波背景辐射，完全没有提供任何理论解释。具有讽刺意味的是，威尔逊是稳定状态理论（宇宙没有开始或结束）的支持者，他为微波噪声的大爆炸解释感到不安，坚持论文应该作"只是事实"的报告，即只报告他们的观察结果。

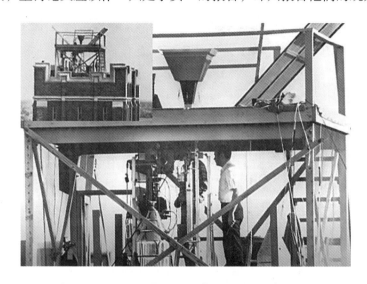

图 5.3.2　1964 年至 1965 年，迪克和他的普林斯顿团队在物理系大楼的屋顶上建造寻找微波背景辐射的探测器。他们的努力因为被贝尔实验室的威尔逊和彭齐亚斯捷足先登而功亏一篑。图中站立者是当时的博士后威尔金森。左上角的插图显示整个探测器装置当时在普林斯顿大学物理系大楼的屋顶上

迪克和他的团队在同期的杂志上发表了另一论文，明确地把贝尔实验室发现的微波背景辐射，直接解释为他们预测的宇宙大爆炸的残余光辉。一切都天衣无缝！

正如史蒂文·温伯格（Steven Weinberg，1933 年生，1979 年获诺贝尔物理学奖）所写："在 20 世纪 50 年代，对早期宇宙的研究，广泛被认为是一个受尊敬的科学家不会投入时间的领域。自从彭齐亚斯、威尔逊的偶然发现之后，一切都变了。宇宙背景辐射的测量，结合哈勃更早的发现——星系向所有方向匆匆飞逝，为大爆炸提供了有力的证据。到 20 世纪 70 年代中期，天文学家称大爆炸为**宇宙的标准模型**。"

当阿尔弗、赫尔曼和加莫听到宇宙微波背景辐射的发现，他们的感觉

是喜悦与苦涩的混合。他们在迪克和皮布尔斯之前预测这个大爆炸的余晖，但他们没有获得与他们的开拓性努力匹配的认可。在天体物理学杂志上最初宣布突破的文章中没有提及他们的贡献，随后在《科学美国人》（Scientific American）杂志上迪克的通俗性介绍文章中，他们的名字也没有出现。事实上，几乎每一篇有关彭齐亚斯和威尔逊发现的学术或流行文章，都没有提到阿尔弗、赫尔曼和加莫的成果。

为什么迪克和皮布尔斯会出现这样的纰漏？在上述口述历史的采访中被问及时，皮布尔斯解释说："到图书馆找文献从来不是我的强项。现在还是一样。往往，我必须由别人指出，我才能认识到别人已经做了某些事情。自己把其中的物理想通，比看别人的论文有趣得多。"

嚣喧过后，当彭齐亚斯最终听说原来的宇宙微波背景辐射预测可以追溯到1948年，他和加莫联系上，要求得到更多信息。加莫提供了他早期研究的详细描述和文献，并用讽刺的语气说："你看，世界并不是从全能的迪克开始。"

彭齐亚斯和威尔逊于1978年获得诺贝尔物理学奖。阿尔弗在他们的诺贝尔奖演讲前到新泽西州会见彭齐亚斯。在诺贝尔奖演讲中，虽然他们没有引用阿尔弗和赫尔曼的最早工作和引用文献上出了错误，但他们承认了阿尔弗、赫尔曼和加莫的贡献。

最后，2019年诺贝尔物理学奖的一半授予皮布尔斯因为他对"物理宇宙学的理论发现"。瑞典皇家科学院的赞辞上说："他的理论框架，发展了二十多年，是我们现代理解宇宙的历史，从大爆炸到今天的基础。"

皮布尔斯在接受诺贝尔颁奖典礼时说："我开始从事这个学科的研究——我可以告诉你确切的日期：1964年——是完全应我的导师罗伯特·迪克教授的邀请，当时我十分忐忑不安地进入这个领域，因为实验观察基础是如此的有限。……我只是继续往前走，……我怎样走到今天？很难说。这是一生的工作。"皮布尔斯1962年从普林斯顿大学毕业后，便一直没有离开过普林斯顿物理系。

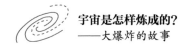
第4节　宇宙的婴儿照片——霍金："本世纪最重要的发现"（宇宙背景探索者卫星）

随着宇宙微波背景辐射的发现，其他的宇宙稳恒状态及准稳恒状态模型几乎无法生存。客观的旁观者都可以看得出大爆炸模型不只通过了考验，而且在蓬勃发展中。

长久以来，科学家和其他学者都假设（相信）宇宙是无限和永恒的。1823 年，德国天文学家威廉·奥尔伯斯（Wilhelm Olbers，1758—1840）突然提出一个奇怪的问题，他想知道为什么夜空里的星光不是一片光明璀璨的？他的推理如下：无限宇宙将包含无限数量的恒星，如果宇宙也是无限的老，那么，就算是很远的星光也会有足够的时间到达地球。因此，夜空应该会淹没在无限量的星光中，非常明亮。但这与我们观察到的黑暗的夜晚互相矛盾。这个被称为"奥尔伯斯悖论"的难题，一直困扰着一代代的天文学者。

在宇宙大爆炸模型的背景下，这个悖论变得很容易理解，因为宇宙不是无限的，宇宙的大小和年龄都是有限的。

撇开大爆炸的创造问题不谈，因为这是一个难题，宇宙学家集中他们的注意力在另一个重要问题：宇宙是如何从大爆炸演化成今天的星系？

正如英国天文学家弗雷德·霍伊尔（Fred Hoyle，1915—2001）说："如果你假设大爆炸有足够的力量来解释宇宙的膨胀，像星系一样的结构便永远不会形成。"换言之，霍伊尔认为大爆炸在逻辑上是荒谬的，因为爆炸力会吹散所有的物质，创造一个稀薄而均匀物质的宇宙，而不是一个把物质集中在星系中的宇宙。很多大爆炸的批评者指出：如果把宇宙中所有的物质都均匀地分布在太空中，那么它的平均质量密度相当于每立方米只有 6 个氢原子。

这样低密度的宇宙，如何能演化出星系和恒星？

大爆炸的支持者同意，至少在大爆炸的最初期，宇宙迅速膨胀确实会导致均匀的物质分布。对大爆炸模型的挑战是明显的：一个密度毫无变化，到处景观一样的宇宙，怎么会演变成一个在浩瀚虚空中点缀着无数璀璨星系的宇宙呢？

大爆炸宇宙学家希望早期的宇宙，虽然非常均匀，但不可能是完全均匀。他们乐观的认为只要早期的宇宙有一点点密度变化，已经足以触发宇宙的进化。因为物质稍微密集的区域会吸引更多物质，使这些区域密度更高，从而吸引更多的物质，……直到第一个星系形成。换句话说，只要我们假设轻微的密度变化，不难想象重力会把宇宙形成丰富和复杂的结构。如果这是大爆炸模型形成星系的机制，最早的密度变化的种子应该早已埋下。

为了证明宇宙真的经历了如此巨大的转变，大爆炸宇宙学家自然有压力寻找密度变化的确凿证据。很明显，要在早期宇宙中搜索密度变化的迹象，只得是在宇宙微波背景辐射中，因为它是我们能看到的宇宙中最古老的遗迹。这种辐射是在宇宙历史上的特定时刻，当原子最初形成时被释放的。

无线电天文学家探测到这种宇宙微波背景辐射时，事实上他们是回顾过去，看到非常早期的宇宙。模型估计大爆炸宇宙至少发生在100亿年前，所以能够看到38万岁的宇宙，差不多是宇宙当前年龄的0.004%，相当于刚出生数小时的婴儿。

如果宇宙在历史上这一刻有密度变化，那么它们的烙印应该已经留在宇宙微波背景辐射上。那些来自稍微高一点密度区域的辐射，因为它们逃离高于平均密度水平造成的引力，我们看到的辐射会失去多一些能量，它有稍长的波长。

因此，通过检查来自不同方向的宇宙微波背景辐射，天文学家希望探测到波长分布的细微变化。波长峰值稍长的辐射将表明，它是来自古代宇宙稍微更高密度的那一部分。稍短一点波长峰值的辐射表明，它从古代宇宙稍微不那么密集的一部分释放出来。如果天文学家能发现来自不同方向的CMB辐射的这些波长峰值变化，他们将能够证明，早期的宇宙确实有密度的变

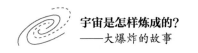

化，星系的种子早已埋下。大爆炸模型变得更加令人信服。

可是，无论彭齐亚斯和威尔逊往哪个方向看，CMB 辐射似乎都是一样。虽然令人失望，但也不足以惊讶。CMB 辐射应该大致均匀，因为在早期的宇宙，空间的每一点都非常相似，但测量的结果显示，从每个方向来的辐射不只是相似，而且是相同。波长没有最微小的增长或减少的迹象。不过大多数宇宙学家仍然认为，变化确实是存在的，但太微小以至难以检测，因为当时的观测技术太粗糙了。这似乎是一个合理的论据。

到 20 世纪 70 年代，最新的设备灵敏度足以检测到宇宙微波背景辐射中潜在的 1% 的变化，但天文学家仍没有观察到任何变化的迹象。这仍然留下变化低于 1% 的可能性。不过，从地球表面检测如此微小的变化遇到一道天然的障碍，问题是 CMB 辐射主要的电磁微波区域，刚好和大气中的水分不断释放出的微波相同。这后果虽然非常微弱，但足以掩盖宇宙微波背景辐射任何微量可能存在的变化。

一个解决方案是设计新的 CMB 辐射探测器，使它悬挂在能够上升到几十公里以上高空的气球上。载着探测器的氦气球漂浮到达大气边缘的空间。那里几乎没有水分，因此，大气微波的干扰可以减少到最低。然而，气球实验充满了技术难度。即使设备功能正常，探测器只能工作数小时，气球很快便下降。最糟糕的是，探测器可能会最终坠毁到地面，数据丢失或设备毁坏，多年的准备功夫会毁于一旦。

加州大学伯克利（Berkeley）分校的物理学家乔治·斯穆特（George Smoot，1945 年生，2006 年获诺贝尔物理学奖）对寻找 CMB 辐射变化抱着异常的执着。他曾经参与过好几个气球实验项目，仍然都未能找到 CMB 辐射任何的方向性变化。20 世纪 70 年代中，他对气球实验的希望终于幻灭。最后，斯穆特采用新的策略。他计划安装一个微波探测器在飞机上，以便他可以做更可靠更长时间的观察。飞机的飞行高度与续航力是重要的考虑，两者都是有效的宇宙微波背景辐射测量的必要条件。最后，他决定最理想的观察工具选择是冷战年代有名的间谍机：洛克希德·马丁公司的 U-2 侦察机，其飞行高度可达 22 公里，并能在高空中连续安全航行约十小时。

一般的气球实验使用相当粗糙简单的探测器，因为没有人会投入太多的资源来建造最终会被摧毁的设备。斯穆特有了一个更可靠的空中平台后，他又使用最新科技设计，一种差分辐射计（differential radiometer），能够比较相距 60 度的两个方向之间的宇宙微波背景温度差，而且灵敏度更高。斯穆特把仪器安装在 U-2 侦察机上，实验于 1976 年开始，在短短的数月，他便在 CMB 辐射中找到令人兴奋的发现：天空一侧的辐射似乎比在天空另一侧的温度更高，即来自天空一半的辐射比来自另一半边的辐射有 0.1% 的波长变化。这种现象被称为**"偶极各向异性"**（dipole anisotropy，彩插第 6 面上图），是一个重要的结果，但不是斯穆特一直在寻找的。

CMB 辐射的偶极各向异性有一个简单的解释：当地球（也就是 U-2 侦察机）在太空中与 CMB 辐射相对运动（即相对于宇宙远方物质的运动），因为多普勒效应，探测器迎面而来的 CMB 辐射波长明显会稍短，探测器往后看到的波长显然会稍长。细心的读者可能会觉得，这似乎是违反了伽里略和特殊相对论的假设。但无可否认，宇宙中会有一个参考坐标系统，使宇宙膨胀看起来最简单。这个坐标系统是宇宙物质和 CMB 辐射平均静止的坐标系统。在该坐标系统中看，宇宙膨胀在所有方向都是相同的。

以 CMB 辐射 0.1% 的波长变化推算，地球与 CMB 辐射平均静止坐标系统的相对速度大约为 300km/s。考虑到这个速度是一种综合的效应，包括地球围绕太阳的公转（约 30km/s），太阳相对银河系中心的转动（约 220km/s），以及银河系本身相对我们附近星系团的运动（约 550km/s），斯穆特测量的结果是颇为合理的。

虽然这是一个重要的结果，但它对更大的问题却毫无帮助：早期宇宙密度变化在 CMB 辐射的烙印藏在哪里？即使从数据中把地球运动的多普勒效应的贡献减除，斯穆特仍然没有找到大爆炸中密度变化的迹象。

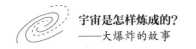
斯穆特的设备是非常敏感的，它的精确度达到 1/1000，所以结论是早期宇宙密度的变化必须是小于 1/1000。这样小的变异即使在 U2 侦察机载实验中，也很难察觉，因为探测器上方仍然有一层稀薄的大气，使非常精细的测量也会变成模糊。

天文学家逐渐认识到，他们唯一的希望是把装有 CMB 辐射探测器的卫星，送到地球大气层外的空间，那里没有大气微波的干扰，卫星能够日复一日地运行，扫描整个天空，应该可以发现这种难以测量的早期宇宙密度的变化。

早在 1974 年，美国国家航空航天局曾邀请天文学家们就最新一轮的探索者卫星计划提交意见。这是一系列相对低成本的科研项目，目的在于支持天文学界的研究。加州大学伯克利分校团队，包括斯穆特，提交了一个卫星携带 CMB 辐射探测器的建议。但加州帕萨迪纳喷气推进实验室（Jet Propulsion Laboratory）的另一小组，还有胸怀大志的 28 岁美国国家航空航天局天体物理学家，约翰·马瑟（John Mather，1946 年生，2006 年获诺贝尔物理学奖）也提出了类似的建议。

美国国家航空航天局对支持一个有深远意义的宇宙学实验十分热衷，建议把这三者合并为一，1976 年开始资助项目的详细可行性研究，并把项目命名为**宇宙背景探索者**（Cosmic Background Explorer）卫星，简称为 COBE，计划使用航天飞机发射。

COBE 最终设计包括 3 个独立的探测器，探测宇宙微波背景辐射各方面的特性。戈达德空间飞行中心（Goddard Space Flight Center）的迈克·豪瑟（Mike Hauser）领导团队负责"漫反射红外背景实验"（DIRBE）。约翰·马瑟负责"远红外绝对分光光度计"（FIRAS）。乔治·斯穆特负责第三探测器"差分微波辐射计"（DMR），是专门设计用于查找宇宙微波背景辐射中变化的探测器。DMR 探测器，正如它的名称表明，旨在同时检测两组来自不同方向的宇宙微波背景微波辐射的差异。

COBE 项目被提出后 8 年，终于在 1982 年获得最后的批准，计划

1988年用航天飞机发射。然而，4年后的1986年1月28日，"挑战者"号（Challenger）航天飞机升空后不久爆炸，造成7名航天员全部遇难。整个项目顿时陷入危机之中。

COBE团队开始寻找替代的运载工具，唯一可行的选择是用火箭发射：麦克唐纳·道格拉斯（McDonnell-Douglas）公司制造的德尔塔（Delta）火箭。问题是最初设计的COBE卫星重近5吨，但德尔塔火箭只能提供一半的有效载荷，所以COBE不得不大幅瘦身。团队被迫完全重新设计，一方面大幅度缩小它的大小，同时要确保卫星的科学能力，使它仍然可以完成任务。多年的工作因此浪费了。

最后，1989年11月18日上午，在该项目最初提交给美国国家航空航天局的15年后，卫星在发射台上准备就绪，整装待发。COBE团队特别没有忘记最初在1948年预测CMB辐射的阿尔弗和赫尔曼，邀请他们到加州范登堡空军基地（Vandenberg Air Force Base）见证发射。两位理论宇宙学家甚至被允许登上发射台的最高点，在升空前轻抚卫星的罩锥。

在此15年期间，其他的科学家继续使用气球和飞机进行高空观察，企图寻找在宇宙微波背景辐射中的变化，但CMB辐射的分布看起来还是非常平滑，丝毫没有变化的痕迹。

由于CMB和红外背景辐射与当地环境相比非常微弱，消除环境影响至关重要。轨道的选择和锥形防护罩对于保护仪器免受太阳和地球的影响至关重要。COBE卫星（如图5.4.1）由德尔塔2号火箭直接发射到离地面900公里的圆形极地太阳同步轨道，轨道平面大致垂直于太阳光。在这轨道上，航天器的方向可以始终指向远离地球，并与太阳近似垂直，这样太阳光就不会照到仪器上。COBE卫星携带了3种仪器：远红外绝对光谱光度计（FIRAS）、三频道的差分微波辐射计（DMR）、漫反射红外背景实验（DIRBE）。低温液氦恒温冷却FIRAS和DIRBE长达10个月，直到液氦用尽，但卫星运作持续了4年。

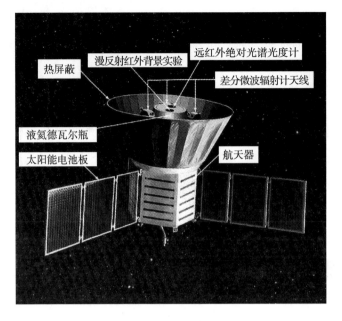

图 5.4.1　1989 年美国国家航空航天局发射的 COBE 卫星。为了保护携带的三个探测器免受太阳及地球的热量和微波的干扰，在图中它们部分被热屏蔽所遮盖。在屏蔽中心是含有液氦的德瓦尔瓶，用来冷却卫星组件以减少卫星本身发射的辐射污染

从 1990 年到 1991 年整整两年时间，COBE DMR 探测器继续收集更多的数据，到 1991 年 12 月，它已经完成了第一次整个天空的彻底扫描，采集 7000 万个测量数据。一个只有 1/100000 的变化已经隐约出现在斯穆特的 DMR 探测器数据内。虽然 CMB 辐射只有非常微小的变化，但关键是它们确实存在。显示早期宇宙的密度波动，为后来的星系发展留下来种子。

复杂而漫长的数据统计分析过后，最后传达的信息很简单：COBE 卫星发现有证据显示，大约在大爆炸的创造时刻发生 38 万年后，整个宇宙存在着微小的、1/100000 水平的密度变化，见彩插第 6 面下图。目前主流的大爆炸理论认为，非常小幅度的原始密度波动是现在宇宙大规模结构，如星系、星系团等的种子，唯一需要的力是万有引力。随着光阴荏苒，时间飞逝，这些密度波纹最终演化成我们今天看到的恒星、星系、星系团等宏观结构和广大没有星系的虚空区域。

另外，马瑟所负责的 FIRAS 探测器也有令人兴奋的收获，CMB 光谱是一个温度为 2.725 +/-0.002K 的近乎完美的黑体辐射光谱。这个观察与大爆炸理论的预测非常吻合。

COBE 卫星发现的消息在 1992 年 4 月 23 日美国物理学会组织的华盛顿会议上正式发表，他们公布了对整个天空进行测量的结果：这张著名的"天图"显示了宇宙诞生之后约 38 万年的景象。斯穆特告诉聚集的记者："我们观察到最古老和最大的早期宇宙结构。这些是现代宇宙结构，如星系、星系团等的原始种子。"斯穆特又给记者一个印象更深的比喻："如果你是有宗教信仰的话，它就像看到上帝的脸。"

史蒂芬·霍金（Stephen Hawking，1942—2018）称赞这是"本世纪最重要的发现，如果不是有史以来的话"，因为正如本书下面的讨论，这些在我们宇宙只有 38 万年历史的婴儿时代的照片中的微小温度变化，隐藏着我们宇宙起源的重要线索和参数。

由此不难理解，为什么 2006 年的诺贝尔物理学奖会授予约翰·马瑟和乔治·斯穆特了："因为他们发现了宇宙微波背景辐射的黑体形式和不同方向辐射温度的微小差异。"

不过，它只是一个开始。COBE DMR 在天空中的角分辨率只有 7 度，是月球表面大小的 14 倍。这使 COBE 只能对宏观大尺寸的波动敏感。后继的威尔金森微波方向差异探测器（Wilkinson Microwave Anisotropy Probe，WMAP）于 2001 年 6 月发射，以它的数据绘制的 CMB 辐射温度波动的全天空图，其分辨率、灵敏度和准确性远高于 COBE。它的角度分辨率为 0.2 度，比 COBE 强 35 倍，温度灵敏度为 COBE 的 45 倍。这些细微波动中包含的新信息揭示了宇宙学中的几个关键问题。通过回答许多悬而未决的问题，WMAP 把天体物理学家引向宇宙本质的更新的、更深层次的了解。

参考文献

Ralph A. Alpher, and Robert Herman, "Reflections on Early Work on 'Big Bang' Cosmology", Physics Today 41, 8, 24 (1988)

Victor S Alpher, "Ralph A. Alpher, Robert C. Herman, and the Cosmic Microwave Background Radiation", Physics in Perspective, September 2012.

J.E. Peebles, Lyman A. Page, Jr., R. Bruce Partridge, "Finding the Big Bang", Cambridge University Press (2009)

J.E. Peebles, "Cosmology's Century (An Inside History of Our Modern Understanding of the Universe)", Princeton University Press (2020)

American Institute of Physics: Oral Histories, Jim Peebles - Session I, Interviewed by: Christopher Smeenk, Interview date: April 4, 2002; https://www.aip.org/history-programs/niels-bohr-library/oral-histories/25507-1

Steven Weinberg, "The First Three Minutes, A modem view of the origin of the universe", Basic Books; 2nd Edition (1993)

T. Padmanabhan,"After the First Three Minutes: The Story of Our Universe", Cambridge University Press(1998)

Simon Singh, "Big Bang: The Origin of the Universe", Harper Perennial (2005)

第六章

暗物质，暗能量

"寄蜉蝣于天地，渺沧海之一粟"。长期以来，宇宙学家们备受一般人的嘲笑：人类局处在茫茫宇宙中像一颗灰尘般渺小的地球，仅仅靠捕获几丝从远处传来的星光作为证据，便对数亿光年外的星系行为作出大胆判断，对宇宙的始源和命运做种种的臆测。

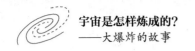
第1节　没有大爆炸的《创世记》，可能吗？

从一开始，所谓的"大爆炸理论"其实并不是一个真正的爆炸理论。作为一个理论，它只是描述爆炸的后果。理论本身应用了相对论方程、热力学和核物理学等，描述一个原始火球如何膨胀、冷却，然后化学元素如何形成，火球的光芒如何保留到今天，以及宇宙物质怎样凝聚，形成星系、恒星及行星。这些成果都是巨大的成就。但标准的"大爆炸理论"没有说什么东西在爆炸、爆炸的东西从何而来、为什么爆炸会发生，或者在爆炸之前发生了什么。研究的方法是从现在观察到的宇宙现象，推论原始宇宙曾经历过的状态。

换句话说，"大爆炸理论"作为一门科学、物理学的一个分支，描述除了在宇宙被创造的一刻（宇宙时空的起点）**以外**的物理现象。在宇宙被创造的一刻，已知的物理定律能否应用？这是一个还没有答案的问题。从数学上来说，这是一个奇异的点。越接近创造的一刻，宇宙的物质和能量密度、温度都越来越高，我们现在了解的物理定律很可能完全不再适用。情况类似于相对论被发现前，人们对光速的不了解，不知道物质的运动速度接近光速时，可以产生各种奇怪的现象。

更吊诡的是，"大爆炸"这名字的起源来自"大爆炸理论"的反对派。

弗雷德·霍伊尔（Fred Hoyle，1915—2001）的简历显示他是典型的英国科学精英人士。霍伊尔出生于1915年，在物理学家、诺贝尔奖获得者保罗·狄拉克（Paul Dirac，1902—1984，1933年获诺贝尔物理学奖）的指导下，毕业于剑桥大学的博士。霍伊尔曾经这样形容他们师徒如鱼得水的合作关系：因为他不想要导师，而狄拉克也不想成为导师。

1945 年，霍伊尔被任命为剑桥大学的讲师，并迅速成为天文学前沿的领军人物，开拓了把核物理学应用在白矮星、红巨星、超新星和被称为类星体（quasars）的强力无线电波源等天体现象。

1953 年，霍伊尔研究恒星如何产生重元素的过程，他预测同位素碳 12[①]（构成生命的最重要元素之一）共振态的存在，因为如果没有这种状态，在恒星中碳 12 便不太可能形成，解释不了宇宙中为什么有这样多的碳 12。不久之后，他说服了抱着相当怀疑态度的加州理工学院物理学家威廉·福勒（William Fowler，1911—1995，1983 年获诺贝尔物理学奖）进行了实验，证实了霍伊尔的预测。这个碳 12 的共振态，现在被称为霍伊尔状态，它的发现被传为核物理史上的佳话。

霍伊尔在恒星核合成方面的工作最终在 1957 年由福勒、杰弗里和玛格丽特·伯比奇（Geoffrey，1925—2010，Margaret Burbidge，1919—2020）等"四人帮"合撰的一篇论文中发表，该论文仍然是现代天体物理学的经典之作。加莫和阿尔弗绕不过的氦以后重元素恒星核合成问题，被霍伊尔轻易地解决了。

1983 年，福勒因他在恒星核合成方面的工作而获得诺贝尔物理学奖。霍伊尔被排除在奖项外，尽管他是这一领域的重要先驱。有很多人猜测说，因为霍伊尔在广泛的科学问题上持有争议的立场，经常直接反对科学界的主流意见，这可能给了诺贝尔委员会一个借口，在得奖者中略去他的名字。《自然》杂志编辑约翰·马多克斯（John Maddox）称霍伊尔没有与福勒同时获奖是诺贝尔奖委员会可耻的决定。

作为一位富有创造性、喜欢智力挑战的叛逆者，霍伊尔虽然承认宇宙正在膨胀的事实，对此没有异议，但他不同意莱梅特的解释，即宇宙在某一时刻空间点上有一个明确的开端。他认为这是伪科学的想法，类似于宗教上的

[①] 碳的同位素，99% 自然界的碳都是碳 12。

创造论。在一次记者采访中，他明白地说："科学家之所以喜欢'宇宙大爆炸'理论，是因为他们被圣经《创世记》洗脑。大多数科学家的内心深处是相信《创世记》的。"。

1948 年，霍伊尔和另外两位剑桥好朋友邦迪（Hermann Bondi，1919—2005）和戈尔德（Thomas Gold，1920—2004），突然脑洞大开，提出了一个全新而诡异的宇宙模型：宇宙是在一个永恒的、基本上不变的准稳恒状态，而我们仍然可以观察到彼此远离的星系、哈勃观测到的红移等现象。这一理论的关键在于他们假设星系之间不断有新的物质被创造出来，因此，即使星系间相距越来越远，新形成的星系会填补它们留下的空间。这样的宇宙会处于一种"准稳恒状态"。它在形式上与流动的河水相同：虽然个别水分子在移动，但整条河流保持不变。尽管这假设与传统物理学相悖，但是他们有信心，在目前，没有任何可行的实验（或观察）可以排除这种诡异事件发生的可能性。因为通过计算，他们证明所需的物质创造率只是：在每 10 亿年内每立方米空间大约有两个新的氢原子出现。

在此之前，宇宙膨胀一直是隐隐地暗示着一个创造宇宙的开端，但霍伊尔、邦迪和戈尔德的"准稳恒状态"模型指出：哈勃的红移和退却的星系等宇宙膨胀现象，也可以与传统的静态宇宙观点共存，两者没有矛盾。宇宙是无限的，它的存在是稳定的，没有随时间而变化，没有开始或终束。

唯一的问题是：这样的理论显然与物理学的质能守恒定律相悖，霍伊尔等人的"准稳恒状态"模型不过是把宇宙创造时刻（物质从无到有的创造），从一点碾开分布到整个时空。与此相比，在宇宙"大爆炸理论"中，只有在宇宙的开始一刻（时空的起点），与质能守恒定律相悖外，整个宇宙时空一切现象的描述都遵守已知的物理学定律。

霍伊尔是多才多艺、善于辞令的科学家，能通过浅白通俗的语言，使外行人理解复杂的概念。他曾在 20 世纪 40 年代末的英国，主持一个流行的天文学科普广播讲座系列。在这系列中，霍伊尔在解释大爆炸的"爆炸"性质，和他主张的"准稳恒状态"理论之间的区别，创造了"大爆炸"一词，并用来嘲讽宇宙起源于一个爆炸的荒谬。

1949 年 4 月初，英国广播公司的《听众》杂志上刊登了霍伊尔的演讲稿，"大爆炸"一词首次在文献中出现。随后 1951 年，他出版科普《宇宙的本质》(《The Nature of the Universe》) 一书中，这个名词出现多次，引起了大众的遐想，于是这个名词被广泛流传使用，一直沿用至今。在霍伊尔的努力推广下，20 世纪 50 ~ 60 年代，他的"准稳恒状态"宇宙学非常流行，可以与"大爆炸理论"分庭抗礼。

讽刺的是，CMB 辐射发现者之一的威尔逊，在加州理工学院时曾是霍伊尔的学生，深受霍伊尔的影响，成为"准稳恒状态"理论的支持者。在 CMB 辐射被他和彭齐亚斯发现后，他对以"大爆炸"宇宙学理论解释他们的数据感到不安，坚持发表的论文应该只作"事实"报告，叙述和公开他们的观察结果，不做任何理论解释。

"大爆炸理论"后来被普遍接受，固然是它的理论本身通过很多观察实验验证，但与"大爆炸"这名称易于记忆，使人朗朗上口，得以深入人心，不无关系。可以说，霍伊尔科普功不可没，也是他所始料不及。

最后，当 CMB 辐射的存在成为科学界的主流共识时，"准稳恒状态"模型只好悄然退出历史舞台，销声匿迹。到了 20 世纪末，"大爆炸理论"成为唯一可供选择的宇宙模型。

不过一般人，甚至一些科学家对"大爆炸"模型还是充满了误解和疑问，其中一个共同的疑问是：宇宙向哪里膨胀？

"大爆炸"一词是从英语"Big Bang"翻译过来。它的英语原意是"隆隆的巨响"，所以不管是中文还是英语，模型的名称都或明或暗地隐含有爆炸的意思。许多通俗的"大爆炸"描述强烈地暗示了最初的瞬间这样的画面："宇宙中的所有物质都聚集在一个点上……"这句话可能可以追溯到莱梅特的不幸术语"原始原子"。无论如何，将宇宙膨胀的起源描述为"爆炸"可能不

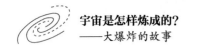

是个好主意：它暗示了宇宙物质从最初的休息状态开始，由于能量的输入而膨胀，从一个很小的体积变成很大的体积。这样的描述蕴含着宇宙以外还存在着一个更大的空间，以供宇宙发展成长。事实上，宇宙膨胀只能作为一个初始条件出现。宇宙膨胀是整个空间的膨胀，因为没有什么东西（包括空间）是在宇宙之外的。

第 2 节　暗物质——理论家的垃圾？还是上帝粒子？

正如我们在上一节中看到的，人类至今仍然不太了解宇宙的最初起源，特别是宇宙成为一个巨大的核聚变反应堆的时代之前发生了什么。

然而，我们现在对自核聚变反应以来约 140 亿年间发生的事情：膨胀和凝聚，有相当的了解。这两个基本过程，都由重力控制，它们把高温、光滑均匀、浆糊一般的原始物质（电子、中子和质子等高能粒子），变成今天星光璀璨的宇宙。

在上一章的宇宙简史讨论中，我们谈到宇宙的膨胀，如何逐渐稀释和冷却物质的基本粒子，使它们能够凝聚成为越来越大的结构：从原子核、原子、分子，以至恒星和星系。在已知自然界的 4 种基本力量中，其中的 3 种轮流驱动这个类聚过程：首先**强核力**把核粒子（中子和质子）熔聚在一起（核聚变），然后**电磁力**导致原子和分子的出现，最后**重力**建立了我们夜空中的宏伟结构：恒星和星系。

4 种基本力量中的最后一种是**弱核力**，它比重力强，但只有在很短的距离内才能有效。它在原子核内发挥作用，在为恒星内的核聚变提供动力和制造元素发挥着关键作用。其他力量把物质凝聚在一起，但弱核力在粒子衰变中起着很大的作用。

重力到底是怎么起到作用的？如果你的自行车在红灯前减速停下来，你很快就会意识到你的体重会破坏稳定：你不可避免地会开始侧身倾斜，需要把脚放在地上以避免摔跤坠落。不稳定的本质是把小波动放大。在停止自行车的例子中，你离平衡越远，更强的重力会把你推向错误的方向。

在宇宙演化的例子中，宇宙离完美的均匀性越远，重力就越能放大它的不均匀性。如果某一个空间区域比它的周围环境稍为密度高一点，那么它的引力将会吸引邻近的物质，使它更加密集。这样它会产生更加强烈的引力，使得它更快地增加更多的质量。正如当你有很多钱的时候更容易赚钱一样，当你有很多物质的时候，它会更容易增加质量。正是这种引力的不稳定性，将原始宇宙中微小的密度波动放大成巨大的、密集的、如星系的团块。理论上，数百亿年的历史为宇宙从均匀的黑暗变成星光灿烂提供了充分的时间。

20世纪末，科学界仍在争论宇宙的年龄是100亿年还是200亿年，这反映了关于宇宙目前扩张速度（即所谓的哈勃常数的值），以及它过去扩张的速度有多快（一个更棘手的问题）的长期争论。

COBE卫星测量数据证实了大爆炸后38万年的宇宙密度波动只有0.002%后，以重力进行聚类过程的解释显然令人有点不踏实的感觉。很明显，除非某种无形的物质形式能产生额外的引力，否则重力可能没有足够的时间将这种微弱的波纹放大成为今天宇宙的大规模结构。

一种神秘的、被称为"暗物质"的东西于是应运而生。实际上，称之为"无形物质"会更贴切，因为它看起来透明，而不是黑暗，它不带电荷，电磁力对它没有影响，光子与它没有作用，可以穿过我们的身体而不会引起注意。来自太空的暗物质似乎可以不受影响地穿过我们的整个星球，从地球的另一边毫发无损地出现。

暗物质与正常物质间的唯一相互作用是万有引力，它让重力按照已知的物理定律正常工作。实际上，有许多不同的天文观察线索，都暗示具有这种特性的物质的存在：不吸收也不发射光，但能产生重力和受重力影响。

暗物质这一想法的出现很早。按时间顺序排列，我们从弗里茨·兹维基（Fritz Zwicky，1898—1974）开始。他是一个杰出的但脾气古怪的的天文学家，1898年出生于保加利亚，瑞士驻该国大使的儿子。在瑞士联邦理工学院（也是爱因斯坦的母校）接受教育，1925年移民到美国，在加州理工学院工作，此后他一生大部分时间都在威尔逊山和帕洛玛天文台度过，可以说是哈勃的同事。他最著名的发现之一是中子星和首创"超新星"一词。尽管他的开创性工作，兹维基经常被其他科学家视为傲慢，以鲁莽和不可预知的性格而闻名，因此导致主流科学界没有给他应有的认可与宣传。

兹维基发现不少巨大的星系团，把它们标记和编目，并试图了解什么力量可以把星系维系成一团体。这些星系团中的星系有巨大的速度，往往达到每秒 1000 公里。然而，它们没有分散飞开，好像隐隐中有一股力量保持着这群星系完好无损。最明显的答案当然是我们的老朋友：万有引力。但是，如果要引力强大到足以将这些巨大的星系团绑在一起，必须存在的质量远远大于星系中可见的质量。如果简单地假设在这些星系中恒星的平均质量和太阳一样，那么它们的总引力需要放大约 100 倍，才能满足把星系团束缚在一起的任务需要。所以兹维基用大胆的猜测：在星系团中一定有别的东西存在，提供了额外的质量和重力，阻止了星系团中的星系飞散。他称之为"暗物质"。

兹维基在观察和分析了科马星系团（Coma Cluster）的运动状态后，于 1933 年首次提出暗物质的存在。他观察到的星系团如果没有额外的质量将它们聚集在一起，它们应该会飞散。由于缺乏进一步的证据，他的推论很快便被科学界嗤之以鼻的否定，直到数十年后才被其他天文学家所接受。

暗物质的再度出现是在天文学的讨论中，有赖于一位女性先驱。维拉·鲁宾（Vera Rubin，1928—2016）1928 年 7 月出生于美国宾夕法尼亚州费城的一个犹太移民的家庭，从小父母就倍养她对科学的兴趣。鲁宾在 1989 年接受采访时说："12 岁左右，我宁愿熬夜看星星也不愿睡觉。我生命中没有什么比每晚看星星更有趣的了。"

鲁宾是 1948 年纽约瓦萨尔女子学院（Vassar College）毕业班唯一的天文系学生。她试图向普林斯顿大学申请当研究生，但被拒绝了，因为普林斯顿天文系不接受女学生。于是她就读康奈尔大学，后来再转到乔治敦大学研究生院。在乔治·加莫的指导下完成了她的博士论文。1965 年，她加入华盛

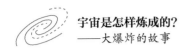

顿卡内基研究所（Carnegie Institution of Washington，后来称为卡内基科学研究所 Carnegie Institution for Science）担任研究员工作。如图 6.2.1。

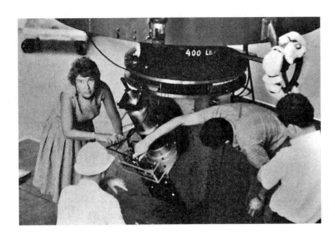

图 6.2.1　1965 年，维拉·鲁宾在美国亚利桑那州弗拉格斯塔夫（Flagstaff，AZ）的洛威尔天文台（Lowell Observatory）进行观测工作

1968 年，星系的内部运动仍然是个谜。鲁宾开始研究星系的外缘和自转。因为仙女座星系的亮度和接近地球的缘故，她从仙女座星系开始研究。鲁宾的长期合作者肯特·福特（Kent Ford）是熟练的仪器发明家和设计师。他们把福特发明的"影像管光谱仪"（Image Tube Spectrograph）连接到好几台大型望远镜上，包括帕洛玛天文台的 200 英寸望远镜，以分析遥远的螺旋星系。这种最先进的仪器使望远镜能够观测到以前被认为太暗的星体的光谱。通过观察螺旋状星系最外层的恒星，并做系统性的研究，鲁宾绘制螺旋星系的自转曲线（rotation curves）。

在鲁宾之前，天文学家一直认为星系的引力与太阳系的相似，应该越靠近核心越强，因此位于核心附近的恒星的运动速度会比在更远的恒星快。然而，当分析来自仙女座的数据时，他们注意到一种与这个想法相矛盾的现象。星系边缘的恒星与靠近中心的恒星，竟然以差不多相同的速度移动。这是一个令人困惑不解的发现，难以用牛顿或爱因斯坦的重力理论来解释。假如太阳系的行星出现同样现象的话，等于是外围的天王星、海王星和冥王星的公转速度跟地球的一样。这样的话，这些外围行星运动产生的离心力，早就把它们甩出太阳系了。

星系外围的恒星以本来足以让恒星飞走的速度旋转，但是恒星没有飞走，这应该做何解释？是我们对重力的认识错了吗？这种情况就像天王星轨道的诡异行为导致了海王星的发现。鲁宾认为，爱因斯坦的重力理论没有错，唯一的问题是星系的实际质量远远超过了我们所能看到的、观察到的质量。这是迄今为止暗物质存在的最有力证据，现在的估计是暗物质占所有存在物质的 26.8%。

鲁宾继续她的研究，揭示了越来越多的星系中暗物质的存在。她的观测结果为暗物质提供了令人信服的证据，开辟了一个新的广阔的科学领域。

为了表彰鲁宾对天文学的贡献，1981 年，她当选为美国国家科学院院士。1993 年，美国总统克林顿授予她国家科学奖章。位于智利的国家科学基金会维拉·鲁宾天文台（鲁宾天文台）以她的名字命名。

但是，这一位多年来最热门获得诺贝尔物理学奖的人选，天体物理学的开拓者，在 2016 年她去世之前，一直被诺贝尔委员会忽视。反对鲁宾该拿诺贝尔奖的论点经常是：暗物质在技术上仍然是理论性的。不过发现暗能量（其理论性不亚于暗物质）的男性科学团队则早在 2011 年获得了诺贝尔奖，使诺贝尔奖评委会难以自圆其说。

直到今天，我们仍然不能确定这种被认为占宇宙 80%（根据最近的估计）的物质形式是什么样子。

暗物质是什么？其中一些可能是气体、微尘或星系边缘暗暗的物体。此外，物理学家和宇宙学家推测其中更大部分是从大爆炸遗留下来的基本粒子。高能物理学理论预测了这些粒子的可能品种。但是它们的存在很多尚未得到在粒子加速器中的实验证明。这些被统称为 WIMP（weakly interacting massive particles，弱相互作用的巨型粒子）的粒子不会对电磁力作出反应，因此无法辐射或反射光。它们的随机运动是相对缓慢的，因此也普遍被称为

"冷暗物质"（CDM，Cold Dark Matter）。冷暗物质被称为"冷"，是因为它的粒子几乎没有任何随机运动，在物理学上相当于非常低的温度。冷暗物质被称为"暗"，是因为它不发射任何辐射，但它也不吸收任何辐射，所以它实际上应该被称为冷的、透明的物质。而且，当一颗冷暗物质粒子碰撞到另一颗冷暗物质粒子时，没有任何可察觉的反应会发生。冷暗物质粒子遇到普通物质的粒子时，也不会有任何可察觉的后果，尽管这样的相遇一定是一直在发生。由于这一切，我们对冷暗物质的认识仅仅是通过它的引力作用才观察到的。此外，我们对它的粒子性质一无所知。

哈佛大学高能物理学家谢尔顿·格拉索（Sheldon Glashow，1932 年生，1979 年诺贝尔物理奖得主）在 1981 年一次关于暗物质的讨论会上说："我们理论家可以发明各种垃圾来填满宇宙。"不过，目前在格拉索的垃圾中，我们还没有找到一颗明珠。

中微子（neutrinos）是可能的候选人之一，它是自然界中一种最奇怪的基本粒子，是几乎不与正常物质相互作用的中性粒子。它既不吸收也不发射光，它们不会产生能被望远镜观察到的信号。中微子与正常物质发生反应的概率很低。宇宙中充斥着它们，它们可以轻松地通过大多数形式的物质，每秒钟内数以百万计的中微子透射过我们的身体。据估计，中微子在被阻挡（与物质相互作用）之前平均可以透穿 1000 光年的固体物质。

中微子的存在是 1933 年由意大利物理学家费米 [1] 在他的 β 衰变理论模型中提出的，用来解释 β 衰变中的一些令人困惑现象。它被称为中微子，是因为它不带电，没有质量，只能携带能量和动量，很难在实验中直接观测出来，所以到 1956 年才由弗雷德·雷恩斯（Frederick Reines，1918—1998）和乔治·考恩（Clyde Cowan，1919—1974）首次在实验中探测到。1995 年诺贝尔物理学奖的一半授予雷恩斯因为他对"探测中微子"的贡献。

---

[1] Enrico Fermi 1901—1954，1938 年因为"证明了由中子照射产生的新放射性元素的存在，以及他对慢中子带来的核反应的相关发现"而获得诺贝尔物理奖。

中微子在质子和中子相互转换的核反应中出现，另一个涉及中微子的弱核反应的例子是自由中子衰变成为质子、电子和一个中微子。由于中微子通过弱核力与其他正常物质相互作用，宇宙大爆炸的极早、最热的阶段，以及稍后的核合成时期，不可避免地产生了大量的中微子。同理，太阳和恒星中的氢聚变也产生了大量的中微子。

中微子可以从核反应堆、太阳和1987年大麦哲伦星云中的超新星辐射中被发现，可见宇宙间的中微子数量很多。早期的物理学家预测中微子完全没有质量，后来我们才知道中微子有3种不同的类型，各有不同的质量，而且不同类型的中微子可以互相转化，称为中微子振荡（neutrino oscillation），情况相当复杂而且扑朔迷离。但大约20年前，1998年，一队由日本和美国物理学家组成的小组宣布发现了中微子有质量的证据。他们在地下深层矿井中进行的实验数据表明，中微子的质量下限为0.07 **电子伏特**，不到电子质量的1/1000000。在2019年一项基于宇宙学观测数据的计算结果，把最轻的中微子的重量上限定为0.086电子伏特，这使它至少比电子轻600万倍。到目前为止，中微子的确切质量仍然具有相当的神秘性。

专家们相信一个早期宇宙中微子背景辐射（CNB辐射）与光子的背景（现在的CMB辐射）曾经同时存在着。宇宙膨胀和降温后，中微子与其他物质的相互作用非常微弱，所以这个中微子背景至今会仍然存在。据一些方面的估计，宇宙中每立方厘米约共有337颗中微子，而CMB辐射的光子数量则略多，为每立方厘米411光子。它们的能量非常低，估计约为10^{-4}至10^{-6}电子伏特。CNB辐射一向是被认为是无法检测的。2019年一组欧洲科学家团队用一种间接的方法，在普朗克（Planck）空间观测器的数据中找到它们。详细结果虽然是有待进一步核实，但宇宙中微子背景的存在是无可争议的，它是大爆炸物理学中的重要一环。

值得注意的是，以中微子来解释观察到的暗物质，仍然有相当可疑之处。主要问题是，宇宙早期的中微子是一种热暗物质，速度接近光速。但早期的暗物质必须缓慢移动，我们需要的是"冷暗物质"。为什么？如果暗物质是热的，即运动迅速的，它会很快地从暗物质的小规模结构中流溢出来，防止引力的不稳定增长。事实上，宇宙这么早便形成恒星、星系和星系团，排除了这一可能性。

另一方面，2012 年在日内瓦欧洲核子研究中心（CERN）大型强子对撞机（LHC）27 公里长的圆形隧道中，实验发现了"希格斯玻色子"（Higgs boson）。这是粒子物理学标准模型预言的最后一颗缺失的粒子。它有助于解释物质粒子如何获得质量，所以它似乎能提供理解暗物质的关键。一个标准模型的简单理论延伸认为，希格斯玻色子是已知粒子和暗物质粒子之间的"门户"。

希格斯玻色子的发现使彼得·希格斯（Peter Higgs，1929 年生）和弗朗索瓦·恩格勒特（François Englert，1932 年生）获得了 2013 年诺贝尔物理奖。他们在 20 世纪 60 年代提出了一个新的质量起源的理论，该理论涉及一个渗透到所有空间的**希格斯场**。**希格斯粒子**是在这个场产生的一种波纹（即波动量子）。在量子场论中，自然界的基本粒子和场是同一东西的两面，希格斯场的存在蔓延到其他量子场：正是这种场与场间的互相作用，造就它们相关粒子的质量。由于希格斯玻色子与质量有关，暗物质粒子应该与它相互作用。希格斯玻色子与标准模型粒子的相互作用强度仍有很大的不确定性。根据最近（2020 年）实验数据显示，高达 30% 的希格斯玻色子衰变产品可能仍然是看不见的。由于至今还没有其他与此有关新的粒子在大型强子对撞机上被发现，留下了许多关于宇宙的谜团，仍然没有得到解决。

在主流媒体里，希格斯玻色子经常被称为"上帝粒子"，这名称起源来自 1993 年莱昂·莱德曼（Leon Lederman，1922—2018，1988 年诺贝尔物理奖得主）的科普书《上帝粒子》（《The God Particle》）。

也许，虽然古代科学家不知道水的化学成分是 H_2O，仍然可以理解水的浮力和压力等物理作用。在未来，从这种难以琢磨的暗物质的宏观行为，科学家仍然可以顺藤摸瓜地一步步破解它的秘密。

第3节　暗能量——量子世界中的"空即是色"？

仿佛暗物质还不够骇人听闻，为了使理论预测与观测到的膨胀相符，另一种称为"**暗能量**"的神秘力量也被引进标准宇宙理论模型中。它是只影响宇宙膨胀，不产生聚类作用的力量。暗能量比暗物质更为神秘，它在20世纪90年代被发现时，对科学家来说是一个巨大的震撼。在此前，物理学家普遍认为，大爆炸后随着时间往前推移，万有引力会逐渐减缓宇宙的膨胀。但是，当两个独立的科研团队试图测量膨胀的减速度时，他们发现宇宙膨胀实际上正在加速。一位科学家将这一发现比喻作：把一串钥匙抛向空中，本来期望它会掉下来，却只见它直飞向天花板！

更为奇怪的是，随着宇宙的膨胀，这种力量似乎越来越强大。由于缺乏一个更动听的名字，科学家称这种神秘的力量为"暗能量"。科学家对暗能量还没有统一的合理的解释。有一种观点认为，暗能量是第五种以前未知的基本力，它像流体一样充满宇宙空间。有一些物理学家则认为，宇宙的加速膨胀是由一种空间的量子波动产生的排斥力推动的。

更多科学家指出，暗能量的已知特性与宇宙常数一致。爱因斯坦在广义相对论的宇宙模型中引入了一个数学参数，使他的方程符合静态宇宙的传统观念。根据爱因斯坦的说法，宇宙常数在他的宇宙模型中是一种排斥力，可以抵消万有引力，防止宇宙本身因过度内聚而坍塌。后来，当天文观测显示宇宙正在膨胀时，爱因斯坦不得已放弃了这个想法，并且称宇宙常数是他的"最大的错误"。

从爱因斯坦广义相对论的角度看，哈勃定律的产生是由于空间的均匀膨胀，而宇宙的膨胀是空间膨胀直接的后果。在爱因斯坦的理论中，重力

作为一种互相吸引的力量的概念，适用于所有已知形式的物质和能量，即使在宇宙宏观尺度上仍然是正确的。因此，广义相对论预测宇宙的膨胀速度应该会慢下来，减慢的速度由物质和能量的密度决定。不过，至少从数学的逻辑上来说，广义相对论也允许一种奇怪的能量形式（即暗能量）存在的可能性，它可以产生互相排斥的反重力。这样，宇宙膨胀速度的加速成为一种可能。

膨胀是否放缓或加速取决于以下两者之间的斗争：物质（包含能量）间的吸引力和暗能量的排斥力。在这场竞赛中，重要的是两者的密度。显然，物质密度随着宇宙的膨胀而降低，因为空间体积的增加。虽然我们对暗能量的认识甚少，但随着宇宙的膨胀，它的密度预计将缓慢变化或根本没有变化。目前宇宙的暗能量的密度高于物质的密度，但在遥远的过去，物质的密度应该更大，所以膨胀应该曾经放缓过。

用一个简单的例子来解释，如果向上投掷一块石头，它会受重力影响，向上速度渐渐减慢，最后会逆向而下行，再次坠落回到地球表面。当然，如果我们以足够快的速度向上扔石头，而它会稍稍减慢，它最后仍然会逃离地球。同样的理由，如果宇宙在一次巨大的爆炸中开始，那么宇宙中物质产生的引力肯定会在一定程度上减缓膨胀的速度。重力是否大到足以让宇宙减速，停止膨胀并开始收缩，然后在可怕的引力崩溃中，坍塌到成为黑洞，我们现在没有答案。但天文学家们知道该做哪些测量，如何分析，看看会有什么结论，这些结果会告诉我们确实的答案。

1929年后，天文学家一直努力将哈勃发表论文中的"哈勃图"向上和向右延伸，以达到更远的距离和更大的红移。这样做的部分原因是为了一个基本的愿望：对宇宙得到更多的了解。但更大的原因是，因为他们知道，一个足够准确的哈勃图，扩展到足够大的距离和红移，将揭示宇宙的过去，从而可以预言它的未来。我们知道，光以有限的速度传播，望远镜可以用作回顾宇宙历史的机器来使用，所以当天文学家观看越遥远的深空，他们越能看到宇宙的陈年往事。科技已经发展到可以通过测量来精确验证广义相对论。

1953 年哈勃去世后，接力棒传到他的学生艾伦·桑达奇（Allan Sandage，1926—2010）手里。此后的 50 年，他企图用帕洛玛 200 英寸的巨大望远镜来解决这个问题。基本上，他向深空望去，察看宇宙在过去历史时代扩张的速度有多快。哈勃在 1929 年已经确定了当时那个时代的"哈勃常数"（远距离天体的速度和它与我们距离之间的比率），现在有了比哈勃时代更大、更强力的望远镜，桑达奇希望他能确定遥远过去的哈勃常数数值。

在桑达奇的领导下，他的团队用帕洛玛望远镜来测量遥远星系的哈勃常数，以及这个常数是如何随着时间而变化的。很明显，对桑达奇和当时的天文学家来说，在物质引力作用下会导致宇宙膨胀速度减慢，因此宇宙必须减速。

桑达奇的研究程序中最困难的部分是如何确定星系与地球的距离。红移部分的测量是相对容易，因为即使是最遥远的星系，只要有充分的曝光时间就能得到可测量的光谱。为了能准确测量距离，重新校订哈勃的星系距离尺度，寻找良好的**标准烛光**[①]（standard candles，固定亮度的天文物体，如图 6.3.1 所示）成为重中之重的工作。桑达奇的测量结果使他能够计算一个"减速参数"，作为衡量膨胀速度减慢的指标。"减速参数"和"哈勃常数"是当时宇宙学标准模型所追寻的两个参数。那时的宇宙学家们认为，从观测数据中找出这两个数字将完全确定可观测宇宙的过去和未来。当然，我们现在知道这样的想法太简单了。

---

① 在天文学中，所有用作距离指标的天文物体都属于已知内在真正亮度的物体。通过已知的内在亮度与物体的观测（即外观）亮度进行比较，可以按平方反比定律计算地球与物体的距离。这些已知内在亮度的物体被称为标准烛光 standard candle，此词为亨利埃塔·利维特所创。例如，哈勃使用仙王变星作为标准烛光，以算出遥远的星系的距离。2011 年诺贝尔奖获奖者的团队以 Ia 型超新星作为标准烛光。

图 6.3.1 标准烛光是天文学家用以测量恒星或星系距离的技术之一。根据物体亮度随距离的变化，在已知绝对亮度的情况下，恒星或星系的外观亮度可以用来推断其距离

遗憾的是，桑达奇等人当时无法准确地测量这两个数字（相应地，宇宙的年龄），测量的误差高于 200%，因此他们也无法决定宇宙的质量密度和命运。主要困难在于，他们需要精确测量数十亿光年的距离，他们倚赖的最佳距离指标是星团中最亮的星系，然而它们不是具有一致性可靠的标准烛光。

在 20 世纪 40 年代，天文学家们开始注意到一种被称为**超新星**的天文现象。它具有足够的亮度，可以在极大的距离被观察到。事实上，一颗超新星可以在数周内达到有如整个星系一样明亮。20 世纪 60 年代天文学家进一步发现，超新星的最高强度可以用作为标准烛光。超新星有两种形式：一种（称为Ⅰ型）不含氢气（没有氢的光谱线），而另一种（称为Ⅱ型）含有氢气。缺乏氢表示恒星已经耗尽驱动恒星核聚变反应的基本燃料。天文学家发现Ⅰ型超新星是单颗巨大恒星的引力坍塌造成的。然而，在 20 世纪 80 年代，又发现一些Ⅰ型超新星，现在称为Ⅰa型，是由于**双星系统**中白矮星的坍塌崩溃而产生的。

今天宇宙中的每一星系都充满了无数的白矮星，这是巨大恒星在生命的尽头变得越来越暗而变成的。一些属于双星系统的白矮星，通过从它们的（较小的）伴星中吞噬气体而使体重不断增加。一旦它们正式超过固定的临界质量（约为太阳质量的 1.4 倍），它们就会变得很不稳定，重力坍塌会引起巨大的热核爆炸，这被称为 **Ⅰa 型超新星**[①]，如图 6.3.2。因此，由于所有这种"宇宙热核弹"的质量相同，它们的威力（即内在的实际亮度）大致相同也就不足为奇。更重要的是，Ⅰa 型超新星可以在更大的距离上可见，成为测量遥远星系的标准烛光的不二之选。

图 6.3.2 2011 年 8 月，一颗明亮的 1a 型超新星（命名为 SN2011fe）在 M101 星系（左图，位于大熊座中壮观的风车星系，梅西耶目录中的 101 号，距离地球约 2100 万光年的星系）出现，产生一个新的、容易可见的光点（右图）。SN2011fe 的高亮度一直维持到 2012 年 4~5 月才慢慢消失。如何发现、识别和测量遥远的超新星的特性是对天文学家的严峻挑战

---

① 超新星（Supernova）是一种令人难以置信的强力和明亮的恒星爆炸。这短暂的天文事件发生在一颗巨大恒星的最后演化阶段（或当一颗白矮星被触发引起失控的核聚变中时）。超新星比新星 Nova 爆炸更为强力。在拉丁语中，Nova 的本来意思是"新"，天文学上指的是一颗突然出现的明亮的新恒星，爆炸过后，在数天或数月内慢慢消失。超新星与普通新星的区别是：后者远没有前者那么亮。

超新星可以根据其光谱而详细分类，其中 Ia 型超新星（Type Ia Supernova）产生相当一致的亮度峰值，因为这来源于白矮星爆炸的固定临界质量。当一颗白矮星从其伴星中吸收并积累物质时，它最终达到一个固定的临界质量（约为太阳质量的 1.4 倍），一旦到达这临界质量，恒星的核聚变反应会失控而发生爆炸。它们一致的亮度峰值使得这些爆炸可以用作标准烛光来测量我们与宿主星系的距离：从地球上观测到的 Ia 型超新星的视觉外观亮度可以算出它与地球的距离。

更深入的探索显示，并不是所有的 Ia 型超新星都是相同的。它们的亮度会在数天内增强，然后渐渐减弱衰退，爆炸力的微小变异与这种变化模式有关。智利塞罗托洛洛泛美天文台（Cerro Tololo Interamerican Observatory）的天文学家马克·菲利普斯（Mark Phillips）在 1993 年发现，如果将昏暗、快速减弱的超新星排除在明亮、缓慢减弱的超新星外，可以得出一种独特的"发光 - 衰退"关系。通过这种关系，天文学家可以调整距离测量，提高距离测量的准确性。令人惊喜的是，Ia 类型超新星展示很多细节上的一致性，使我们相信：在所有这种爆炸中，都发生了基本上相同的物理过程。

有了 Ia 型超新星作为标准烛光，一个具有历史性的激烈竞争在天文学家中展开了。

20 世纪 80 年代末，劳伦斯伯克利国家实验室（Lawrence Berkeley Laboratory）天文学家索尔·佩尔穆特（Saul Perlmutter，1959 年生）创立一个称为"超新星宇宙学"（Supernova Cosmology Project）的研究项目，利用这些超新星爆炸来跟踪宇宙的膨胀。1994 年，澳大利亚国立大学（Australian National University）的天文学家布赖恩·施密特（Brian Schmidt，1967 年生）发起了另一个称为"高红移超新星搜索队"（High-Z Supernova Search Team）的小组。

这两个团队争分夺秒的比拼，都想最先完成桑达奇未竟之功。他们利用以互联网连起来的望远镜网络，以及**哈勃空间望远镜**来发现和监控超新星爆炸，作为照亮宇宙的明灯。这种巨大的恒星死亡爆炸是强力的，足以让天文学家清晰地看到年轻宇宙的膨胀，反映早期宇宙的历史。1990 年由美国国家航空航天局发射进入近地轨道，目前仍在运行的哈勃太空望远镜，这是唯一能够探测深空中最遥远的超新星爆炸的望远镜。

令人惊讶的是，他们发现极端红移的 Ia 型超新星爆炸比预期要微弱。这意味着：虽然理论已经考虑到宇宙正在膨胀的事实，这些爆炸离我们比理论预期的要更远。这一发现表明宇宙正在以越来越高的速度膨胀。

这两个团队终于在 1998 年同时宣布了相同的结论：宇宙在大爆炸后的 70 亿年内，它的膨胀速度确实是渐渐慢下来，但是自此后宇宙扩张开始加速，并不停的加速！目前宇宙膨胀根本没有减速，而是正在加速。通过观察宇宙膨胀从加速到减速的过渡，他们可以排除其他简单的天体物理调光（如微尘或演化）作用的可能解释。施密特团队数据分析的领军人物，约翰霍普金斯大学空间望远镜科学研究所（Johns Hopkins University Space Telescope Science Institute）的亚当·里斯（Adam Riess，1969 年生）说："这是一个非常奇怪的结果，与我们期望的正好相反。"

佩尔穆特、里斯、施密特及他们的合作者测量了大量遥远的 Ia 型超新星的距离，以及从它们的红移推断它们与我们之间的速度，即宇宙膨胀的速度。从这些测量，他们精确地找到宇宙在过去不同历史时期的扩张速度。不同距离的超新星，活在宇宙不同的历史时期，因此超新星的距离与红移速度的关系揭示宇宙在不同历史时期的膨胀速度。

他们的发现震撼了宇宙学的核心。获诺贝尔奖只是一个时间的问题。2011 年佩尔穆特、里斯和施密特同时成为诺贝尔物理学奖的获奖者。

在宇宙中已知的正常物质（恒星和气体的星系）加上看不见的暗物质，只能通过万有引力起的作用，使宇宙膨胀减速，因此必须有一种力量把所有东西都推开，才能使膨胀加速。天文学家现在称之为暗能量的东西是一种互相排斥的力量。据估计，要符合观测数据，宇宙只有 25%～30% 的是具有万有引力的正常物质，其他 70%～75% 是排斥力暗能量。

膨胀加速的观测结果使爱因斯坦的宇宙常数重返宇宙学的最前沿。

尽管爱因斯坦否定了它，但宇宙常数却从未真正消失。事实上，量子物理学赋予了它新的生命。爱因斯坦曾以拒绝相信量子的随机性而闻名，他的理由是纯粹基于他的宗教哲学思想，他有一句名言："上帝没有掷骰子。"而今，天文观测证明他"捏造"出来的宇宙常数很可能是大有来头的。

根据量子理论的重要支柱之一的**不确定原理**，真空中的**粒子 – 反粒子对**

（如电子 - 正电子对）可以突然出现和消失，使真空变得热闹起来。"空间"不是真的"空"，它充满着"方生方死""方死方生"不断地在"生"与"灭"之间轮回的**虚拟粒子**（virtual particles）。它们像泡沫一样，一闪而现，一刹间消失。因为这些虚拟粒子寿命很短（远远低于纳秒），它们的"生"与"灭"实际上并不违反能量守恒，因为能量和寿命遵守不确定原理，寿命越短，能量的不确定性越大。

正如美国物理学家约翰·惠勒[1]描述说："通过一个假想的，足够大功率的显微镜来观察亚微观 (submicroscopic) 世界，它是一个随机波动的混乱场所，粒子（电子和正电子、光子等）不断在其中被创造和消失。在这个亚微观尺度中，即使是物理学的支柱：能量守恒定律，也会有短暂的违反。此外，在越小的空间和时间领域上，波动就越剧烈……对'正常'的偏离就越大。"他称之为量子泡沫（Quantum foam）。

通常情况下，这些幽灵般的虚拟粒子不能被直接捕获，但它们对真实世界可以有微妙的影响。这种所谓的**真空能量**可以是一种排斥力，就像爱因斯坦的宇宙常数一样，或者吸引力，负的宇宙常数。

惠勒继续补充说："当我们用高功率的假想显微镜放大在真空中的电子时，电子周围的空间是不会静止的。我们看到电子旁边有一个越来越活跃的区间，那里不断有其他电子和正电子在出现和消失，光子在被创造和毁灭。较重的基本粒子也不断加入这生死轮回的舞蹈。我们越接近电子，这活动变得越激烈。这颗'孤单'的电子有如一个爆发的火山口。在基本粒子物理领域可能发生的一切，都可以发生在这个亚微观的宇宙缩影中。但当我们通过功率越来越低的显微镜，再次退到远距离，一切都变得简单而有序。从远处看一颗孤独的电子，有一单位的负电荷、它的质量和自旋等特征，一切又回

---

[1] John A Wheeler, 1911—2008, 自 1938 年至 1976 年任普林斯顿物理教授，在他众多的学生中，有两位诺贝尔物理学奖获得者，理查德·费曼 Richard Feynman（1965）和基普·索恩 Kip Thorne（2017）。

复平静。然而，如果我们测量它的磁偶矩 [1]（magnetic moment），我们发现它的值与原始的狄拉克理论 [2] 所预测的并不一样，而是预测值的 1.001159652 倍大。我们虽然看不见电子旁的亚微观虚拟粒子群，但即使远离电子，它们也会在电子的磁偶矩中印上不可否认的痕迹，让我们知道它们的存在，使电子的磁偶矩比理论预测的约大一千分之一。"

几十年来，这些虚拟粒子波动只有间接的证据，但早在 2015 年，德国的研究员声称已经直接检测到这些理论上的波动。在 2017 年，同一个团队说他们已经更进一步，操纵了真空本身，并探测到了虚空中这些奇怪信号的变化。不过，不少人还在质疑这些实验实际上测量了什么，物理界仍未能对此做出结论。

这种量子波动的说法听起来很玄，但是量子物理与相对论，20 世纪物理学的两大革命性的理论，本来就很玄，一是用来描绘微观的光子、电子、原子和核子世界，另一是宏观世界天体间万有引力和运动的规律。在宇宙早期大爆炸中，这两个理论不可避免的相遇。它们对时空概念、因果律的阐述，都很不一致，这大大地增加了我们对了解宇宙起源和早期演化的困难。解决这些困难成为今后天文学家和物理学家的重要任务。如何发展一套量子的重力学是物理学最前沿最迷人的领域。

事实上，超新星宇宙膨胀的观测结果并不是暗能量存在的唯一证据，2003 年当 WMAP 的宇宙微波背景（CMB）首批观测数据公布时，暗能量的存在变得更为真实。

---

[1] 磁偶极的强度。

[2] 英国物理学家狄拉克（P.A.M. Dirac）以他 1928 年的相对论量子理论和反粒子存在的预测出名。

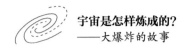
第 4 节　宇宙的旋律——微波背景辐射天空图中斑点的秘密

　　美国的 COBE 卫星观测 CMB 波动任务完满成功后，宇宙学家一方面是兴奋，另一方面由于 COBE 数据比较粗糙，精细度不够，更多的问题没能得到详细的答案。于是 2001 年 6 月，另一颗美国国家航空航天局卫星 WMAP[①]（Wilkinson Microwave Anisotropy Probe，威尔金森微波方向差异性探测器）在肯尼迪航天中心发射升空，直奔太阳 - 地球的**拉格朗日点**[②] 2 号（Lagrange 2，如图 6.4.1 中的 L2），卫星定位在那里可以最大限度地减少被太阳、月球和地球的电磁波污染的可能。L2 位于地球轨道外侧 151 万公里处，比月球、地球距离远 4 倍。这个位置提供了一个非常稳定的电磁波环境，因为它总是可以指向远离太阳、地球和月亮，保持一个畅通无阻的深空视野。扫描整个天空是 WMAP 的重要任务。L2 点跟随着地球绕太阳公转，WMAP 每 6 个月观测整个天空一次。

　　WMAP 的任务是测量宇宙微波背景（CMB）辐射温度变化的方向性，绘制 CMB 辐射温度波动的全天空图。它的角度分辨率为 0.2°，大大地高于 COBE 的 7° 角度分辨率。利用这些方向差异性测量数据推算宇宙的几何形

---

　　① WMAP 原名为微波方向差异性探测器（MAP），2003 年更名为 WMAP，以纪念普林斯顿大学物理教授大卫·威尔金森（David Todd Wilkinson，1935—2002），这位自 1964 年便开始与罗伯特·迪克、詹姆斯·皮布尔斯等人一起合作探索微波背景辐射的宇宙学家，直至他去世之前，就一直是该项目科学团队的重要成员。WMAP 项目至 2010 年运营终结。

　　② 拉格朗日点是天文学的三体问题中旋转参考系的特定位置，在这些位置上，两大质量天体（如太阳和地球）对一小物体的引力之和，恰好等于小物体随着转动所需的向心力。航天器可以利用这些点来减少保持位置所需的燃料消耗。

状、结构内涵和演化，并测试大爆炸模型。

科学家利用这些反映早期宇宙温度变化结构的数据，通过多极分解，计算它的功率频谱，研究宇宙早期的膨胀理论模型，并推算出在宇宙形成后不久的原子密度、宇宙粗略的结构和其他特性的参数。他们还看到天空两个半球的平均温度出现了奇怪的不对称现象，以及一个比预期更大的"冷点"。

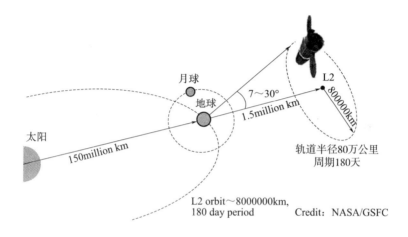

图 6.4.1　美国国家航空航天局 2001 年 6 月发射的威尔金森微波方向差异性探测器（Wilkinson Microwave Anisotropy Probe，WMAP）的轨道，拉格朗日点 L2 位于地球轨道外侧 150 万公里处。科学数据收集期：2001—2010 年。

WMAP 的微波数据如何能提供暗能量存在的证据？

2012 年 WMAP 公布以 9 年累积数据绘制的 CMB 辐射温度波动的全天空图，为了从宇宙微波背景中把银河系的信号分离，WMAP 在 5 个频段上使用偏振敏感辐射计。这是第一张将宇宙的年龄定为 137.4 亿年的图片。项目负责人，约翰霍普金斯大学的查尔斯·贝内特教授（Charles L. Bennett，1956 年生）尝试以通俗语言解释说："如果你把这些东西想象成指纹，那么我们就拥有宇宙的指纹。因为我们了解产生这些指纹背后的物理条件，我们根据相关的物理定律编写了一套程序，其中包含所有的物理和宇宙成分参数（例如物质和暗能量的百分比），根据这些参数我们可以使用计算机生成人造的天空图，我们可以改变参数，从而改变天空图的模样……直至得到一个看起来像

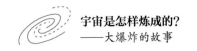

我们真正的天空图。"

这些通俗语言的背后的玄机是：CMB 辐射天空图可用数学工具分解为许多称为**多极**（multipoles）的不同组图的总和，犹如一维的波可以用一种称为**富里埃级数**的数学工具来分解为不同频率的波。在本质上，天空图可以看成为包含来自不同大小的斑点的贡献。这些多极中每个多极对波动总量的贡献称为微波背景的功率频谱（power spectrum），隐藏着来自 CMB 辐射天空图的关键宇宙信息。

许多不同大小的斑点，有些斑点在天空中大约 1° 宽，有些是 2°，等等。功率频谱替我们把不同大小斑点的数量信息作一统计，然后以图表示出斑点大小频率的分布。

功率频谱的奇妙之处在于，我们不仅可以测量它，而且我们可以预测它：对于任何膨胀和聚类的宇宙数学模型，我们可以准确地计算出与它对应的功率频谱应该是什么。换句话说，虽然我们不能预言天空中某一方向的斑点的大小，但是我们可以预言斑点大小在天空中的频率分布。不同模型之间的预测大相径庭：事实上，如图 6.4.2 显示，除了一个理论模型外，目前的测量结果排除了所有其他的模型。

功率频谱的形状取决于影响宇宙演化的所有参数（包括原子密度、暗物质密度、暗能量密度和波动的性质）。它们间的关系是复杂的。如果我们能调整我们对所有这些参数的假设，使预测的形状匹配我们的测量，那么，我们不仅找到了一个可信的模型，而且还可以测量这模型中重要的物理参数。

对这些微波背景辐射天空图中斑点背后物理意义的理解，可以追溯到 20 世纪 60 年代末，当时普林斯顿大学的皮布尔斯和他的研究生意识到早期的宇宙会有声波的存在。与空气一样，在原始宇宙浓汤般的物质中，微小的密度扰动会像声波一样传播，压缩区域的液体会被加热，膨胀区域的液体会冷却，因此早期宇宙中的任何扰动都会导致温度波动模式的改变。从更热、更密集的区域释放的光子比稀薄区域发射的光子能量更高，因此声波引起的温度波动会成为在宇宙微波背景中的烙印，这就是我们现在看到的辐射天空图中的斑点。

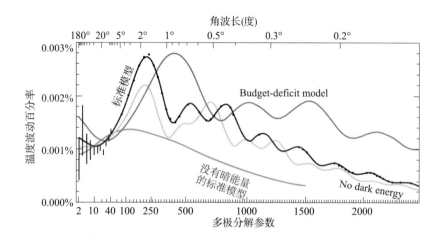

图 6.4.2　由 WMAP 的微波背景数据绘制的功率频谱（深黑色线上的数据点），它的纵坐标已经转化为温度波动百分率，图下横坐标是多极分解参数，其最小值为 2，代表偶极（dipole）分解，此分解参数越大，代表极数越高。图上横坐标是角波长尺度，代表斑点的大小，其最大值为 180°，与图下横坐标的最小值对应。对宇宙微波背景波动的高度精确测量完全排除了许多以前流行的理论模型（其他浅色的线），但与当前标准模型预测的功率频谱曲线（深黑色线）一致

天文学家能够利用这些斑点数据精确估计宇宙的年龄和组成。这个过程类似于通过仔细聆听乐器的音质和声调来判别乐器的构造。一如萧跟琵琶、大提琴和小提琴等不同的乐器，可以从它们的声音分辨出来，因为它们的声音有不同的功率频谱。乐器的功率频谱就像人的指纹一样，可以将不同的乐器区分开来。频谱取决于乐器的特性：构成它的材料、大小尺寸和形状。同理，原始宇宙能演奏出什么样的交响乐，自然是跟它的内涵（组成）有关系。在原始液浆的流体中，暗物质只感受到重力，而不能感受电磁力的推动。正常的物质对这两者都能作出反应。暗能量则影响宇宙膨胀的加速。在宇宙早期的膨胀中，与激烈运动相伴而生的震荡，包含各种不同的波长。科学家可以通过比较不同大小斑点的出现频率（功率谱中峰值的相对高度）来辨认和

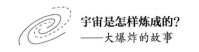
区分这流体中的各种成分。换句话说，功率频谱图中出现的波峰和波谷，它们的位置和高度，都与普通物质、暗物质和暗能量的百分比有关。

虽然还没有人发现与暗物质对应的基本粒子，但 CMB 的斑点数据揭露了这种难以捉摸的物质的宏观行为。这种情况可以比作：古代科学家不知道水的化学成分是 H_2O，仍然可以理解浮力和压力的物理作用。同样的比喻可以适用于暗能量。

WMAP 的最后数据，通过多极分解分析后发现：可见的宇宙（包括地球、太阳、其他恒星和星系——由质子、中子和电子捆绑在一起的原子组成）只占宇宙质量能量的总预算中的 4.6%。宇宙中超过 95% 的质能量密度是以实验室从未直接探测到的形式出现的！原子的实际密度大约相当于每 4 立方米只有 1 个质子。冷暗物质占宇宙总质能的 24%，暗能量的百分率最高，占 71.4%。

这是一个令人震惊的发现！为了能独立确认这样重要的结果，另一颗由欧洲航天局（European Space Agency，ESA）2009 年发射的普朗克（Planck）卫星空间观测器，还是在日 - 地的拉格朗日 L2 号点附近的轨道上徘徊，运营至 2013 年。它的任务是以更先进的科技测量整个天空的宇宙微波背景，使我们能比以往更精确地测量宇宙的组成和演化。普朗克卫星以微波和红外频道绘制宇宙背景的全天空图，灵敏度更高，角度分辨率更小。它在 9 个不同的频段中测量到 5 弧分（0.08°）的角度分辨率，高于 WMAP 的 0.2°，以及 COBE 的 7° 分辨率。普朗克的冷却系统让它的仪器保持比绝对零度仅高出 0.1℃的低温。从 2009 年 8 月起，到 2012 年 1 月其冷却剂供应耗尽期间，普朗克成为太空中最冷的已知物体。

普朗克卫星 2013 年拍摄的宇宙微波背景辐射图像显示了天空中的微小变化，确认 WMAP 的 CMB 辐射温度波动的全天空图。2018 年，欧洲航天局把普朗克太空望远镜的最后一批数据发布，绘制了迄今为止 CMB 的最高精度图片，如彩插第 8 面上图，进一步认证了 WMAP 的微波辐射温度波动的全天空图和它的相关结论。普朗克还证实了 WMAP 所看到的不对称和冷点。普朗克团队的最终数据显示暗物质和暗能量确实存在。

根据普朗克卫星 2013 年 3 月的数据，宇宙的年龄被定为 138.3 亿年。宇宙的组成是：普通物质 4.9%，暗物质 26.8%，暗能量 68.3%。比例与 WMAP 的有一点不一样，但是两者大至上相差不远。

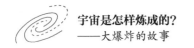

第5节　宇宙简史

我们讲述的宇宙故事到此暂告一个段落，在本书结束前，根据最新的资料，我们把大爆炸后约 137.7 亿年的宇宙历史浓缩为图 6.5.1 的内容，来做一简单说明，以总结目前天文学家对宇宙历史的认识。

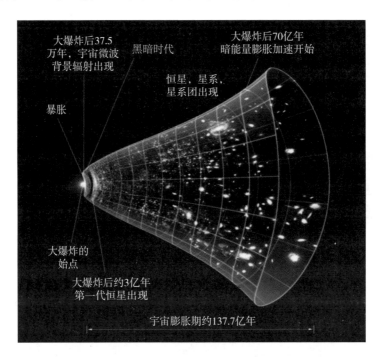

图 6.5.1　由于光需要时间才能从光源到达地球，因此我们遥望更远的深空，意味着看到更久远的过去。在最遥远的星系之外，我们看到一面不透明的"氢等离子体"墙，它的光芒大约需要 137 亿年才到达我们身边。在此之前宇宙的温度高到足以使氢成为等离子体，当时宇宙的年龄大约只是 37.5 万年。从大爆炸开始到此时刻的宇宙是我们不能以光波观察到的，只能以理论推测它的可能情况。大爆炸后 4 亿年，宇宙才有第一颗恒星出现。换句话说，从大爆炸后 37.5 万年到 4 亿年间，宇宙没有一点星光，处于黑暗时代。以后星系和星系团慢慢出现，演变成为今天的宇宙。大爆炸后的 70 亿年到现在，宇宙扩张不断加速

假如我们有最好最高科技的望远镜往宇宙深空望去，与我们距离越远的恒星或星系，与我们越是处于不同的历史时期。这是因为光速是一个有限的常数，远处的光需要更长的时间才能到达地球，因此我们遥望更远的深空，意味着看更久远的过去。举例来说，我们看到距离地球 1 亿光年的恒星时，我们看到的是 1 亿年前那颗恒星的情况；它所在的宇宙，是 1 亿年前的宇宙。

宇宙在不断的膨胀，早期的宇宙比现在的宇宙小。图 6.5.1 中喇叭形状的宇宙代表我们用望远镜能看到的不同历史时期的宇宙，从今天（图右端）到宇宙大爆炸的一霎那（图左端）。喇叭的横截面大小代表不同历史时期宇宙的大小。宇宙从大爆炸后诞生，马上（远远短于 1 纳秒）经过一个"暴胀"（inflation）的阶段，然后进入正常的膨胀阶段，膨胀速度开始时受到万有引力作用而减速，一直到大爆炸后 70 亿年，暗能量的排斥力战胜万有引力，使膨胀速度慢慢加速，目前我们的宇宙正处于一个膨胀速度最快的时代（除了最初的暴胀外）。

在最遥远的星系之外，我们"看"（其实只能用微波感应仪器观测）到一面不透明的"氢等离子体"墙，它的光芒大约需要 137 亿年才到达我们的眼睛，而且当我们"看"到它们的时候，因为空间膨胀，它们的波长已经是在微波段内。这就是 COBE、WMAP 和欧洲航天局普朗克等卫星观察到的宇宙微波背景辐射。

在此之前宇宙的温度高到足以使氢成为等离子体，那时宇宙的年龄大约只有 37.5 万年。从大爆炸开始到此时的宇宙是我们不能用光波观察到的，现在科学家只能以理论推测它的可能情况。

宇宙微波背景辐射的均匀性表明，当时物质的分布是非常平均的。在之后的几百万年里，它保持平滑和毫无特征。随着宇宙的扩张，背景辐射红移到更长的波长，宇宙变得越来越冷和黑暗。天文学家们对这个黑暗时代不能做任何观察。

不过，宇宙早期的极微小密度波动是确实存在的，小规模的波动逐渐被万有引力放大，演变成各种结构。较小的系统将首先形成，然后合并成较大的团块。宏观密集的区域以丝状网络的形式出现，第一个恒星形成系统（小

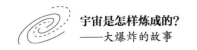
的原星系）将在这个网络的节点上凝聚起来。原星系（proto-galaxies）随后以类似的方式合并形成星系，而星系将聚集成星系团。这个过程是持续的：尽管星系的形成现在已经基本完成，但星系仍在演化成星系团的过程中，而星系团又聚集成一个巨大的丝状网络，延伸到整个宇宙。

美国国家航空航天局微波各向异性探测器（WMAP）在 2003 年 2 月发布的结果显示，也是宇宙学模型的预测，第一批能够形成恒星的原星系在大爆炸后 1 亿年至 2.5 亿年之间出现。这些原星系的质量是太阳的 10 万倍至 100 万倍，宽度约为 30 光年至 100 光年，闪耀着数百万倍的光芒。

换句话说，从大爆炸后 37.5 万年到约 3 亿年间，宇宙没有一点星光，处于黑暗时代。其后，第一批恒星出现，恒星聚变产生的光，重新照亮宇宙。这些第一批恒星是巨无霸！根据美国国家航空航天局的资料，第一批恒星的质量是太阳的 30 倍至 300 倍，宇宙才变成星光灿烂。

原星系不会包含除氢和氦之外的任何元素。大爆炸产生了氢和氦，但绝大多数较重的元素只由恒星中的热核聚变反应产生，所以它们在第一批恒星形成之前不会有可测量的数量存在。

如果第一批恒星的质量确实很大，那么它们的寿命也会相对较短，只有几百万年。一些恒星会在它们生命的最后阶段发生超新星爆炸，将它们通过核聚变反应产生的金属散布到周围的空间。质量为太阳 100 倍至 250 倍的恒星会在高能爆炸中完全炸毁，而第一批恒星的质量大部分在这个范围内。

我们的太阳系，特别是地球，就是由这些超新星爆炸碎片的残留物形成的。第一批恒星产生的碳、氮、氧、铁等元素，今天成为我们身体的一部分。

可以这样说，没有第一代的巨无霸恒星，就没有地球上的生命。

宇宙在大爆炸后的 70 亿年内，它的膨胀速度确实是渐渐慢下来，但是自此后宇宙扩张开始加速，并不停的加速！

大爆炸后约 92 亿年，太阳系形成。

这就是科学家目前能告诉我们最新版本的宇宙简史。

参考文献

American Institute of Physics: Oral Histories, Allan Sandage, Interviewed by: Bert Shapiro, Interview date: February 8, 1977; https://www.aip.org/history-programs/niels-bohr-library/oral-histories/32867

Jeremiah P. Ostriker and Simon Mitton, "Heart of Darkness, Unraveling the Mysteries of the Invisible Universe", Princeton University Press (2013)

Robert P. Kirshner, "The Extravagant Universe: Exploding Stars, Dark Energy, and the Accelerating Cosmos", Princeton University Press (2016)

Max Tegmark, "Our Mathematical Universe: My Quest for the Ultimate Nature of Reality", (2014)

Alan Guth, "The Inflationary Universe", Basic Books (1998)

Jacqueline Mitton, Simon Mitton, "Vera Rubin: A Life", Belknap Press (2021)

David H. Lyth, "The History of the Universe", Springer (2016)

Riek, C., D. V. Seletskiy, A. S. Moskalenko, J. F. Schmidt, P. Krauspe, S. Eckart, S. Eggert, G. Burkard, A. Leitenstorfer, "Direct sampling of electric-field vacuum fluctuations", Science, 23 Oct 2015: Vol. 350, Issue 6259, pp. 420-423. https://science.sciencemag.org/content/350/6259/420

Riek, C., Sulzer, P., Seeger, M. et al. "Subcycle quantum electrodynamics". Nature 541, 376–379 (2017). https://www.nature.com/articles/nature21024

John A. Wheeler, "Geons, Black Holes, and Quantum Foam: A Life in Physics", W. W. Norton & Company (June 18, 2010)

结语：宏观、微观宇宙的大统一
——"万物理论"与弦理论

从古到今，人类对宇宙的认识经历了多次重大的改变，且往往对地球以外的认知是完全错误的。直到 16 世纪，当哥白尼（Nicolaus Copernicus，1473—1543）观察到行星在天空中的运行规律，从而大胆猜想它们和地球都在以大致圆形的轨道绕着太阳运动。限于当时的科学条件，他没有掌握所有确凿的证据。不过，这是人类迈出正确了解宇宙的第一步。

从古代文化普遍信仰的地心说，到哥白尼的日心说，是一大飞跃。然而，在哥白尼有生之年，以至他死后的一百年内，纵使有伽利略的支持，日心说还不能占主导地位。问题不单是天主教会的反对，连差不多同时代的欧洲著名天文学家第谷·布拉赫（Tycho Brahe，1546—1601）对日心说也高度怀疑，原因是什么力量能让地球绕着太阳转动，还没有一个物理上的合理解释。布拉赫评论说："虽然哥白尼体系专业地完全避免了**托勒密体系**[①]中所有多余的或不协调的元素……然而，它却要求地球，这个笨重、懒惰、没有运动能力的大石头般的东西，有像幽冥鬼火一样快的运动。"在牛顿力学和万有引力定律出现以前，这个问题自然得不到满意的答案。

在布拉赫主持下，波罗的海畔的乌拉尼堡（Uraniborg）是望远镜发明之前欧洲首屈一指的天文台，它拥有最好的设备和欧洲最优秀的青年才俊。正是布拉赫的火星观察数据，使他最有名的助手开普勒（Johannes Kepler，

[①] 托勒密体系是公元 2 世纪天文学家托勒密（Ptolemy）根据古代西方天文知识编纂的书 Almagest 中提出的一个宇宙模型系统，其中地球在宇宙的中心，太阳、月亮、行星和其他恒星都围绕一个固定的地球旋转。

1571—1630）在他逝世后（1609 年）发现行星运动的椭圆轨道，最终归纳成为开普勒的行星运动定律。其后，牛顿从万有引力定律出发，用微积分数学证明开普勒行星运动定律的正确性，才将日心说建立在牢固的物理基础上。

日心说的宏观宇宙观在巍峨的牛顿物理学神坛下，发展成长了差不多两百年，成功地预测了海王星和冥王星的运行轨道。到了 20 世纪初，古典物理危机出现。幸而爱因斯坦的相对论及时挽救，他第一次用数学建模来描绘宇宙发展的历史。在广义相对论出现之前，所有关于宇宙起源的臆想都只能像神话故事一样，没有科学基础。虽然爱因斯坦错失良机，但与他同时代的弗里德曼（Friedmann）和莱梅特（Lemaître）却在广义相对论的基础上，正确地得出了宇宙膨胀的惊人结论。这个结论在 1929 年被天文学家哈勃的观察证实。哈勃是一个划时代的天文学家，他同时也证明了我们的银河系外有一个更浩瀚的宇宙，银河系在亿万的星系中，犹如沙滩上的一颗小沙粒。

从广义相对论的出现到今天的短短一百多年，我们对宇宙的认识发生了翻天覆地的变化。2019 年诺贝尔物理学奖得主詹姆斯·皮布尔斯称上一世纪为宇宙学的世纪，实在是有感而发。

对大多数人而言，与其说 20 世纪的宇宙学是一门科学，不如说是一场信仰斗争：宇宙是否在数百亿年前有过一次大爆炸般的开始，或者它是否永远处于所谓的稳恒状态。要解决这类问题，传统上，在广义相对论的出现之前，它属于哲学或神学的讨论范畴。然而，20 世纪 30 年代后，天文学家和物理学家纷纷加入这场辩论。在过去的数十年里，更发生了一件有趣的事情：科学家们开始达成共识。哈勃空间望远镜和其他新一代空间观测仪器，加上越来越快的计算机和网络，使宇宙学进入一个"黄金时代"，在这个黄金时代，数据终于战胜了各种投机式的推测或假设，宇宙大爆炸模型被确立，成为一个宇宙的标准模型。

在它最简单的形式中，大爆炸理论只是一种概念性的描述：即早期宇宙曾经是一团高温和高密度的浓液，所以它也被称为"热大爆炸"。它一直膨

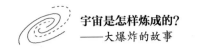

胀，成为我们今天看到的宇宙。但大爆炸理论不是一个空中楼阁般、只令人手舞足蹈的概念。近年来，该理论与现代物理学的结合，使我们对婴儿时代的宇宙能作出更精致、量化的描述。

约在 138 亿年前，当大量的稳定原子第一次从原始宇宙等离子体中凝释出来时，那一刻的热（黑体）辐射与中性气体脱钩，并在其中保留了很多早期宇宙物理的宝贵信息。这些曾经高温的热辐射在浩瀚的太空中自由传播，现在正从宇宙最遥远之处到达地球，被科学家们称为宇宙微波背景辐射。它向我们展示了：原始宇宙高温高密度的浓液物质在大爆炸震荡余波中所生成的波纹图案。这些波纹最终发展成为星系、星团和今天宇宙中的所有宏观结构。通过对微波背景波动数据进行分析解读，宇宙学家获得了很多有关宇宙的起源、结构和演化的重要参数。让我们知道，今天的宇宙主要充满了暗物质和暗能量。而普通原子仅仅是宇宙总质能量中的一小部分。我们对早期宇宙的大部分知识来自于对这些微波光子的观测。

要进一步探测微波背景生成之前的宇宙，我们可以依靠理论上的推断，结合其他遗迹的存在来了解宇宙那时的情况。这一方法，通过观察测量宇宙轻元素的丰度为例，已经非常成功地实现。我们现在可以肯定，约在宇宙大爆炸后 3 分钟开始的核合成过程，产生大多数目前宇宙的氦元素。宇宙轻元素丰度数据证实了原始宇宙等离子体的温度、质子和中子密度等参数。

假如要了解更早期、温度更高的宇宙，我们不可避免地，必须具备更多的高能粒子物理学知识，以及更多的物理学背景。越接近大爆炸的时间零点（即创造时刻），宇宙中粒子的能量越高，高到只有欧洲核子研究中心的大型强子对撞机才可以模拟这种环境。今天，早期大爆炸宇宙学的研究和高能物理学界已经混为一体，成为物理学和宇宙学的共同前沿领域。由于这个原因，我们对更早期宇宙的认识，充满更多的不确定性。

近一个世纪以来，物理学的两大理论一直共存：爱因斯坦的广义相对论的引力描述，应用于整个宏观宇宙，而量子物理学则用来描述原子、核子和基本粒子的微观世界。这两种理论一向是河水不犯井水，在它们各自的领域内都非常成功，都得到实验证据的压倒性支持。不幸的是，广义相对论时空结构中的扭曲和曲线意味着一个光滑和连续的宇宙。量子力学及其不确定原理则暗示，在微观的尺度上，物理世界是动荡、随机的，甚至是混乱、不连续的。微观世界的现象只能依靠概率来预测。

在大爆炸的时间零点附近，整个宇宙的巨大质量和能量聚在一个微观的空间内，这两种理论必须同时应用，但它们对时空观念无法调和的差异，使科学家们无所适从。

爱因斯坦在他1923年的诺贝尔演讲中曾说过："对一个追求全面而综合理论的学者来说，他不会满足于存在着两个性质上完全独立不同力场的假设[①]。"

在他生命的最后30年里，爱因斯坦试图建立一个可信的统一场理论。他纯粹是出于一种对完美理论的追求，强烈地相信自然界的一切都必须由一个理论框架来描述。他的目标是将电磁力和重力结合在一个理论内。甚至有人传说，爱因斯坦在生命的最后几个小时里，在一张纸上潦草地写着一堆公式，企图以最后的努力来完成一个"万物理论"（theory of everything）。但他没有成功。1955年，他失望地去世。

虽然爱因斯坦的努力没有产生过可用的物理理论，但他把统一力场的理论定为物理学的一个重要目标。在爱因斯坦的影响下，许多的年轻物理学家热衷于追求他的梦想。事实上，"万物理论"已经被称为现代物理学的"圣杯"（holy grail）。

大多数的现代物理学家很难接受宇宙按照两个（或以上）相互独立的（有时甚至是矛盾的）规律运作。他们认为更有可能的是，宇宙是由一个单一的

[①] The intellect seeking after an integrated theory cannot rest content with the assumption that there exist two distinct fields totally independent of each other by their nature.

理论支配，它可以解释所有的观察和数据。目前被广为接受并经实验验证的理论认为，在亚原子尺度上，宇宙中的所有物质都是由点状粒子组成，并通过点状粒子进行相互作用。这一理论被称为高能粒子物理学的"**标准模型**"，它描述了基本粒子和四种基本力中的三种（电磁、弱和强相互作用，但不包括引力），它们是客观物理世界的组成部分。

在整个 20 世纪下半叶，通过世界各地许多科学家的工作，**标准模型**分阶段地发展，把宇宙中四种已知基本力中的三种放在同一的量子场理论框架内。目前的**标准模型**的表述是在 20 世纪 70 年代中期夸克（quark）的存在得到实验证实后最终确定的。1979 年的诺贝尔物理学奖为谢尔顿·格拉索（Sheldon Glashow，1932 生）、阿卜杜斯·萨拉姆（Abdus Salam，1926—1996）和史蒂文·温伯格（Steven Weinberg，1933 年生）等三人分享，以表彰他们对基本粒子之间统一的弱电磁作用理论的贡献。此后，顶夸克（top quark，1995 年）、τ 中微子（tau neutrino，2000 年）和希格斯玻色子（Higgs boson，2012 年）的相继被发现后，为基本粒子的**标准模型**增添了更多的可信度。

今天，更多的物理学家正在接受爱因斯坦的挑战，把自然界中所有 4 种力量集中在同一框架下。其中最有希望的方法似乎是弦理论，它建筑在 10 个或更多维度的空间，并将所有基本粒子描述为振动的弦，不同的振动模式产生不同的粒子。

不过至今，弦理论还没有作出任何可测试的预言，一些科学家担心弦理论家像爱因斯坦晚年一样，因为过于迷恋美丽的数学，而远离物理现实。但也有许多人认为，弦理论确实是完成爱因斯坦未竟之功的关键，研究者希望能找到方法来测试弦理论的一些预测。

目前的情况是：一方面，相对论的出现深化了我们对宇宙的认识，宇宙膨胀得到了理论的解释，但是新的发现又增加了我们的疑问和挫败感。

也许 20 世纪最令人惊讶的发现是：我们眼能看到、能感觉到构成我们身体和我们身边一切东西的普通物质，这个可见的宇宙（包括地球、太阳、其他恒星和星系——由质子、中子和电子捆绑在一起的原子组成）大概只占整个宇宙质量能量的总成分中的 5%。宇宙的其余的 95%，似乎由两种神秘的、看不见的东西组成：一种为星云和星云团提供万有引力的称为暗物质（约 25%），另一种提供宇宙膨胀加速所需的排斥力的称为暗能量（约 70%）。我们再度陷入困境。科学家非常需要在对宇宙的理解上取得另一个突破。

从牛顿到今天的三百多年，我们对宇宙的认识可以说是突飞猛进。不错，我们对太阳系与附近的恒星，已经有相当深入的了解。但是，在我们所处的宇宙小区以外，仍然是一望无际、充满未知的深空。我们对银河系的了解还是很肤浅。银河系和其他星系一样，充满了我们看不见的暗物质。我们的物理学化学知识，能覆盖的应用范围低于宇宙组成的 5%，这是相当令人沮丧的。但从另一角度来说，过去的三百多年，在人类认识宇宙的万里长征中，已经是相当不错的一步。

如今，大多数科学家已经接受了大爆炸理论，但是其中的一些细节仍有待进一步的探索。例如，1980 年，高能物理学家艾伦·古斯（Alan Guth，1947 年生）认为宇宙在早期经历了一个非常短暂的急速膨胀阶段。他提出假设：那时宇宙的大小每 10^{-35} 秒就会增加一倍。在 10^{-30} 秒内，宇宙的大小会增加 10 万倍，这称为"暴胀"（inflation）。正是暴胀导致了 CMB 辐射的不均匀结构低至只有 0.001%。这种快速扩张同时也足以解释宇宙的扁平化问题，即使宇宙开始的时候有曲率，经过那么巨大的膨胀后也会导致今天的宇宙整体看起来是平坦的。到今天 WMAP 数据为暴胀理论提供的支持还是很模糊。来自欧洲航天局普朗克探测器更多的潜在证据仍然不很确凿，而且该理论的问题是，一旦暴胀开始，似乎没有明确的机制使它终止，它将永远持续下去。

诸如此类的有关宇宙大爆炸更深度的话题，因为编幅所限，恕不在本书范围之内讨论。

"天行健，君子以自强不息"，只要人类有愚公移山的精神，一代一代地接棒下去，保持我们对自然界的好奇心，令人惊讶的新发现，还是会不断的上演。

——谨以此作为本书的结语